国家示范性高等职业院校建设规划教材
建筑工程技术专业理实一体化特色教材

建筑主体工程施工

（修订版）

主　编　吴　瑞　曲恒绪
副主编　段　琳　李永祥　李国齐
主　审　满广生

黄河水利出版社
·郑　州·

内 容 提 要

本书是国家示范性高等职业院校建设规划教材、建筑工程技术专业理实一体化特色教材,是安徽省地方高水平大学理实一体化项目建设系列教材之一,根据高职高专教育建筑主体工程施工课程标准及理实一体化教学要求编写完成。本书主要内容包括:主体工程施工图的识读、脚手架搭设及垂直运输方案选择、模板施工及质量检查、钢筋工程、混凝土工程、预应力混凝土工程、钢结构工程施工共7个部分内容。

本书可供高职高专院校建筑工程技术、建筑工程管理、工程造价、工程监理专业教学使用,也可供土建类相关专业及从事建筑工程专业技术人员学习参考。

图书在版编目(CIP)数据

建筑主体工程施工/吴瑞,曲恒绪主编.—郑州:黄河水利出版社,2017.8 (2022.2 修订版重印)
国家示范性高等职业院校建设规划教材
ISBN 978-7-5509-1832-0

Ⅰ.①建… Ⅱ.①吴… ②曲… Ⅲ.①建筑工程-工程施工-高等职业教育-教材 Ⅳ.①TU74

中国版本图书馆 CIP 数据核字(2017)第 217016 号

组稿编辑:王路平 电话:0371-66022212 E-mail:hhslwlp@163.com

出 版 社:黄河水利出版社 网址:www.yrcp.com
地址:河南省郑州市顺河路黄委会综合楼14层 邮政编码:450003
发行单位:黄河水利出版社
发行部电话:0371-66026940、66020550、66028024、66022620(传真)
E-mail:hhslcbs@126.com
承印单位:河南承创印务有限公司
开本:787 mm×1 092 mm 1/16
印张:16.5
字数:380 千字 印数:2 801—4 800
版次:2017 年 8 月第 1 版 印次:2022 年 2 月第 2 次印刷
2022 年 2 月修订版

定价:39.00 元

前　言

本书是根据高职高专教育建筑工程技术专业人才培养方案和课程建设目标,并结合安徽省地方高水平大学立项建设项目的建设要求进行编写的。

本套教材在编写过程中,充分汲取了高等职业教育探索培养技术应用型专门人才方面取得的成功经验和研究成果,使教材编写更符合高职学生培养的特点;教材内容体系上坚持“以够用为度,以实用为主,注重实践,强化训练,利于发展”的理念,淡化理论,突出技能培养这一主线;教材内容组织上兼顾“理实一体化”教学的要求,将理论教学和实践教学进行有机结合,便于教学组织实施;注重课程内容与现行规范和职业标准的对接,及时引入行业新技术、新材料、新设备、新工艺,注重教材内容设置的新颖性、实用性、可操作性。

为了不断提高教材质量,编者于 2022 年 2 月,根据近年来国家及行业颁布的最新规范、标准等,以及在教学实践中发现的问题和错误,对全书进行了系统修订完善。

建筑主体工程施工是一门综合性、时效性很强的专业课程,它综合运用建筑工程材料的检测与选择、建筑功能及建筑构造分析、建筑结构构造及计算、建筑工程测量、施工机具设备选型等课程知识,应用国家颁发的现行建筑工程施工及验收规范和相关施工规程,来解决主体结构施工中的问题。

施工技术与生产实践联系非常紧密,生产实践是施工发展的源泉,而技术的发展日新月异,给主体施工提供了日益丰富的技术内容。因此,本课程也是门实践性很强的课程。由于技术发展迅速,本课程内容的综合性、实践性、时效性强,涉及的知识面广,学习中需勤动手、勤动脑、勤动口、勤查阅相关资料,重视课内实训、集中实训及协岗、定岗、顶岗实习等实践教学环节,实现“做中学、学中做、边做边学”,与学过的知识相联系,理论与实践相联系,培养学生的职业能力。

本书由安徽水利水电职业技术学院承担编写工作,编写人员及编写分工如下:学习项目 1 由安徽水利水电职业技术学院李永祥编写,学习项目 2 由桐城市水利局段琳编写,学习项目 3 由安徽水利水电职业技术学院吴瑞编写,学习项目 4 由安徽省淠史杭灌区管理总局设计院李国齐编写,学习项目 5、6、7 由安徽水利水电职业技术学院曲恒绪编写。本书由吴瑞、曲恒绪担任主编并负责全书统稿;由段琳、李永祥、李国齐担任副主编;由满广生教授担任主审。

本书的编写出版,得到了安徽水利水电职业技术学院各级领导、建筑工程系领导及专业老师,以及黄河水利出版社的大力支持,在此一并表示衷心的感谢!

由于编者水平有限,书中难免存在错漏和不足之处,恳请广大师生及专家、读者批评指正。

编　者

2022 年 2 月

目　录

SFJC

学习项目1 主体工程施工图的识读

【学习要点】

(1)掌握主体结构施工图的有关规定和内容;

(2)掌握民用建筑物的梁结构图、板结构图、柱结构图的表达内容和图示特点;

(3)掌握钢结构施工图的识读。

在工程建筑(房屋建筑、水工建筑、道路桥梁等)中,结构系统都是由各种受力构件(结构构件)组成的,这些构件主要承受各种活动荷载和固定荷载。工程建筑有安全性、耐久性和稳定性的要求,这就需要对各种结构构件进行力学计算,确定出构件的形状、尺寸、材料和连接方式等,并将结果绘制成图,作为施工的依据,指导施工,这类图样称为钢筋混凝土结构图。钢筋混凝土结构图包括结构构件图和结构布置图。常用的结构构件按使用部位不同分为板、梁、柱、基础、桁架和支撑等,如图1-1所示;按所用材料不同分为预制钢筋混凝土构件、钢筋混凝土构件、钢构件和木构件等。

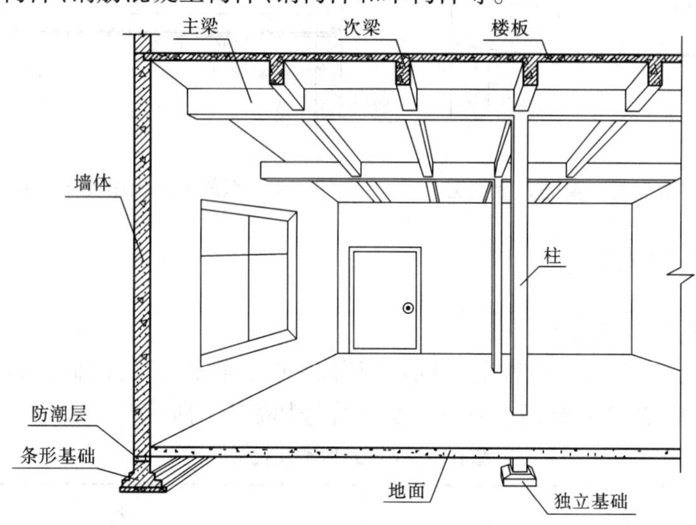

图1-1 构件使用部位示意图

1.1 钢筋混凝土主体结构的基本知识

把混凝土和钢筋根据各自的力学特性有机地结合在一起,制成各种不同的承重构件,在工程建筑中广泛应用。

1.1.1 混凝土的组成和强度等级

混凝土主要由水泥、石子、砂及水组成。有时为了改善混凝土的性能、节约水泥和加快施工进度,还常常在混凝土中加入一些其他的外加剂和掺合料。

水泥、石子、砂、水按一定的配合比,经过拌和、养护和硬化后就形成了混凝土。混凝土具有很高的抗压强度,而它的抗拉强度却很低,一般为抗压强度的7% ~14%。根据《混凝土结构设计规范》(GB 50010—2010),可将混凝土分为14个等级,如C15、C20、C25、C30、C35、C40、C45、C50、C55、C60、C65、C70、C75、C80,其中的数字表示混凝土的强度等级,数字越大,抗压强度越大。

没有钢筋的混凝土构件称为素混凝土构件,它的抗压性能较好,抗拉性能很差。图1-2为一素混凝土梁,在外力作用下,梁的上部受压,下部受拉,当外力达到一定限值时,梁的下部就会被拉裂。为了加强混凝土的抗拉强度,在混凝土的受拉区域配置钢筋,让钢筋来承受拉力,不容易使构件开裂,如图1-3所示,这种配有钢筋的构件称为钢筋混凝土构件。钢筋混凝土构件根据制作工艺的不同可分为现浇钢筋混凝土构件、预制钢筋混凝土构件和预应力钢筋混凝土构件。

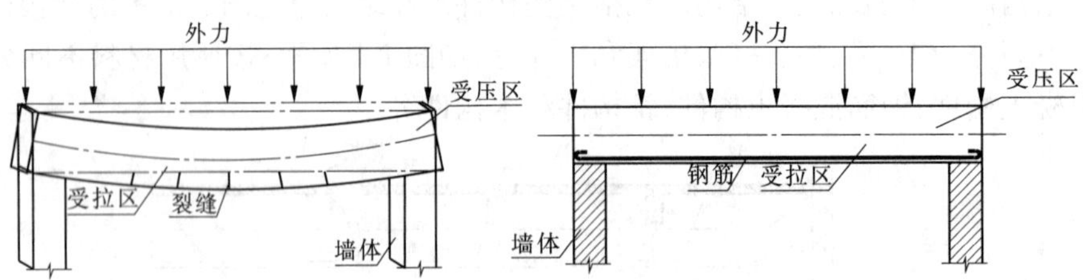

图1-2 素混凝土梁受力示意图　　图1-3 钢筋混凝土梁受力示意图

1.1.2 钢筋的基本知识

1.1.2.1 钢筋的种类及代号

钢筋按生产工艺和抗拉强度的不同可以分为多种强度等级,根据《混凝土结构设计规范》(GB 50010—2010),常用的钢筋种类和代号如表1-1所示。

表1-1 钢筋的种类及代号

种类	符号
HPB300(Q300)	Φ
HRB335(20MnSi)	Φ
HRB400(20MnSiV、20MnSiNb、20MnTi)	Φ
RRB400(K20MnSi)	$Φ^R$

注:表中HPB300为光圆钢筋;HRB335、HRB400为人字纹钢筋;RRB400为光圆或螺纹钢筋。

1.1.2.2　**构件中钢筋的分类和作用**

如图 1-4 所示,按钢筋在梁、板、柱等构件中所起的作用不同,可分为以下几类:

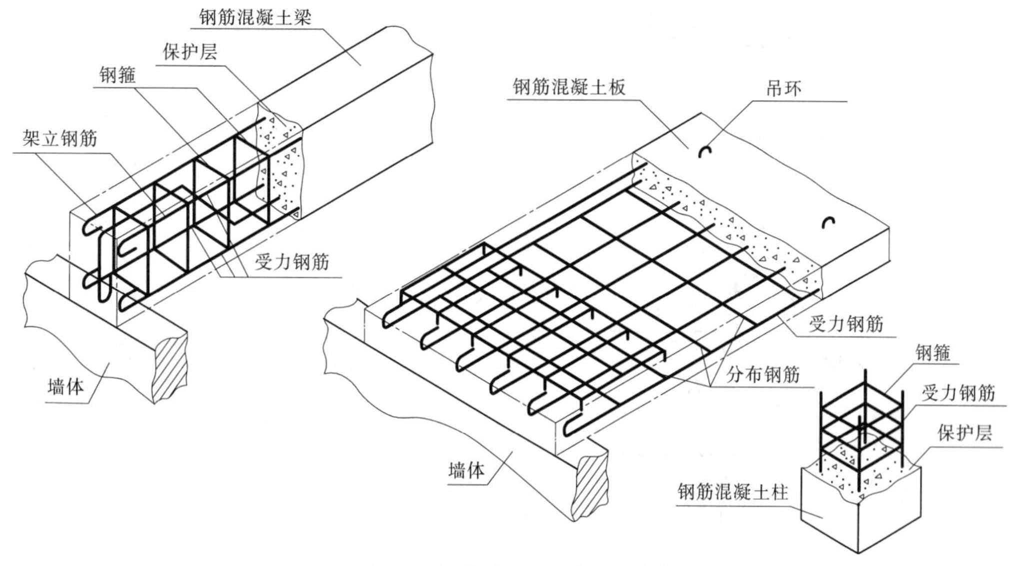

图 1-4　构件中钢筋的分类和作用示意图

(1)受力筋。指在梁、板、柱等构件中主要承受拉力或压力的钢筋,有时为加强支座端,有时将受力筋弯起。受力筋必须经过力学计算来配置。

(2)架立筋。指在梁、板、柱等构件中与箍筋一起形成骨架钢筋。架立筋用来固定钢筋的位置,常根据构造要求来配置。

(3)箍筋(也称钢箍)。指用来固定钢筋的位置的钢筋,在梁、板、柱等构件中主要承受剪力和斜拉应力。配置时需经力学计算。

(4)构造筋。指为满足施工和构造要求,按有关规范规定,在梁、板、柱等构件中配置的次类钢筋。

1.1.2.3　**钢筋的弯钩**

为了防止钢筋混凝土构件的早期破坏,加强钢筋与混凝土之间的黏结力,不至于使钢筋与混凝土之间发生相对滑动,常将光圆钢筋的两端做成弯钩。弯钩的形式有四种:直角弯钩、半圆弯钩、斜弯钩、箍筋弯钩,如图 1-5 所示。人字纹钢筋和螺纹钢筋一般不做弯钩。

1.1.2.4　**钢筋的保护层**

为了满足结构构件的耐久性要求和对受力筋有效锚固的要求,防止钢筋受环境影响而产生锈蚀,保证钢筋与混凝土的有效黏结,钢筋混凝土构件必须有足够的混凝土保护层,混凝土保护层的厚度从钢筋的外边缘起算到构件的表面为止。在混凝土结构设计规范中对构件的保护层厚度做了如下规定,见表 1-2。

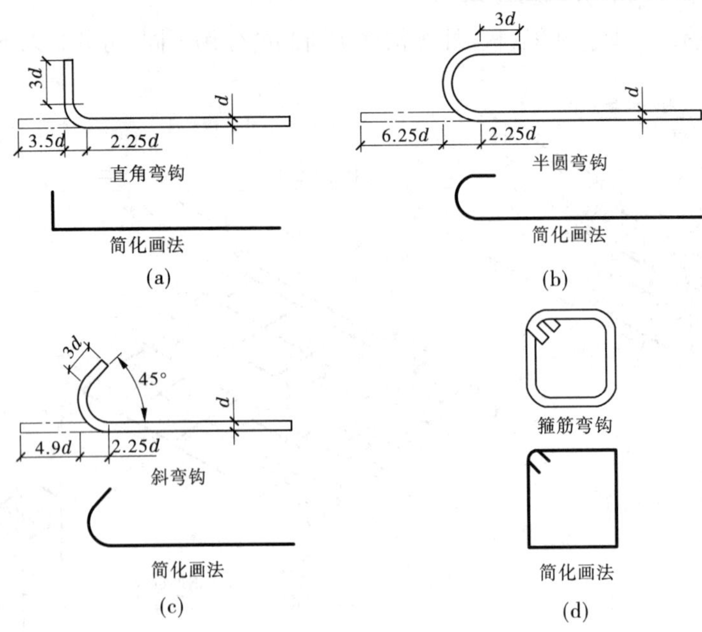

图 1-5　钢筋的弯钩形式示意图

表 1-2　混凝土保护层厚度

钢筋种类	构件名称		保护层厚度(mm)
受力筋	板和墙	截面厚度≤100 mm	10
		截面厚度＞100 mm	15
	梁和柱		25
	基础	有垫层	35
		无垫层	70
箍筋	梁和柱		15
分布筋	板和墙		10

1.1.2.5　常用构件代号

为了读图、绘图方便，对基础、板、梁、柱等钢筋混凝土构件的名称用代号表示。代号一般是该构件汉语拼音前两个字的第一个字母，代号后应用阿拉伯数字标注该构件的型号或编号，也可为构件的顺序号。构件的顺序号采用不带角标的阿拉伯数字连续编排。常用的构件代号见表 1-3。

设计绘图过程中，采用标准通用图集中的钢筋混凝土构件时，应用该图集中的规定代号或型号来注写。由于目前各地区注写方法不同，使用时应该注意查阅该地区的标准图集。如图 1-6 所示，6－YKB5－36－2 表示 6 块预应力空心板，板长 3 600 mm，板宽 500 mm，荷载等级为Ⅱ级。

表 1-3　常用构件代号

序号	名称	代号	序号	名称	代号	序号	名称	代号
1	板	B	19	圈梁	QL	37	承台	CT
2	屋面板	WB	20	过梁	GL	38	设备基础	SJ
3	空心板	KB	21	连系梁	LL	39	桩	ZH
4	槽形板	CB	22	基础梁	JL	40	挡土墙	DQ
5	折板	ZB	23	楼梯梁	TL	41	地沟	DG
6	密肋板	MB	24	框架梁	KL	42	柱间支撑	ZC
7	楼梯板	TB	25	框支梁	KZL	43	垂直支撑	CC
8	盖板或沟盖板	GB	26	屋面框架梁	WKL	44	水平支撑	SC
9	挡雨板或檐口板	YB	27	檩条	LT	45	梯	T
10	吊车安全走道板	DB	28	屋架	WJ	46	雨篷	YP
11	墙板	QB	29	托架	TJ	47	阳台	YT
12	天沟板	TGB	30	天窗架	CJ	48	梁垫	LD
13	梁	L	31	框架	KJ	49	预埋件	M－
14	屋面梁	WL	32	刚架	GJ	50	天窗端壁	TD
15	吊车梁	DL	33	支架	ZJ	51	钢筋网	W
16	单轨吊车梁	DDL	34	柱	Z	52	钢筋骨架	G
17	轨道连接	DGL	35	框架柱	KZ	53	基础	J
18	车挡	CD	36	构造柱	GZ	54	暗柱	AZ

注：1. 预制钢筋混凝土构件、现浇钢筋混凝土构件、刚构件和木构件，一般可直接采用本表中的构件代号。在绘图中，当需要区别上述构件的材料种类时，可在构件代号前加注材料代号，并在图纸中加以说明。

2. 预应力钢筋混凝土构件的代号，应在构件代号前加注"Y－"，如 Y－DL 表示预应力钢筋混凝土吊车梁。

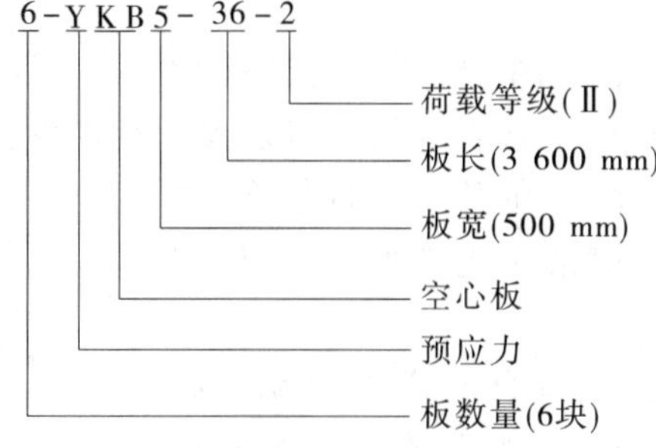

图 1-6　预应力空心板标注示意图

1.2 钢筋混凝土构件图的图示方法

1.2.1 钢筋混凝土构件图的内容

1.2.1.1 模板图

模板是钢筋混凝土工程中重要的施工工具，为了保证施工安全、保证施工质量、加快施工速度和降低工程成本，要合理选用模板结构。模板应按模板图设计要求制作，以使钢筋混凝土构件按规定的几何尺寸和位置成型。模板图就是钢筋混凝土构件的外形图，表明钢筋混凝土构件的外部形状以及预埋件和预留空洞的位置、标高和吊点位置等。结构形状复杂的构件应单独画模板图。

1.2.1.2 配筋图

配筋图是钢筋混凝土结构图中的一种重要图样。它是构件施工和加工、绑扎钢筋的主要依据。配筋图不仅表示出了构件的外部形状和尺寸，而且还表示出了钢筋在构件中的位置、数量、种类和直径等。绘图时可假想钢筋混凝土构件为透明体，将钢筋混凝土构件中钢筋的配置情况投影成图，称为配筋图。它一般包括平面图、立面图、断面图和钢筋详图（钢筋表）等。

1.2.1.3 预埋件图

在钢筋混凝土构件施工和运输时，需要对钢筋混凝土构件进行吊装和连接，这就需要在制作构件时，将一些铁件连接在钢筋骨架上，浇筑完混凝土后，使其一部分伸出到钢筋混凝土构件的表面外，这就叫作预埋件。预埋件在其他图形中应表示出位置，自身用预埋件详图来表达。

1.2.2 钢筋的一般表示方法

1.2.2.1 图线规定

在表达钢筋混凝土构件的配筋图时，为了突出钢筋的布置情况，可见的钢筋混凝土构件的轮廓线用细实线，不可见的轮廓线用细虚线；钢筋混凝土构件内的可见钢筋用粗实线，不可见的钢筋用粗虚线；预应力钢筋用粗的双点画线。

1.2.2.2 钢筋的编号

在钢筋混凝土构件的配筋图中，要把同类型钢筋（规格、形状、直径、尺寸相同的钢筋称为同类型钢筋）编一个号而不管它的根数有多少。有多少种同类型钢筋就编多少个号。编号采用阿拉伯数字，注写在引出线端直径为 6 mm 的细实线圆中，编号一般采用先受力筋，后架立筋、箍筋和构造筋。

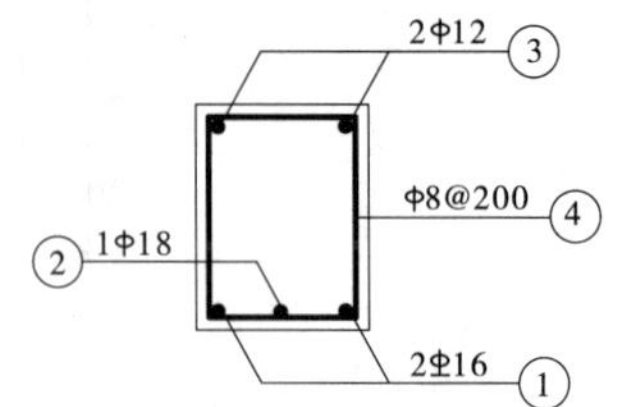

图 1-7 钢筋编号示意图

除对同种类型的钢筋进行编号外，还应在引出线上注明该种钢筋的直径、间距和根数。下面通过图 1-7所示示例说明钢筋的编号方式和标注含义。

例中：受力筋有两种，包括编号为“1”的两根直径

16 mm 的 HRB335 钢筋和编号为“2”的一根直径 18 mm 的 HPB300 钢筋。

架立筋一种，编号为“3”的两根直径 12 mm 的 HPB300 钢筋。

箍筋有一种，编号为“4”的直径 8 mm、间距 200 mm 的 HPB300 钢筋。

1.2.2.3　钢筋的图例

为了将钢筋混凝土构件中各种类型的钢筋表达清楚，在《建筑结构制图标准》(GB/T 50105—2010)中列出了钢筋的常用图例，表 1-4 所示为一般钢筋的常用图例。

表 1-4　一般钢筋常用图例

序号	名称	图例	说明
1	钢筋横断面	●	—
2	无弯钩的钢筋端部		下图表示长、短钢筋投影重叠时，短钢筋的端部用 45°斜划线表示
3	带半圆形弯钩的钢筋端部		—
4	带直钩的钢筋端部		—
5	带丝扣的钢筋端部		—
6	无弯钩的钢筋搭接		—
7	带半圆弯钩的钢筋搭接		—
8	带直钩的钢筋搭接		—
9	花篮螺丝钢筋接头		—
10	机械连接的钢筋接头		用文字说明机械连接的方式(如冷挤压或直螺纹等)

表 1-5 列出了预应力钢筋的图例。

表 1-5　预应力钢筋常用图例

序号	名称	图例
1	预应力钢筋或钢绞线	
2	后张法预应力钢筋断面 无黏结预应力钢筋断面	
3	预应力钢筋断面	＋

续表 1-5

序号	名称	图例
4	张拉端锚具	
5	固定端锚具	
6	锚具的端视图	
7	可动连接件	
8	固定连接件	

此外,还有钢筋网片的图例,在使用时可查阅规范。

1.2.2.4 **钢筋的连接**

钢筋的连接可分为两类:绑扎搭接、焊接。同一构件中相邻纵向受力钢筋的绑扎搭接接头宜相互错开,其画法采用表 1-4 中的规定图例。纵向受力钢筋的焊接接头也应相互错开,焊接接头的形式和标注方法应符合表 1-6 的规定。

表 1-6 钢筋的焊接接头

序号	名称	接头形式	标注方法
1	单面焊接的钢筋接头		
2	双面焊接的钢筋接头		
3	用帮条单面焊接的钢筋接头		
4	用帮条双面焊接的钢筋接头		

续表 1-6

序号	名称	接头形式	标注方法
5	接触对焊的钢筋接头（闪光焊、压力焊）	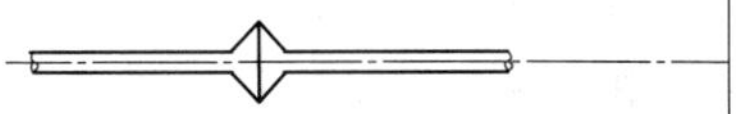	
6	坡口平焊的钢筋接头	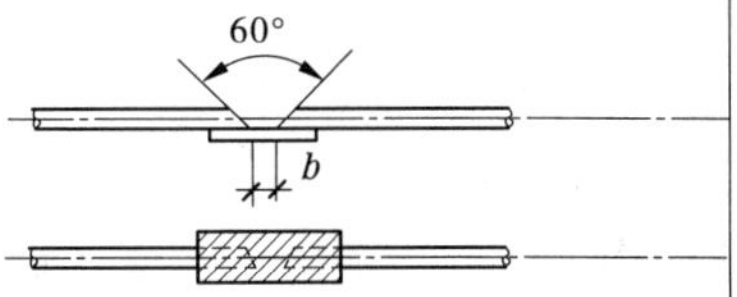 60° b	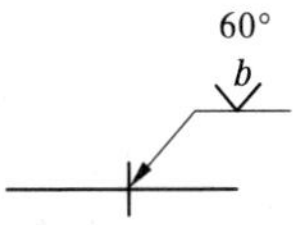 60° b
7	坡口立焊的钢筋接头	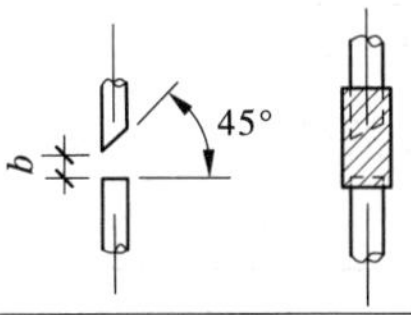 b 45°	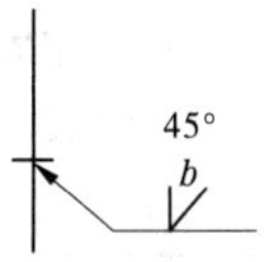 45° b
8	用角钢或扁钢做连接板焊接的钢筋接头	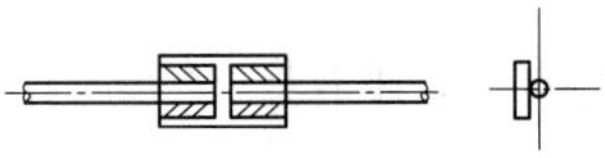	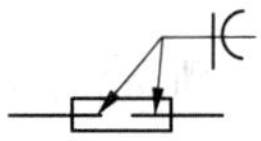
9	钢筋或螺（锚）栓与钢板穿孔塞焊的接头		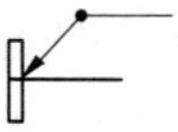

1.2.2.5　钢筋的画法

在表达钢筋混凝土结构图中的钢筋时，画法还应符合表 1-7 的规定。

表 1-7　钢筋的画法

序号	说明	图例
1	在结构楼板中配置双层钢筋时，底层钢筋的弯钩应向上或向左，顶层钢筋的弯钩则向下或向右	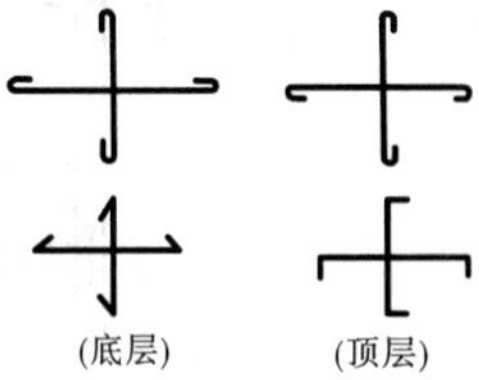 (底层)　(顶层)
2	钢筋混凝土墙体配双层钢筋时，在配筋立面图中，远面钢筋的弯钩应向上或向左，而近面钢筋的弯钩向下或向右（JM 表示近面，YM 表示远面）	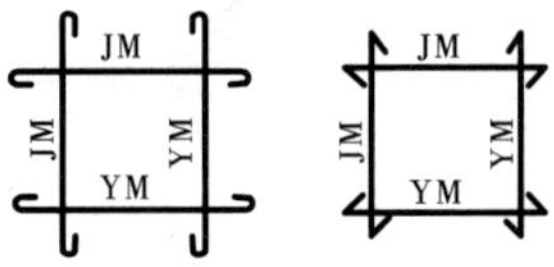 JM JM YM YM　JM JM YM YM

续表 1-7

序号	说明	图例
3	若断面图中不能表达清楚的钢筋布置，应在断面图外增加钢筋大样图（如钢筋混凝土墙、楼梯等）	
4	图中所表示的箍筋、环筋等若布置复杂，可加画钢筋大样图及注写说明	或
5	每组相同的钢筋、箍筋或环筋，可用一根粗实线表示，同时用一两端带斜短划线的横穿细线，表示其钢筋及起止范围	

1.2.3 配筋平面、立面、断面图的画法

1.2.3.1 配筋平面图画法

对于钢筋混凝土板，由于其纵、横方向上尺寸都比较大，通常只用一个平面图来表示配筋情况。如图 1-8 所示为一现浇钢筋混凝土板的配筋情况，在绘制该图时就仅用了配筋平面图来表达，图中用中实线画出四周墙体的可见轮廓线，用中虚线画出不可见墙体和

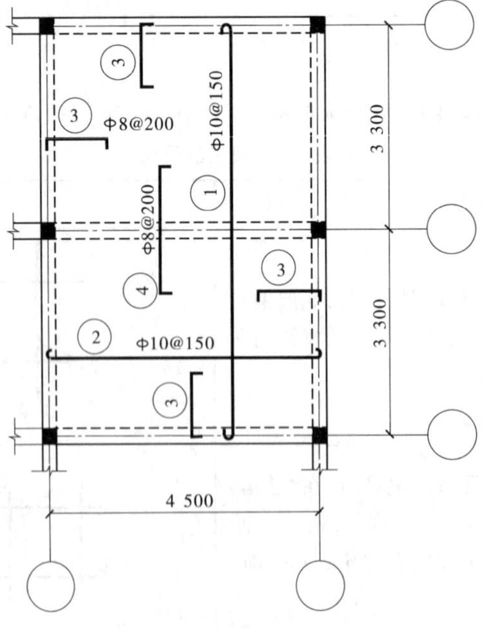

图 1-8　现浇钢筋混凝土板配筋平面图

梁的轮廓线，钢筋用粗实线来画，并表明了钢筋的配置和弯曲情况，其中①号钢筋为两端带有向左弯起的半圆弯钩的 HPB300 级钢筋，配置在板底，直径是 10 mm，间距为 150 mm；②号钢筋为两端带有向上弯起的半圆弯钩的 HPB300 级钢筋，配置在板底，直径是 10 mm，间距为 150 mm；③号钢筋为两端带有向右和向下弯起的直弯钩的 HPB300 级钢筋，配置在板顶，直径是 8 mm，间距为 200 mm；④号钢筋为两端带有向右弯起的直弯钩的 HPB300 级钢筋，配置在板顶，直径是 8 mm，间距为 200 mm。

钢筋混凝土板为双向板，四周伸进了墙体的内部，①、②号钢筋为受力筋，③号钢筋为配置在端部支座处的构造筋，④号钢筋为配置在中间支座处的负弯矩钢筋。

1.2.3.2　配筋立面图和配筋断面图的画法

对于钢筋混凝土梁和柱，由于其比较细长，通常用配筋立面图和配筋断面图表达配筋情况。

图 1-9 为一单跨简支梁的配筋立面图和配筋断面图，另外还给出了钢筋详图和钢筋表。

在配筋立面图 L 中，梁长 3 600 mm，梁的轮廓线用细实线，各种规格的钢筋用粗实线。其中①号钢筋为两端带有半圆弯钩钢筋，配置在梁底；②号钢筋为弯起钢筋，中间段在梁底，距梁两端 500 mm 时向上弯起，弯起角度为 45°至梁顶，到梁两端时又垂直向下弯起至梁底部；③号钢筋为架立筋，配置在梁顶，沿梁通长布置，不带弯钩；④号钢筋为箍筋，沿梁纵向均匀布置，在图中采用了简化画法。

图 1-9 中 1—1、2—2 为该梁的配筋断面图，主要表达了梁的截面形状、尺寸大小、各钢筋的位置和箍筋的形状，不画混凝土的材料图例。梁断面轮廓线用细实线，各钢筋用粗实线表达。1—1 断面图表达了梁中间部分的断面形状，2—2 断面图表达了梁端部的断面形状。通过这两个断面图可知，梁的断面是 240 mm × 400 mm 的矩形，①号钢筋为两端带有半圆弯钩的 HRB335 级钢筋，两根，配置在梁底两角处，直径是 16 mm；②号钢筋为弯起的 HRB335 级钢筋，直径是 14 mm；③号钢筋为两根 HPB300 级的直筋，配置在梁顶两角处，直径是 6 mm；④号钢筋为两端带有 135°弯钩矩形 HPB300 级钢筋，直径是 6 mm，间距为 150 mm。

图中还画出了各种钢筋的成型图（钢筋详图、抽筋图），是加工钢筋的主要依据，应和钢筋立面图对应布置，从梁顶部钢筋开始依次排列。同一种编号的钢筋在图中用粗实线只画一根，并对钢筋进行标注，标注内容包括钢筋的编号、直径、种类、根数和下料长度。

在画钢筋混凝土构件配筋立面图和配筋断面图时，保护层和钢筋弯钩的大小，不必精确度量，可凭估计画出。

有时为了加工钢筋和下料方便，在钢筋表中列出了所有钢筋的种类、长度、根数和钢筋的重量，项目可根据需要进行增减，如表 1-8 所示。

简单钢筋混凝土柱的图示方法与梁基本相同，一般也用配筋立面图和配筋断面图表示。图 1-10 为某活动中心的柱配筋立面图和配筋断面图。

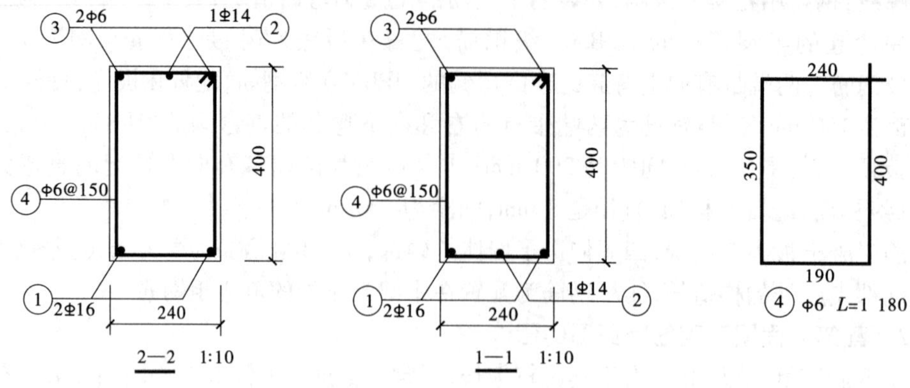

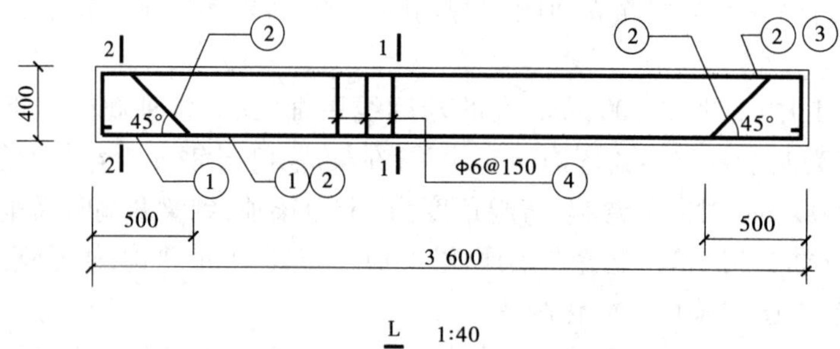

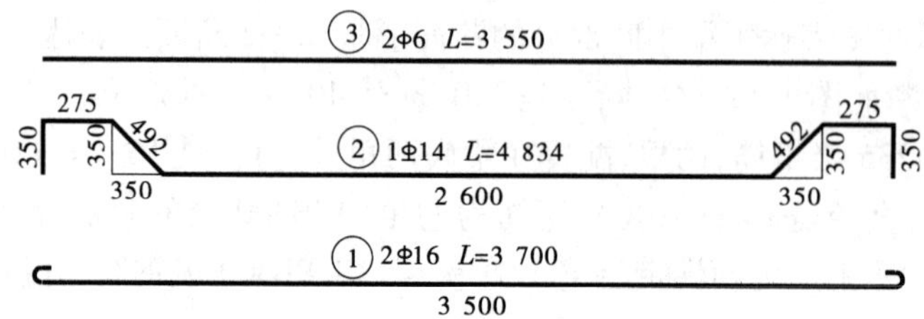

图 1-9 单跨简支梁的配筋立面图和配筋断面图

表 1-8 钢筋表

编号	规格	简图	单根长度（mm）	根数	总长（m）	重量（kg）
①	Φ 16		3 700	2	7.40	7.53
②	Φ 14		4 834	1	4.834	5.83
③	Φ6		3 550	2	7.10	1.58
④	Φ6		1 180	24	28.32	6.32

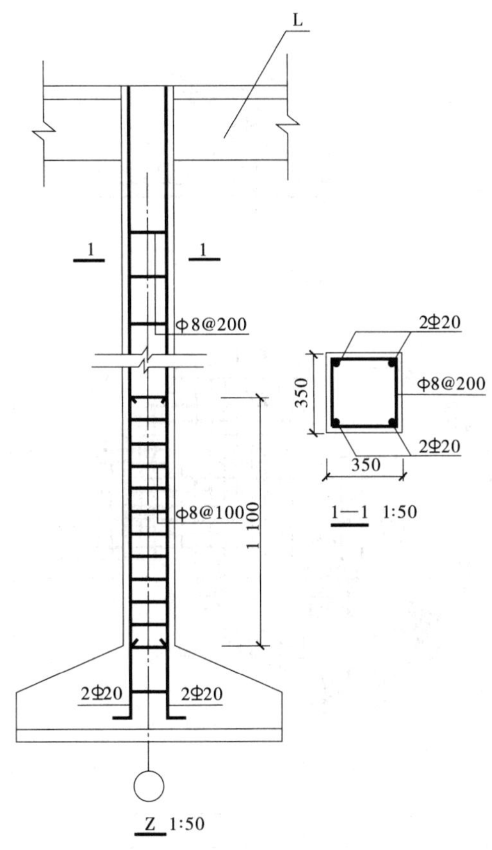

图 1-10 柱配筋立面图和配筋断面图

从柱立面图和断面图中可以看出，柱的下部与基础相连，上部与梁连接在一起。柱的断面尺寸为 350 mm×350 mm，受力钢筋为 4 根直径 20 mm 的 HRB335 级钢筋，配置在柱的四角。箍筋是直径为 8 mm 的 HPB300 级钢筋，与柱基础连接部分为加密区，间距 100 mm，其余为非加密区，间距 200 mm。

1.2.3.3 配筋图的简化画法

（1）当构件对称时，钢筋网片可用一半或 1/4 表示，如图 1-11 所示。图中钢筋网代号用“W”表示；钢筋骨架代号用“G”表示。

（2）钢筋混凝土构件配筋较简单时，可采用局部剖切，做出局部剖面图，如图 1-12 所示，(a)图为独立基础，(b)图为其他构件。

（3）对称的钢筋混凝土构件，可在同一图样中以一半表示外形视图，另一半表示配筋，如图 1-13 所示。

1.2.4 钢筋混凝土构件平面整体表示方法

钢筋混凝土构件除用配筋平面、立面、断面图一一表示外，近几年来又出现了一种新的标注方式——平面整体表示方法。概括来讲，这种表达形式，是把结构构件的尺寸和配筋等，按照平面整体表示方法制图规则，整体直接表达在各类构件的结构平面图上。这种

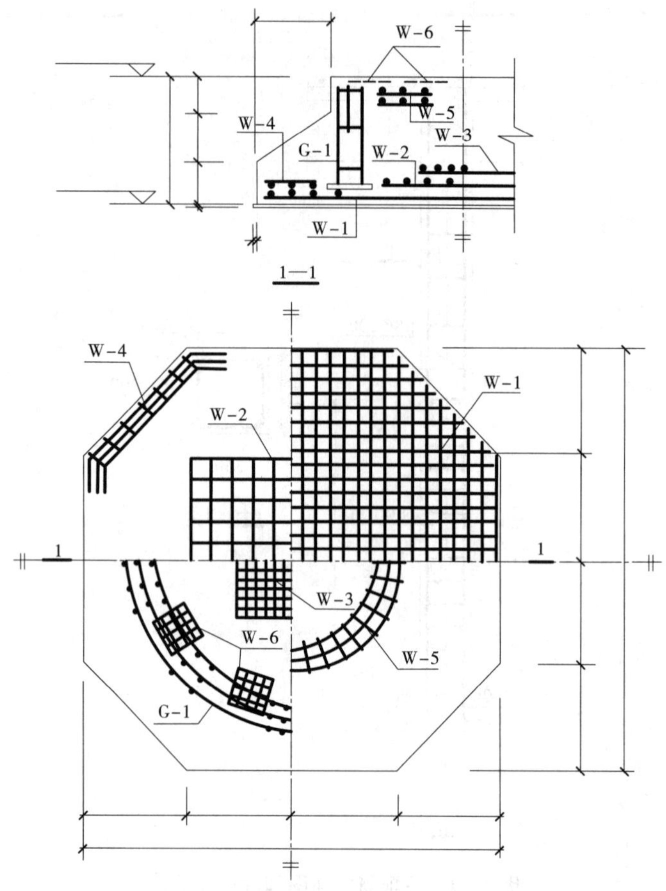

图 1-11　配筋简化图(一)

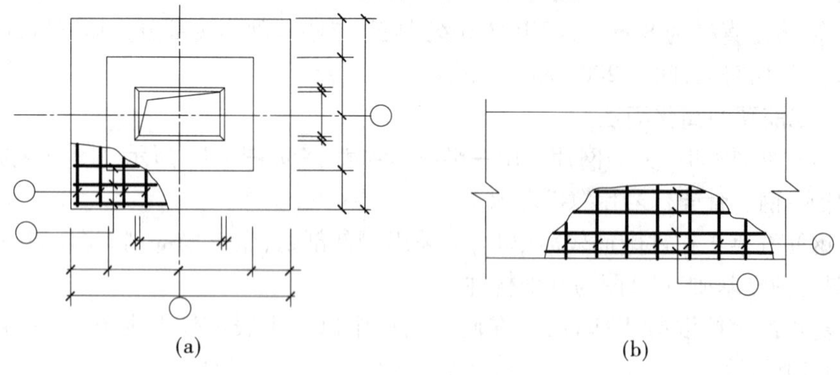

图 1-12　配筋简化图(二)

方式改变了传统的逐个绘制钢筋混凝土构件配筋图和重复标注的烦琐方法,由于其图示方式简便、大大减少了作图量,因此目前在结构设计中得到广泛的应用。

下面以梁、柱为例来说明平面整体表示方法。

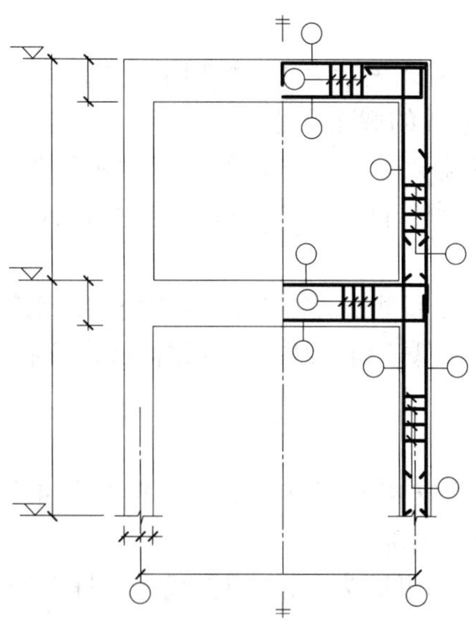

图1-13　配筋简化图(三)

1.2.4.1　钢筋混凝土梁平面整体表示方法

梁平面整体表示法是在梁平面布置图上采用平面注写方式或截面注写方式表达。梁平面布置图,应分别按梁的不同结构层,将全部梁和其他相关联的构件一起采用适当比例绘制。

1.梁的平面注写方式

平面注写方式,是在梁平面布置图上,分别在不同编号的梁中各选一根梁,在其上注写截面尺寸和配筋的具体数值。平面注写包括集中标注与原位标注,其中集中标注表达梁的通用数值,包括五项必注值和一项选注值,五项必注值是梁编号、梁截面尺寸、梁箍筋、梁上部通长筋或架立筋配置、梁侧面纵向构造钢筋或受扭钢筋配置;一项选注值是梁顶面标高高差。原位标注表达梁的特殊数值,内容包括上部纵筋、下部纵筋、附加箍筋或吊筋。施工时,原位标注取值优先。

以图1-14为例,来说明具体的注写方法。

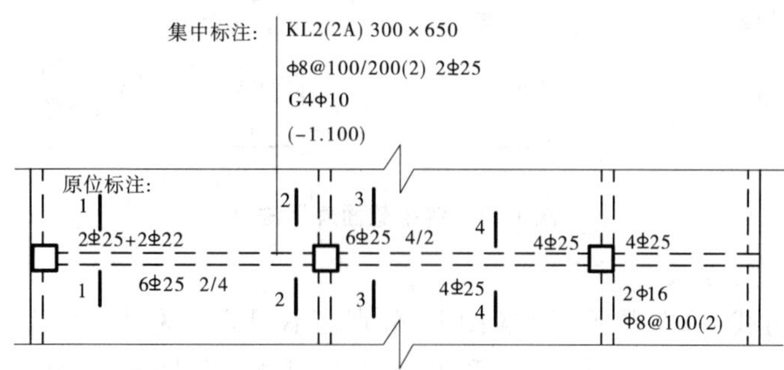

图1-14　平面注写方式

1)集中标注

KL2(2A)　300×650：KL2 表示第 2 号框架梁;(2A)表示 2 跨,一端有悬挑(B 表示两端有悬挑);300×650 表示梁的截面尺寸。

Φ 8@100/200(2)　2 Φ 25:Φ 8@100/200(2)表示箍筋为Ⅰ级钢筋,直径为 8 mm,加密区间距为 100 mm,非加密区间距为 200 mm,均为四肢箍;2 Φ 25 表示梁的上部有 2 根直径为 25 的通长筋。

G4 Φ 10 表示梁的两个侧面共配置 4 Φ 10 的纵向构造钢筋,每侧各配置 2 Φ 10。

(-1.100)表示梁的顶面低于所在结构层的楼面标高,高差为 1.100 m。

2)原位标注

(1)梁支座上部纵筋。

2 Φ 25+2 Φ 22:表示梁支座上部有两种直径钢筋共 4 根,中间用"+"相连,其中 2 Φ 25放在角部,2 Φ 22 放在中部。

6 Φ 25　4/2:表示梁上部纵筋为二排,用斜线将各排纵筋自上而下分开。上一排纵筋为 4 Φ 25,下一排纵筋为 2 Φ 25。

4 Φ 25:表示梁支座上部配置 4 根直径为 25 mm 的钢筋。

(2)梁支座下部纵筋。

6 Φ 25　2/4:表示梁下部纵筋为二排,用斜线将各排纵筋自上而下分开。上一排纵筋为 2 Φ 25,下一排纵筋为 4 Φ 25。

4 Φ 25:表示梁下部中间配置 4 根直径为 25 mm 的钢筋。

Φ 8@100 (2):表示箍筋为Ⅰ级钢筋,直径为 8 mm,间距为 100 mm,为两肢箍。

图 1-15 给出了传统的表示方法,用于对比按平面注写方式表达的同样内容。实际采用平面注写方式表达时,不需绘制梁截面配筋图和图 1-15 中相应截面号。

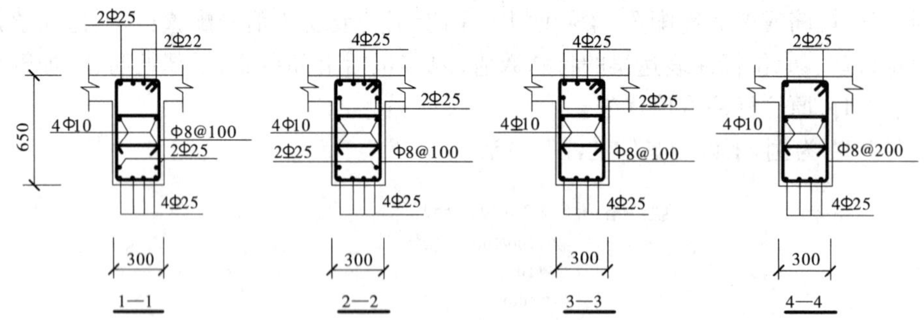

图 1-15　传统截面表示法

2. 梁的截面注写方式

梁截面注写方式,是在梁平面布置图上,分别在不同编号的梁中各选择一根梁用剖面号引出配筋图,并在其上注写截面尺寸和配筋的具体数值,如图 1-16 所示。

1.2.4.2　钢筋混凝土柱平面整体表示方法

柱平面整体表示法是在柱平面布置图上采用截面注写方式或列表注写方式表达。柱

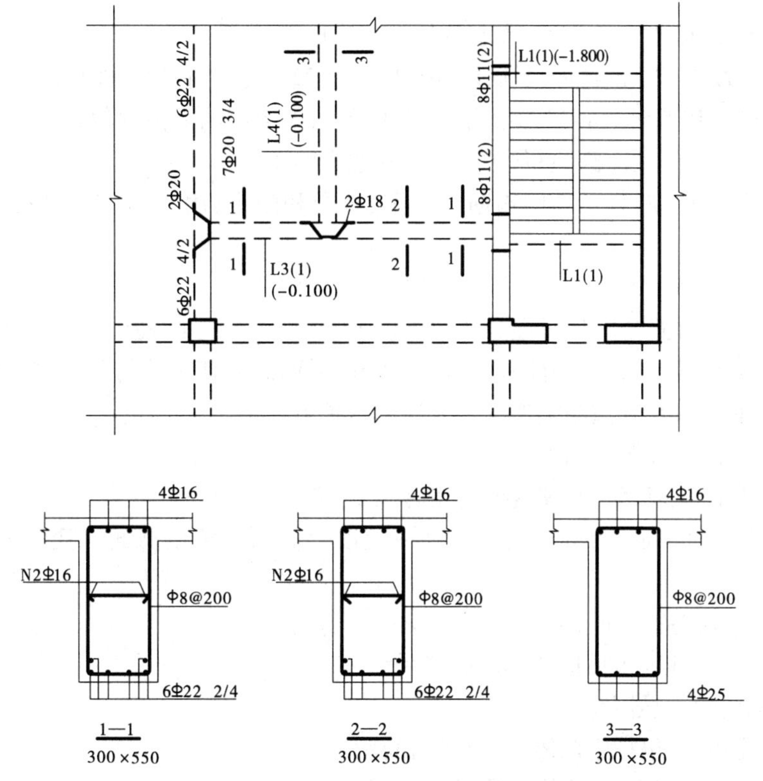

图1-16　梁截面注写法

平面布置图可采用适当比例单独绘制,也可与其他构件合并绘制。

1. 柱的截面注写方式

柱的截面注写方式是在柱平面布置图的柱截面上,分别在同一编号的柱中选择一个截面,以直接注写方式注写截面尺寸和配筋具体数值。具体注写方式如图1-17所示。

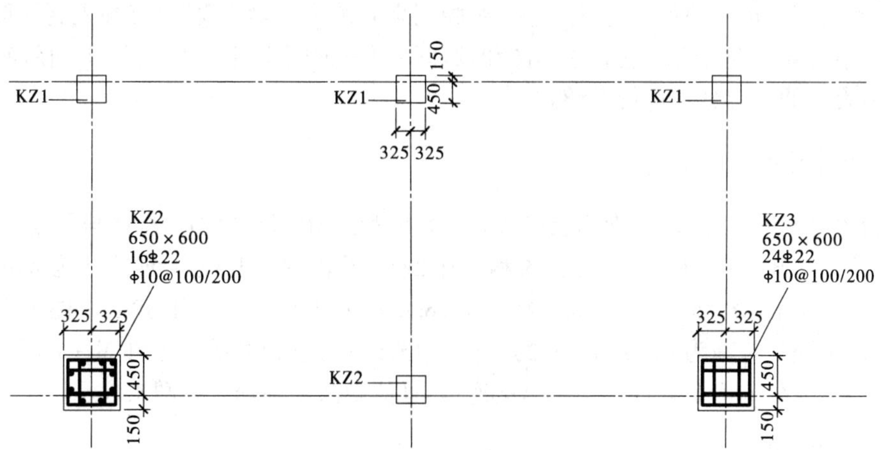

图1-17　柱截面注写法

在图 1-17 中：

(1) KZ1、KZ2、KZ3 为柱代号，表示柱的类型为框架柱。

(2) 650×600 表示柱的截面尺寸；16 Φ 22、24 Φ 22 表示柱中纵筋的级别、直径和数量。

(3) 当纵筋采用两种直径时，须再注写截面各边中部筋的具体数值，对于采用对称配筋的矩形截面柱，可仅在一侧注写中部筋，对称边省略不注。

(4) Φ 10@100/200 表示柱中箍筋的级别、直径和间距，用“/”区分加密区和非加密区的间距。

2. 柱的列表注写方式

柱的列表注写方式是在柱平面布置图上，分别在同一编号的柱中选择一个或几个截面标注几何参数代号：在柱表中注写柱号、柱段起止标高、几何尺寸与配筋的具体数值，并配以各种柱截面形状及其箍筋类型图来表达的一种方式。

柱表中注写的内容规定如下：

(1) 注写柱编号，柱编号由类型代号和序号组成。

(2) 注写各段柱的起止标高，自柱根部往上以变截面位置或截面未变但配筋改变处为界分段注写。

(3) 注写各段柱的截面尺寸。

(4) 注写柱的纵筋，包括根数、级别、直径。

(5) 注写箍筋类型号及箍筋肢数。

(6) 注写柱箍筋，包括钢筋级别、直径与间距。

具体注写方式可查阅有关的标准图集。

1.3　钢筋混凝土构件图的阅读

图 1-18 ~ 图 1-20 是某单层厂房的预制钢筋混凝土柱，它是单层厂房的主要承重构件，对厂房的安全和稳定有重大的影响。该预制钢筋混凝土柱分为上柱、牛腿、下柱三部分，上柱承受屋架传来的荷载，支撑屋架；牛腿用来支撑吊车梁；下柱直接插入到杯形基础中。从图中可知，该柱用模板图、配筋图和预埋件图三种图样进行了表达，下面就对这三种图样所表达的内容分别进行介绍。

1.3.1　模板图

模板图主要用来表达柱的外部形状以及预埋件和预留空洞的位置、标高与吊点位置等。从图 1-18 中可知，该图用一个立面图和四个断面图表达。上柱断面尺寸为 400 mm×400 mm，牛腿处的最大断面尺寸为 400 mm×800 mm，下柱为工字形截面。柱顶标高为 12.600 m，牛腿处标高为 8.600 m，柱的总长为 13.9 m。柱顶处的预埋件 M－1 用来与屋架相连接，牛腿处的两个预埋件与吊车梁连接，具体做法用预埋件详图来表示。

1.3.2　配筋图

配筋图主要用来表达预制钢筋混凝土柱配筋情况。它有一个立面图和四个断面图组

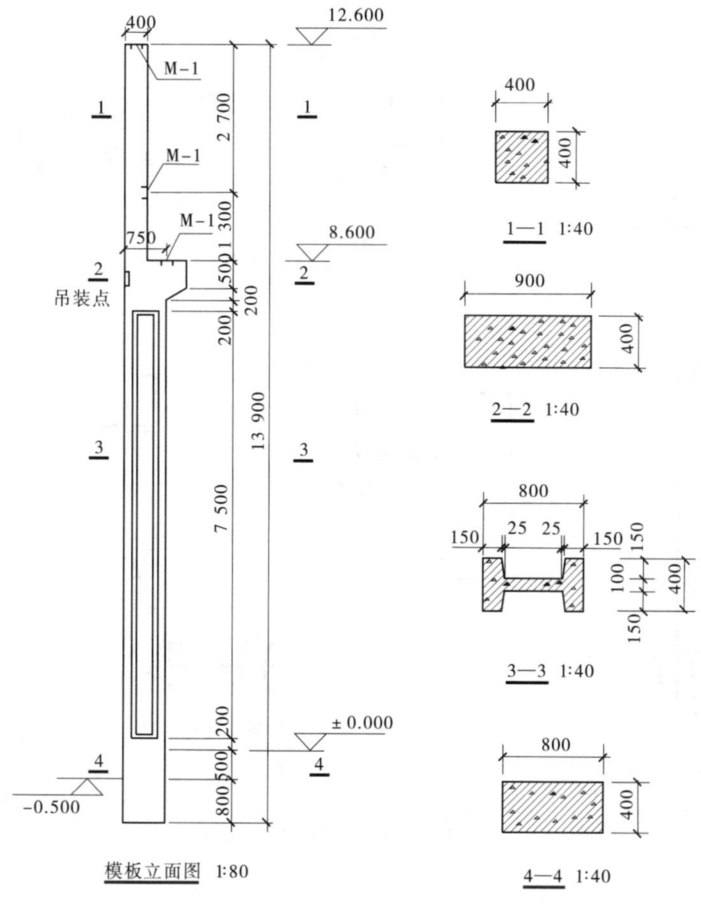

图1-18 柱模板图

成，如图1-19所示。从立面图中可知柱纵向钢筋的编号、直径、级别和排列情况，1—1断面图表明了上柱中配置有6 Φ 18的受力筋和Φ 8@200的箍筋，其中受力筋布置在柱的两侧，每侧三根。2—2断面图表明了牛腿处的配筋情况，比较复杂，应与立面图对照识读。3—3断面图表明了下柱中工字形部分的配筋情况，受力筋为②号和③号筋，箍筋采用Φ 6@300。4—4断面图为下柱中矩形部分的配筋情况。

1.3.3 预埋件图

预埋件图用了两个图形来表达，一个为底面图，一个为立面图，如图1-20所示。它表明了预埋件的构造做法。

综上所述，阅读钢筋混凝土构件图的方法步骤如下：

(1)整体概括了解构件的形状、尺寸大小、预埋件位置等。

(2)局部细看，弄清构件中各种钢筋的位置、形状、尺寸、级别、数量和直径等。

(3)最后综合起来阅读，记下关键部分的内容，并能指出任何部位的构造做法和配筋情况。

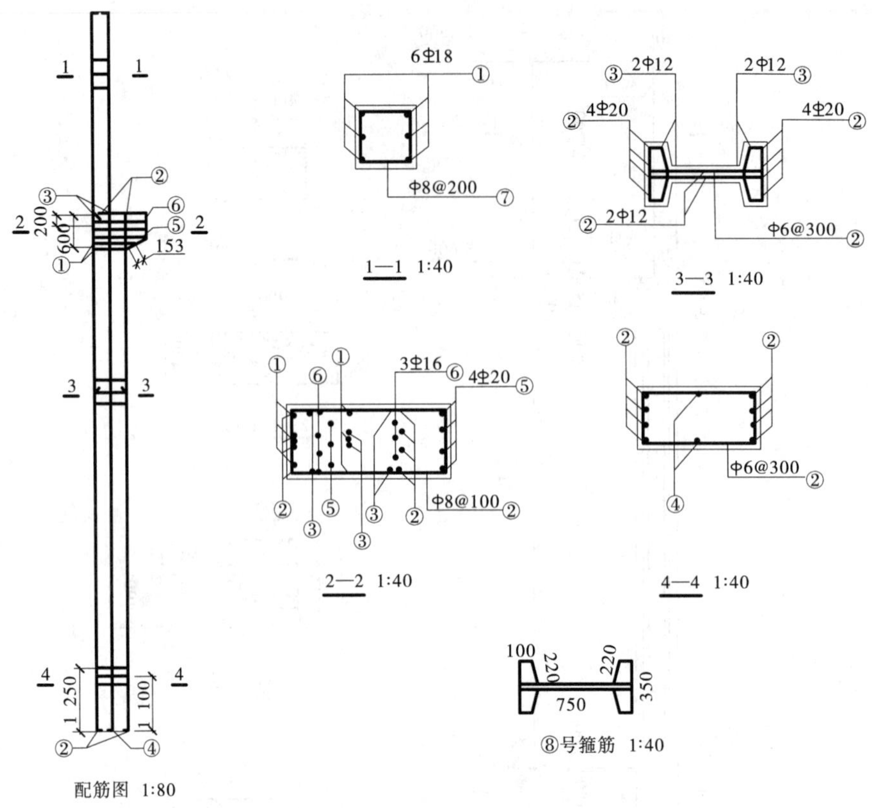

图 1-19 柱配筋图

1.4 结构施工图

常见的房屋结构形式按承重构件的材料可分为以下几类：

(1)混合结构：墙用砖砌筑，梁、楼板和屋面都是钢筋混凝土构件。

(2)钢筋混凝土结构：柱、梁、楼板和屋面都是钢筋混凝土构件。

(3)砖木结构：墙用砖砌筑，梁、楼板和屋架都用木料制成。

(4)钢结构：承重构件全部为钢材。

(5)木结构：承重构件全部用木料。

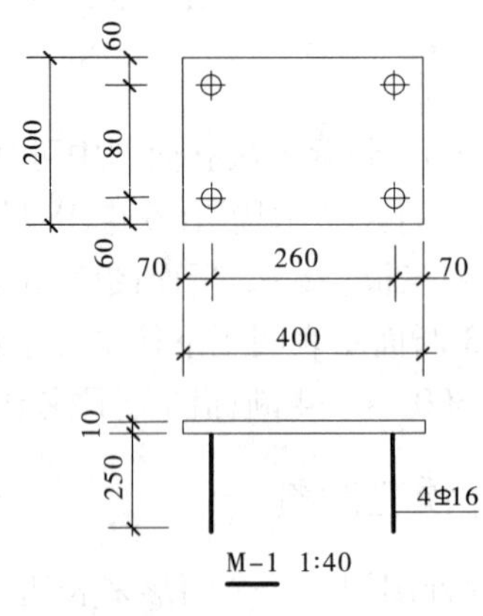

图 1-20 柱预埋件图

目前我国建造的住宅、办公楼、教学楼和集体宿舍等民用建筑，都广泛采用钢筋混凝土结构。

结构施工图主要表达结构设计的内容，是表示建筑物各承重构件(如基础、承重墙、柱、梁、板、屋架等)的布置、形状、大小、材料、构造及相互位置关系的图样。结构施工图主要用来作为施工放线、挖基槽、支模板、绑扎钢筋、设置预埋件、浇捣混凝土，安装梁、板、柱等构件，以及编制预算和施工组织计划等的依据。结构施工图必须与建筑施工图密切配合，这两个工种的施工图之间不能有矛盾。

结构施工图一般有基础图、结构布置图和结构详图等。为了图示方便，在结构施工图中表示各类构件名称时，可用代号表示。常用构件代号如表1-9所示。

表1-9　常用构件代号

名称	代号	名称	代号	名称	代号
板	B	梁	L	基础梁	JL
屋面板	WB	屋面梁	WL	楼梯梁	TL
空心板	KB	圈梁	QL	屋架	WJ
楼梯板	TB	过梁	GL	框架	KJ
檐口板	YB	雨篷	YP	钢架	GJ
墙板	QB	阳台	YT	柱	Z
天沟板	TGB	预埋件	M	基础	J

1.4.1　基础图

基础是位于墙壁或柱下面的承重构件，它承受房屋的全部荷载，并传递给基础下面的地基。地基可以是天然土壤，也可以是经过加固的土壤。

基础图是表示基础部分的平面布置和详细构造的图样，它是施工时在基础上放灰线（用石灰粉线定出房屋定位轴线、墙身线、基础底面线），开挖基坑和砌筑基础的依据。

基础的结构形式与房屋上部结构形式密切相关，一般上部是墙体，基础为条形基础；上部是柱，基础则为独立基础。基础图通常包括基础平面图和断面详图。图1-21是常见基础示意图。

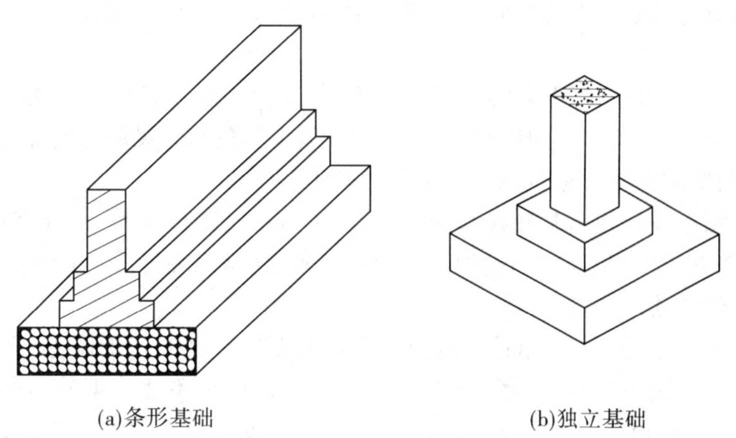
(a)条形基础　(b)独立基础

图1-21　常见基础

1.4.1.1 基础平面图

基础平面图是表示基础平面布置的图样，是假想用一个水平的剖切平面沿房屋的地面与基础之间剖切，移去房屋上部和基坑内的泥土所作的基础水平投影图。

1. 图示内容和要求

基础平面图主要内容有：图名、比例；纵横定位轴线及其编号；基础墙、柱以及基础底面的形状、大小及其与轴线的关系；基础梁的位置和代号；剖切符号及编号；轴线间距、基础定形尺寸和定位尺寸等。

基础平面图一般采用与建筑平面图相同的比例。在基础平面图中，只画出基础墙、柱和基础底面轮廓线；梁和墙身的投影重合时，梁可用单线结构构件画出；基础、大放脚等细部的可见轮廓线省略不画，这些细部形状，将具体反映在基础详图中。在基础平面图中，剖切到的基础墙画中实线，基础底面画细实线，可见的梁画粗实线，不可见的梁画粗虚线，如果剖切到钢筋混凝土柱，则用涂黑表示。

基础平面图中应标注各部分的定形尺寸和定位尺寸。基础的定形尺寸即基础墙宽度、柱外形尺寸以及基础的底面尺寸，这些尺寸可直接标注在基础平面图上，也可以用文字加以说明；基础定位尺寸也就是基础墙、柱的轴线尺寸，轴线编号应和建筑施工图中的底层平面图一致。

2. 基础平面图识读

图 1-22 是某教学楼的条形基础平面图。从图中可看出该楼共有 1 ~ 5 五种不同的条形基础，它们的构造、尺寸和配筋，分别由编号为 J_1 至 J_5 的剖切平面所剖切到的断面详图来表达；JL－1 和 JL－2 是基础梁，它们的构造、尺寸和配筋也将由详图表达。通常将基础梁与基础浇捣在一起，基础梁 JL－1 可表示在 J_3 的详图中，而 JL－2 可表示在 J_1 和 J_2 的详图中。

1.4.1.2 基础断面详图

基础平面图只表明了基础的平面布置，而基础各部分的形状、大小、材料、构造以及基础的埋置深度等都没有表达出来，这就需要画出各部分的断面详图，作为砌筑基础的依据。基础详图就是基础的垂直断面图，一般采用 1∶20、1∶30 等较大的比例。

1. 图示内容和要求

基础详图一般应包括以下内容：图名、比例；定位轴线及其编号；基础墙厚度、大放脚每步的高度及宽度；基础断面的形状、大小、材料以及配筋；基础梁的宽度、高度及配筋；室内外地面、基础垫层底面的标高；防潮层的位置和做法等。

在基础详图中应标注出基础各部分（如基础墙、柱、基础垫层等）的详细尺寸、钢筋尺寸（包括钢筋搭接长度）以及室内地面标高和基础底面（基础埋置深度）的标高。

2. 基础详图识读

图 1-23 是前边四层住宅楼的外墙基础详图，上面是砖砌的基础墙，下面的基础采用钢筋混凝土结构。因为是通用详图，所以在定位轴线圆圈内不注写编号。在钢筋混凝土基础下铺设 100 mm 厚的混凝土垫层，使用垫层的作用是使基础与地基有良好的接触，以

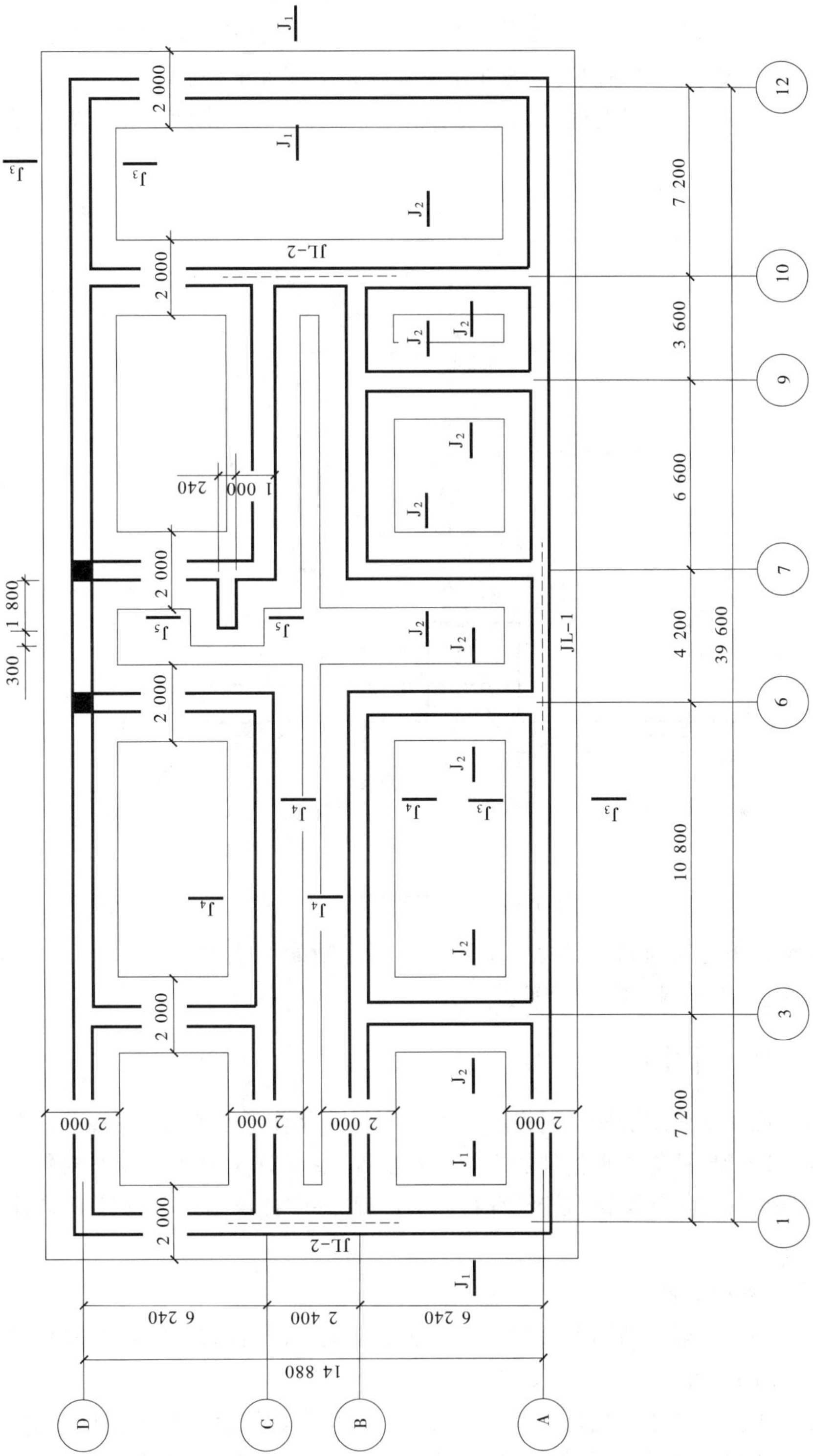

图 1-22　基础平面图

便均匀地传布压力，并且使基础底面处的钢筋不与泥土直接接触，以防止钢筋锈蚀。从室外设计地面到基础垫层底面之间的深度称为基础的埋置深度，图中所示基础的埋置深度为 -0.600 m - (-2.000 m) = 1.400 m。另外还在基础梁中配置了钢筋，如图中的4 Φ 12和4 Φ 14及四支箍Φ 8@200，四支箍可以由大小钢箍组成，也可以由两个相同的矩形钢箍拼成。

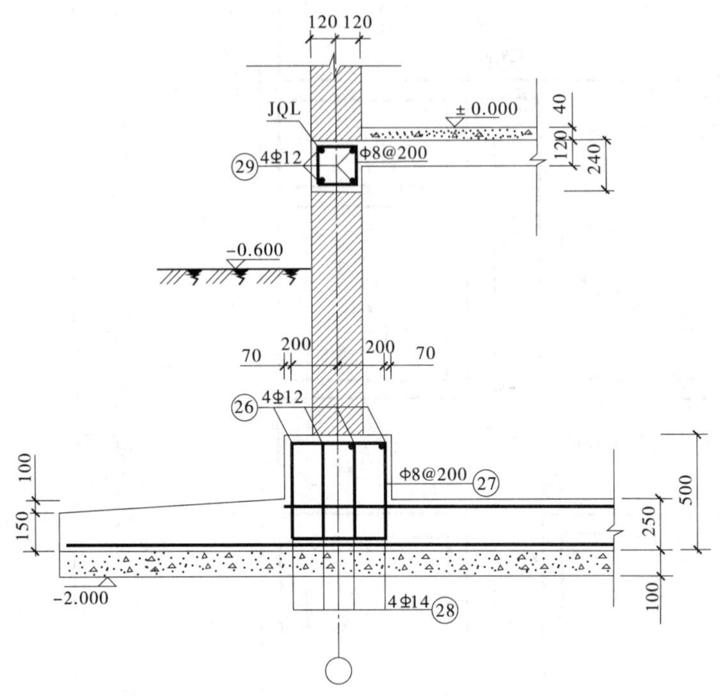

图 1-23　外墙基础详图

外墙室内地面下连通的钢筋混凝土基础圈梁 JQL，断面尺寸为 240 mm × 240 mm，配置了纵向钢筋 4 Φ 12 和钢箍Φ 8@200。

1.4.2　楼层结构平面图

楼层结构平面图是假想沿楼板面将房屋水平剖切后所作的水平投影图，主要表示楼面板及其下面的墙、梁、柱等承重构件的平面布置情况，它是施工时布置或安放各层承重构件的依据。如果各层楼面结构布置情况相同，可只画一个楼层结构平面图，但应注明合用各层的层数。

1.4.2.1　图示内容和要求

楼层结构平面图一般包括图名、比例；定位轴线及编号；各种梁、柱、楼板的布置和代号，承重墙和柱子的位置等。

结构平面图中应标注各轴线间尺寸、轴线总尺寸，还应标注有关承重构件的尺寸，如雨篷和阳台的外挑尺寸、雨篷梁和阳台梁伸进墙内的尺寸、楼梯间两侧横墙的外伸尺寸和现浇板的宽度尺寸等。此外，还必须注明各种梁、板的底面结构标高，作为安装或支模的依据。

在结构平面图中，可见的钢筋混凝土楼板的轮廓线用细实线表示，剖切到的墙身轮廓线用中实线表示，楼板下面不可见的墙身轮廓线用中虚线表示，钢筋用粗实线表示，剖切到的钢筋混凝土柱子用涂黑表示。

1.4.2.2 楼层结构平面图读图

图1-24是住宅楼二层结构平面图。图中可看出大部分楼面采用120 mm厚的现浇钢筋混凝土板，在楼梯间两边，厨房和卫生间采用100 mm厚的现浇钢筋混凝土板。由于厨房和卫生间需要安装管道，浇筑时要在楼板上预留管道孔洞。现浇的钢筋混凝土楼板采用规定的代号B表示，其后的数字是编号，括号内数字是板的厚度。现浇楼板B－6上的荷载，在中间部分传给梁L－1后，再传给梁下面的墙身。现浇楼板的钢筋配置采用将钢筋直接画在平面图中的表示方法，如B－1，板底受力钢筋是编号为①的Φ 10@150，分布钢筋是编号为④的Φ 8@200。每一代号的布置，只要详细画出一处，在这一处楼板的总范围内用细实线画一条对角线，其他各处相同布置的楼板，只标注板的编号就可以了。

圈梁、过梁和梁L－1的断面形状、大小和配筋，均在断面图中表示清楚，并标注出了梁底的结构标高2.700 m，作为施工的依据。梁底的结构标高也可加括号，直接标注在结构平面图中梁的代号和编号之后，如QL(2.700)。

在图1-24的楼层结构平面图中，圈梁的断面尺寸不相同，与板的连接情况也有所不同，如QL－1是矩形，而用于窗套处的QL－2是“L”形，只有一边与板连接。水平剖切后，有的圈梁是可见的，有的圈梁只有一部分可见。为了清楚表示圈梁的平面布置连通情况，图中只画出圈梁的轮廓线并标注QL。此外，还用粗虚线表示出了不可见过梁的平面布置情况。

楼梯部分的结构较复杂，在楼层结构平面图中，由于比例过小，不能清楚表达楼梯结构的平面布置，故需另外画出楼梯结构详图，在这里只需画出两条细实线对角线，并注明“楼梯间”就可以了。

1.4.3 主体结构施工图识读实训项目1

1. 实训内容

钢筋混凝土主体结构施工图识读实训。

2. 实训目标

(1)熟悉主体结构施工图绘图及标注规则；

(2)能看懂钢筋混凝土主体结构施工图。

3. 实训课时

2课时。

4. 实训要求

提交实训报告。

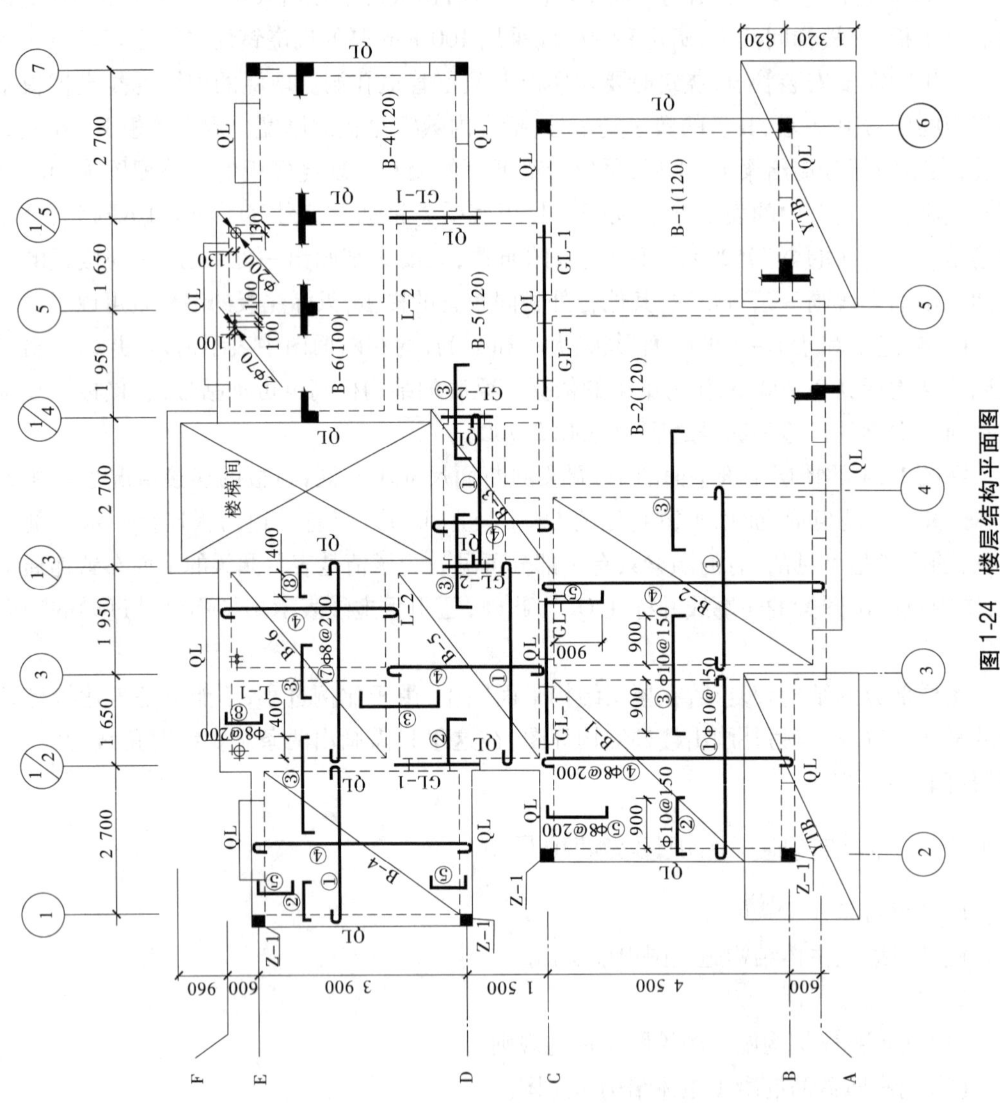

图1-24　楼层结构平面图

1.5　钢结构施工图的识读

钢结构是用型钢或钢板,根据设计和使用者的要求,通过焊接、螺栓连接、铆钉连接,来组成承重结构。它与钢筋混凝土结构、木结构和砖石结构相比,具有自重轻、可靠性高、装配速度快等优点,因此在工程建设中得到了广泛应用,如钢厂房、桥梁、大跨建筑、高耸建筑等。

本单元我们将依据《建筑结构制图标准》(GB/T 50105—2010)和《焊缝符号表示法》(GB/T 324—2008),介绍钢结构图基本表达方法和标注方式。

1.5.1　常用型钢及其标注

常用的型钢有角钢、工字钢和槽钢。其图例、截面种类和标注方法见表1-10。

表1-10　常用型钢的标注方法

序号	名称	截面	标注	说明
1	等边角钢	∟	∟ $b\times t$	b 为肢宽,t 为肢厚
2	不等边角钢	B ∟	∟ $B\times b\times t$	B 为长肢宽,b 为短肢宽, t 为肢厚
3	工字钢	I	I N　Q I N	轻型工字钢加注Q字 N 工字钢的型号
4	槽钢	[	[N　Q [N	轻型槽钢加注Q字 N 槽钢的型号
5	方钢	b	□ b	—
6	扁钢	b	— $b\times t$	—
7	钢板	—	$-\frac{b\times t}{l}$	$\frac{宽\times厚}{板长}$
8	圆钢	⊘	ϕd	—

续表 1-10

序号	名称	截面	标注	说明
9	钢管	○	DN× × $d \times t$	内径 外径×壁厚
11	薄壁方钢管		B □ $b \times t$	薄壁型钢加注 B 字，t 为壁厚
11	薄壁等肢角钢		B ∟ $b \times t$	
12	薄壁等肢卷边角钢	a	B $b \times a \times t$	
13	薄壁槽钢	h	B $h \times b \times t$	
14	薄壁卷边槽钢	a	B $h \times b \times a \times t$	
15	薄壁卷边 Z 型钢	h　a　b	B $h \times b \times a \times t$	
16	T 型钢	⊤	TW× × TM× × TN× ×	TW 为宽翼缘 T 型钢 TM 为中翼缘 T 型钢 TN 为窄翼缘 T 型钢
17	H 型钢	H	HW× × HM× × HN× ×	HW 为宽翼缘 H 型钢 HM 为中翼缘 H 型钢 HN 为窄翼缘 H 型钢
18	起重机钢轨		QU× ×	详细说明产品规格型号
19	轻轨及钢轨		× ×kg/m钢轨	

1.5.2 螺栓、铆、焊等结构图例及标注

1.5.2.1 螺栓、孔、电焊铆钉结构图例

在绘制钢结构图时，螺栓、孔、电焊铆钉等结构用图例表示。具体名称和规定如表1-11所示。

表1-11 螺栓、孔、电焊铆钉的表示方法

序号	名称	图例	说明
1	永久螺栓	M φ	1. 细“+”线表示定位线； 2. M 表示螺栓型号； 3. Φ表示螺栓孔直径； 4. *d* 表示膨胀螺栓、电焊铆钉直径； 5. 采用引出线标注螺栓时，横线上标注螺栓规格，横线下标注螺栓孔直径
2	高强螺栓	M φ	
3	安装螺栓	M φ	
4	胀锚螺栓	*d*	
5	圆形螺栓孔	φ	
6	长圆形螺栓孔	φ *b*	
7	电焊铆钉	*d*	

1.5.2.2 常用焊缝的符号及标注

钢结构采用的主要连接方式为焊接，它具有构造简单、不削弱构件截面和节约钢材等优点。

在钢结构施工中，由于设计时对连接有不同的要求，产生不同的焊接形式。其基本焊接形式可分为四种，即对接接头、角接接头、T形接头和搭接接头。

焊缝按焊接位置分为俯焊、立焊和仰焊；按构造分为对接焊缝、角焊缝和点焊缝，如图1-25所示。

为了把焊缝的位置、形式和尺寸标注清楚，在焊接的钢结构图纸上，焊缝要按“国标”规定，采用“焊缝代号”标注在钢结构图上，为了简化图样，焊缝一般采用焊缝代号表示。焊缝代号一般由基本符号与指引线组成，必要时还可以加上辅助符号、补充符号和焊缝尺寸符号，其组成如图1-26所示。

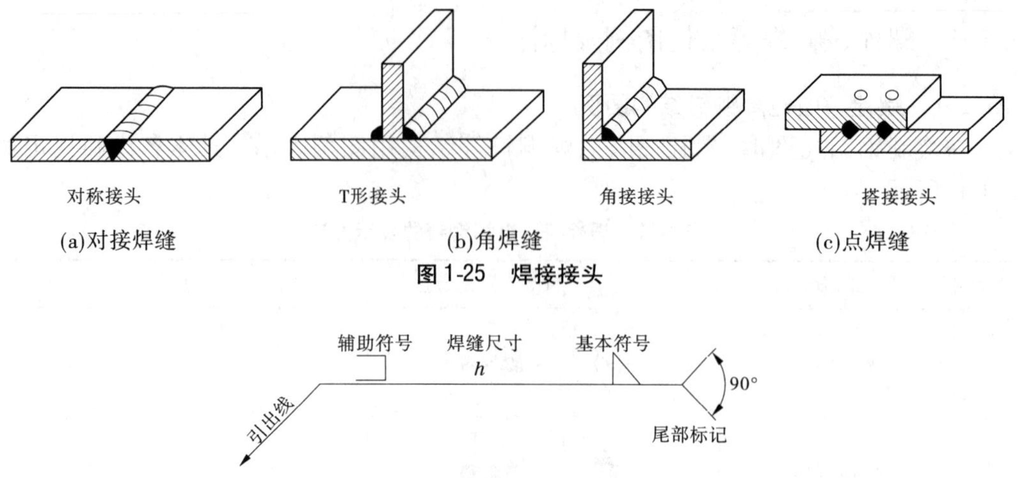

(a)对接焊缝　(b)角焊缝　(c)点焊缝

图 1-25　焊接接头

图 1-26　焊缝代号

1. 基本符号

基本符号是表示焊缝横断面形状的符号，用粗实线绘制。常用焊缝的基本符号如表 1-12所示。

表 1-12　基本符号及标注示例

序号	名称	基本符号	示意图	标注示例
1	I 形焊缝			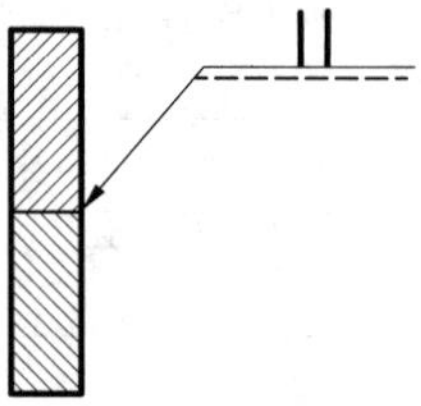
2	V 形焊缝		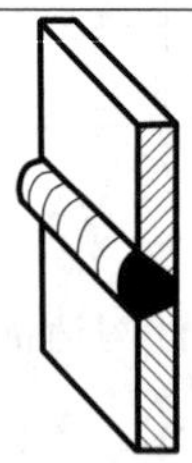	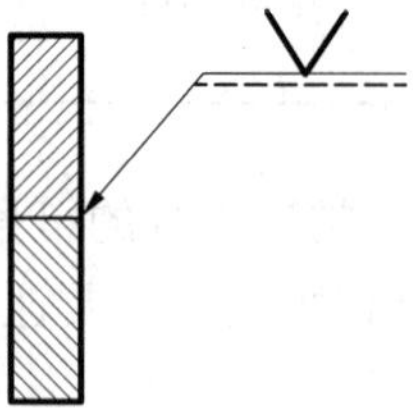
3	单边 V 形焊缝		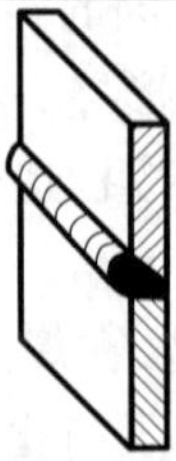	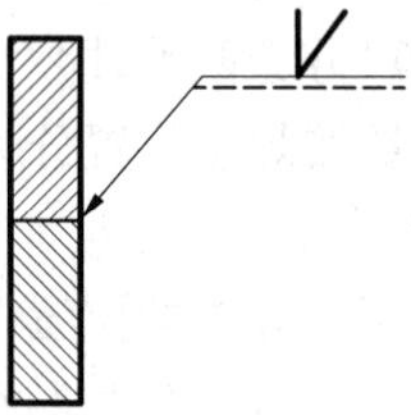

续表 1-12

序号	名称	基本符号	示意图	标注示例
4	带钝边V形焊缝		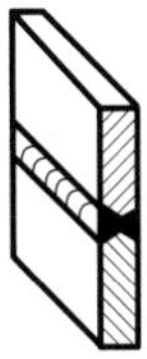	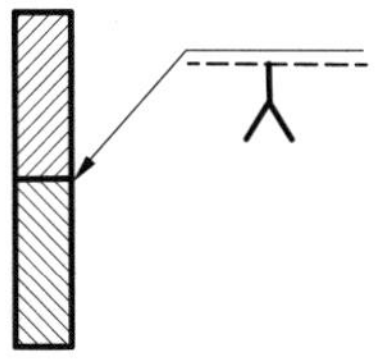
5	角焊缝		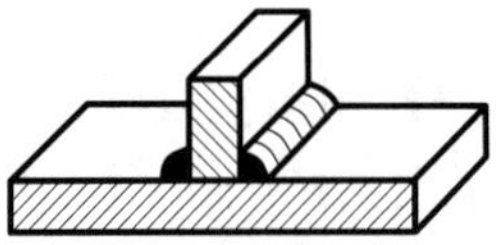	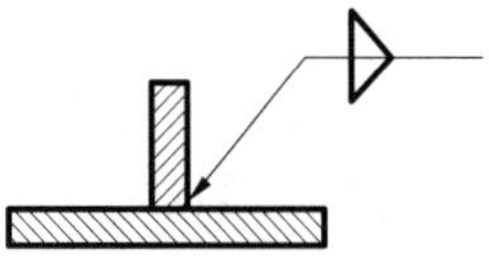
6	带钝边V形焊缝		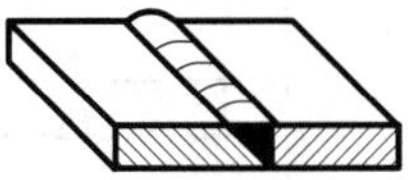	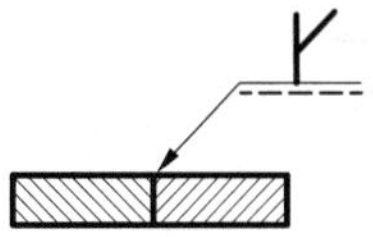
7	带钝边U形焊缝			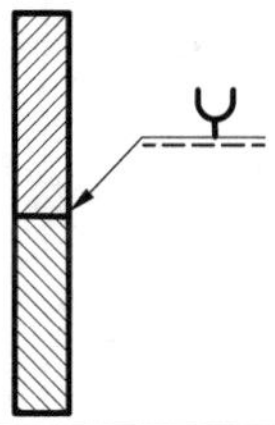
8	封底焊缝		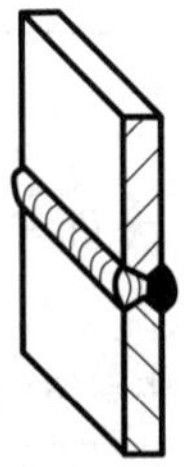	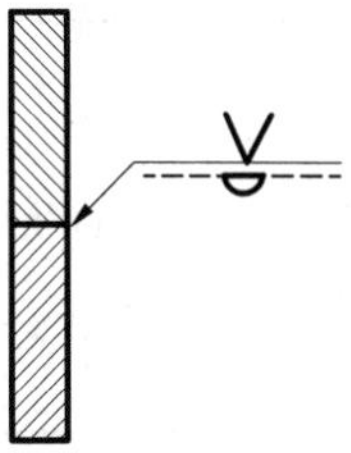
9	点焊缝		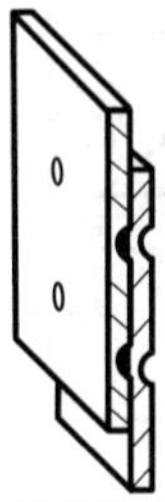	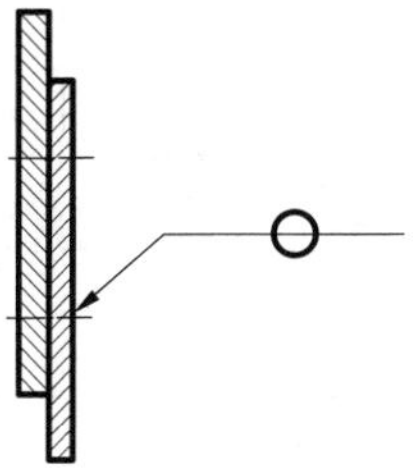

续表 1-12

序号	名称	基本符号	示意图	标注示例
10	塞焊缝	⊓		

2. 辅助符号

辅助符号是表示焊缝表面特征的符号，用粗实线绘制，如表 1-13 所示。在不需要确切说明焊缝表面形状时，可以不用辅助符号。

表 1-13 辅助符号及标注示例

序号	名称	辅助符号	示意图	标注示例	说明
1	平面符号	—			表示焊缝表面齐平（一般通过加工）
2	凹面符号	⌣			焊缝表面凹陷
3	凸面符号	⌢			表示V形焊缝表面凸起

3. 补充符号

补充符号是为了补充说明焊缝的某些表面特征而采用的符号，用粗实线绘制，如表 1-14所示。

表 1-14 补充符号及标注示例

序号	名称	补充符号	示意图	标注示例	说明
1	带垫板符号	▭			表示V形焊缝的背面有垫板

续表 1-14

序号	名称	补充符号	示意图	标注示例	说明
2	三面焊缝符号	⊏	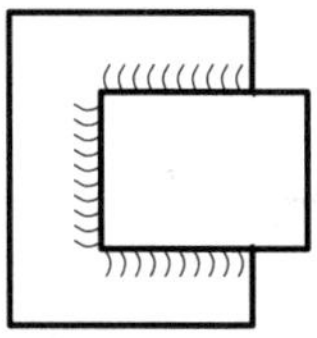	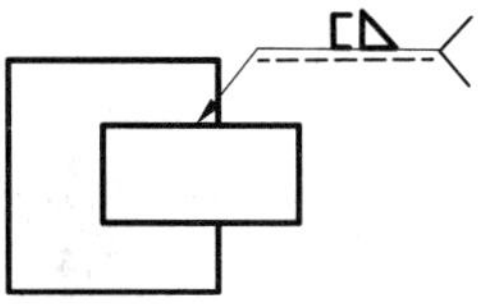	工件三面带有焊缝
3	周围焊缝符号	 ○	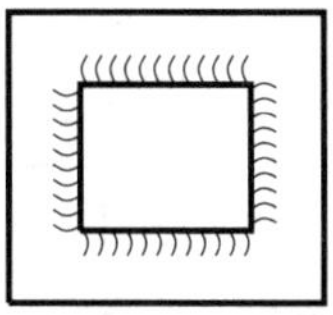	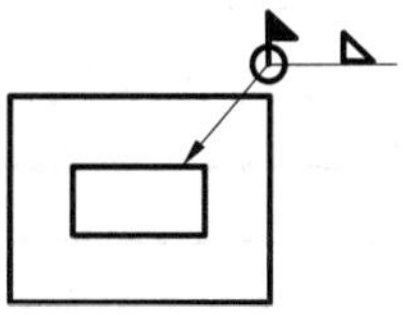	表示环绕工件周围焊缝
4	现场符号	 ▶			表示在现场或工地上进行焊接
5	尾部符号	 <		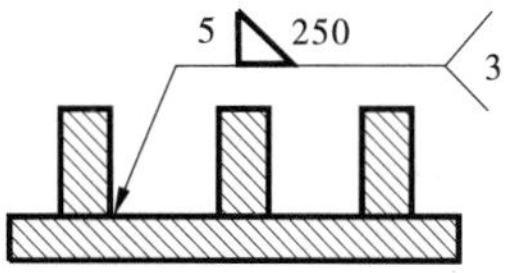 5 250 3	表示有三条相同的角焊缝

4. 常用焊缝符号标注的其他规定

1) 焊缝尺寸符号及其标注位置

焊缝尺寸在标注时，可以将尺寸符号和数据随同基本符号标注在规定位置，常用焊缝的尺寸符号及标注示例如表 1-15 所示。

表 1-15　常用焊缝尺寸符号及标注示例

名称	符号	示意图及标注示例
工件厚度	δ	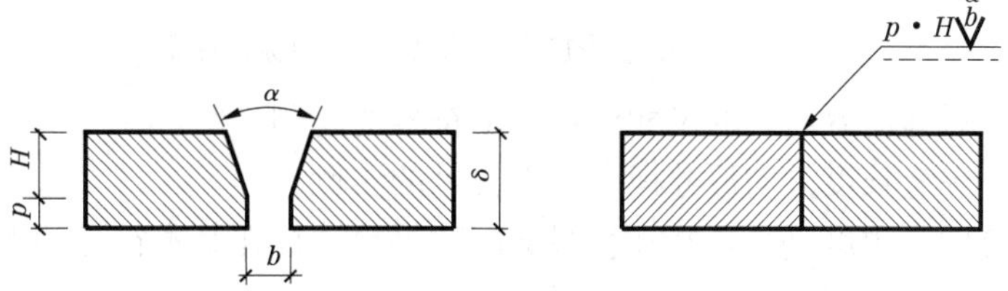 α　H　p　δ　b　$p \cdot H$　b
坡口角度	α	
钝边高度	p	
根部间隙	b	
坡口深度	H	

续表 1-15

名称	符号	示意图及标注示例
焊缝宽度	c	
焊缝有效厚度	s	
余高	h	
焊缝间距	e	
焊缝长度	l	
焊缝段数	n	
焊缝高度	K	
相同焊缝数量代号	N	
熔核直径	d	

2）焊缝尺寸符号及数据标注原则

焊缝尺寸的标注原则如图 1-27 所示。

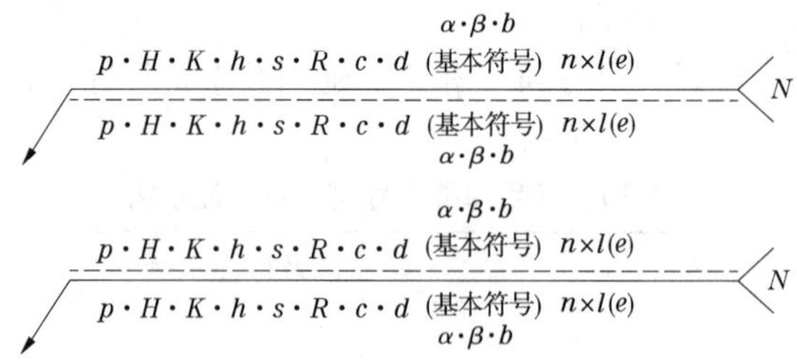

图 1-27　焊缝尺寸的标注原则

（1）焊缝横截面上的尺寸标在基本符号的左侧。

（2）焊缝长度方向尺寸标在基本符号的右侧。

（3）坡口角度、坡口面角度、根部间隙等尺寸标在基本符号的上侧或下侧。

（4）相同焊缝数量符号标在尾部。

（5）当需要标注的尺寸数据较多又不易分辨时，可在数据前面增加相应的尺寸符号。

3）单面焊缝的标注方法

（1）如图1-28（a）所示，当箭头指向焊缝所在的一面时，应将焊缝符号和尺寸标注在横线的上方；而当箭头指向焊缝所在另一面（对应面）时，应将焊缝符号和尺寸标注在横线的下方，如图1-28（b）所示。

（2）表示环绕工作件周围的焊缝时，其围焊焊缝符号为圆圈，绘在引出线的转折处，并标注焊角尺寸 K。如图1-29所示。

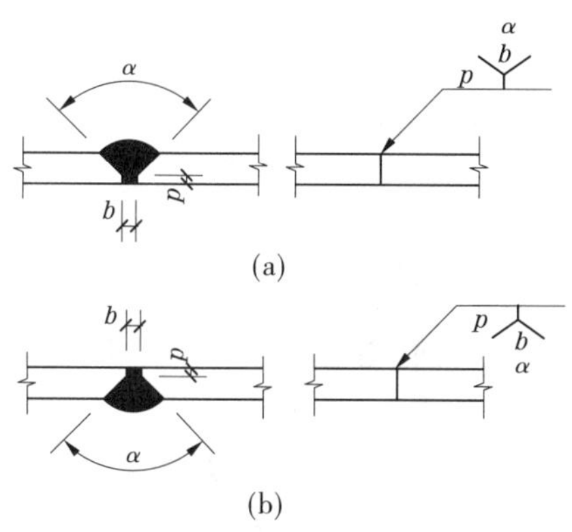

图1-28　单面焊缝标注方法

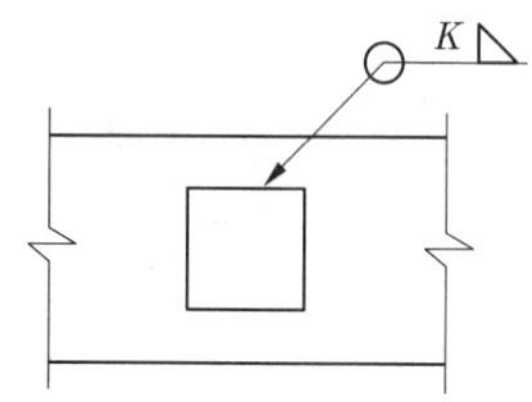

图1-29　单面焊缝中周围焊缝标注方法

4）双面焊缝的标注方法

双面焊缝的标注，应在横线的上、下都标注符号和尺寸。上方表示箭头一面的符号和尺寸，下方表示另一面的符号和尺寸，如图1-30（a）所示；当两面的焊缝尺寸相同时，只需在横线上方标注焊缝的符号和尺寸，如图1-30（b）、（c）、（d）所示。

5）3个以上焊件的焊缝标注方法

3个和3个以上焊件相互焊接的焊缝，不得作为双面焊缝标注。其焊缝符号和尺寸应分别标注。如图1-31所示。

6）1个焊件带坡口的焊缝标注方法

相互焊接的2个焊件中，当只有1个焊件带坡口时，引出线箭头必须指向带坡口的焊件，如图1-32所示。

7）不对称坡口焊缝的标注方法

相互焊接的2个焊件，当为单面带双边不对称坡口焊缝时，引出线箭头必须指向较大坡口的焊件，如图1-33所示。

8）不规则焊缝的标注方法

当焊缝分布不规则时，在标注焊缝符号的同时，宜在焊缝处加中实线（表示可见焊缝），或加细栅线（表示不可见焊缝），如图1-34所示。

9）相同焊缝的表示方法

（1）在同一图形上，当焊缝形式、断面尺寸和辅助要求均相同时，可只选择一处标注焊缝的符号和尺寸，并加注“相同焊缝符号”，相同焊缝符号为3/4圆弧，绘在引出线的转

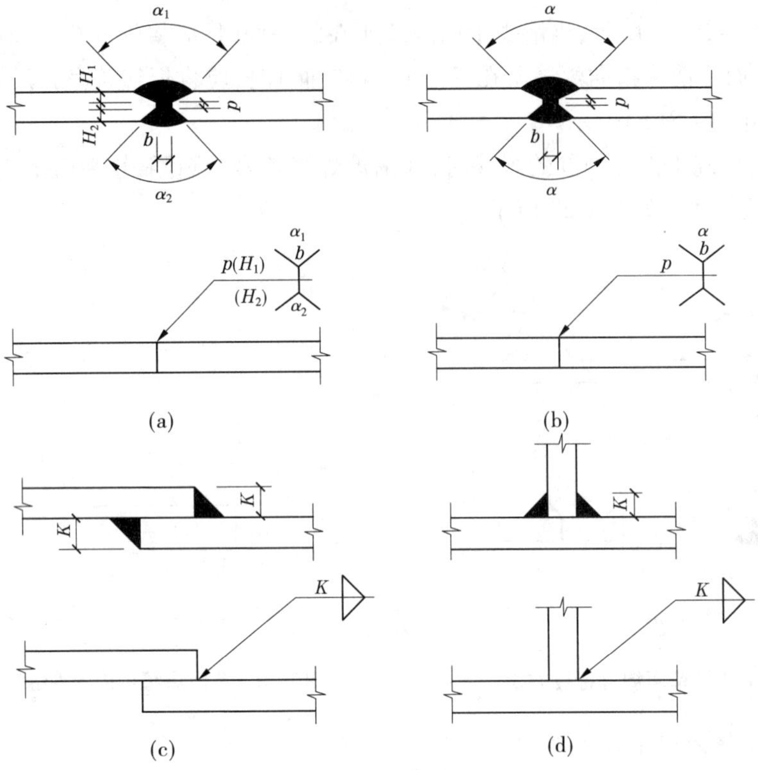

图 1-30　双面焊缝的标注方法

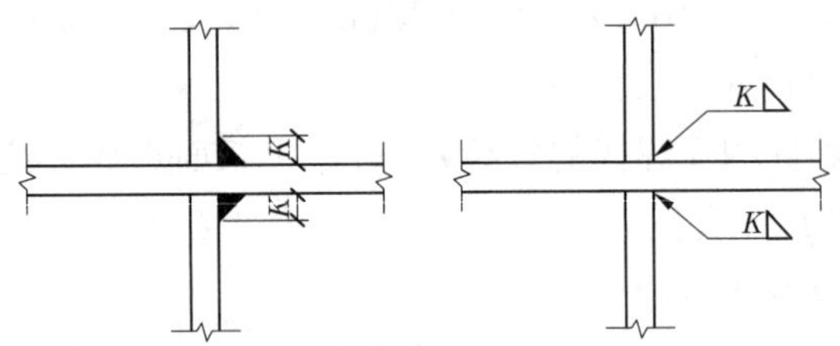

图 1-31　3 个以上焊件的焊缝标注方法

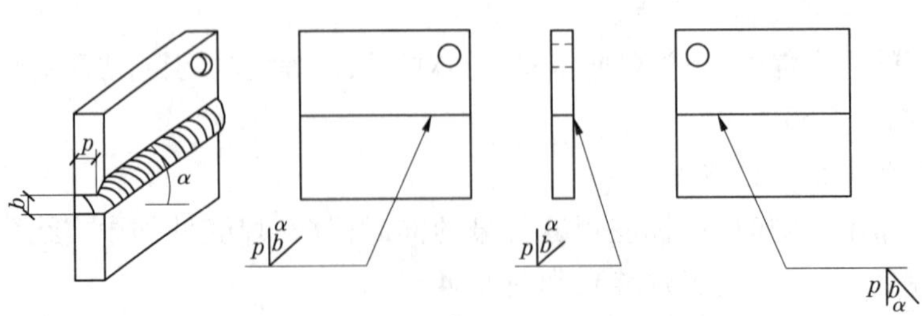

图 1-32　1 个焊件带坡口的焊缝标注方法

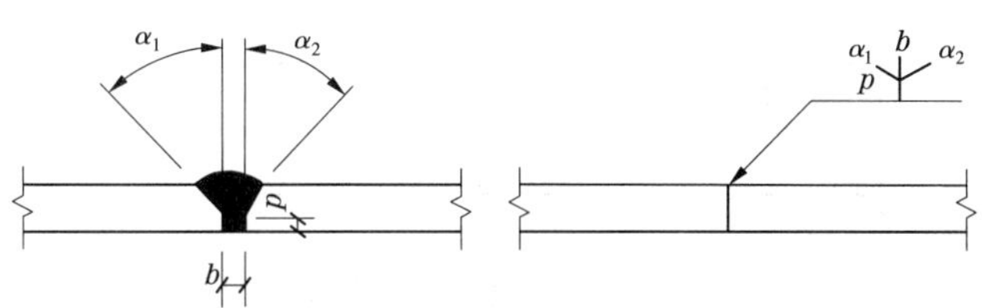

图 1-33　不对称坡口焊缝的标注方法

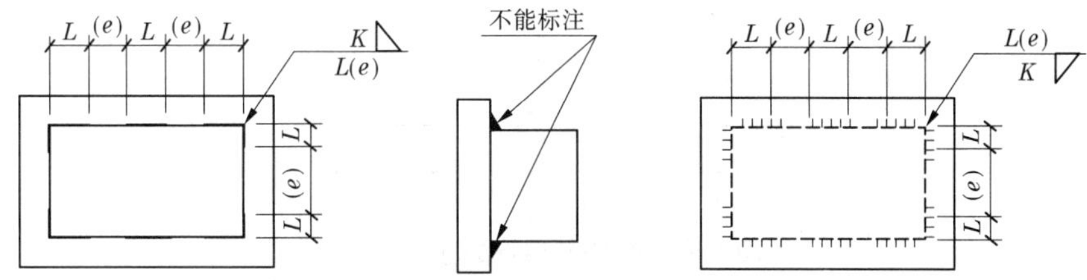

图 1-34　不规则焊缝的标注方法

折处,如图 1-35(a)所示。

(2)在同一图形上,当有数种相同的焊缝时,可将焊缝分类编号标注。在同一类焊缝中可选择一处标注焊缝符号和尺寸。分类编号采用大写的拉丁字母 A、B、C、…,如图 1-35(b)所示。

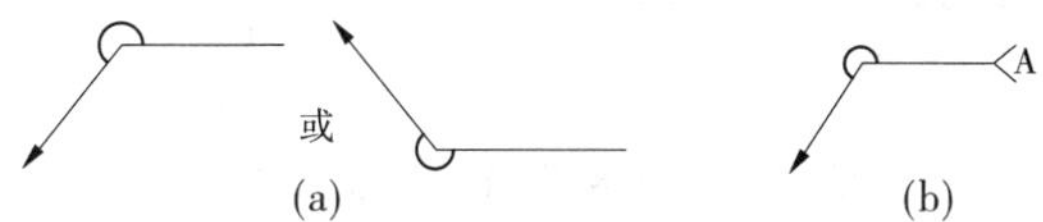

图 1-35　相同焊缝的表示方法

10)现场焊缝的表示方法

需要在施工现场进行焊接的焊件焊缝,应标注“现场焊缝”符号。现场焊缝符号为涂黑的三角形旗号,绘在引出线的转折处。如图 1-36 所示。

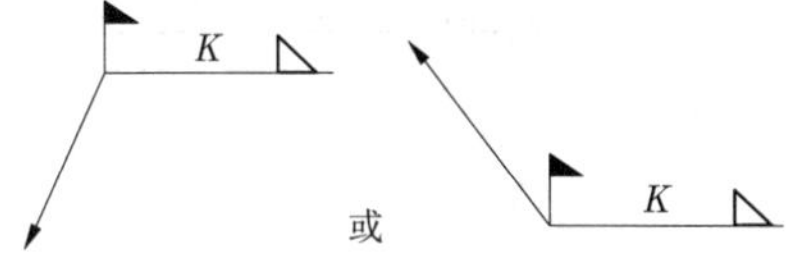

图 1-36　现场焊缝的表示方法

11)较长焊缝的标注方法

图样中较长的角焊缝(如焊接实腹钢梁的翼缘焊缝),可不用引出线标注,而直接在角焊缝旁标注焊缝尺寸值 K,如图 1-37 所示。

12)熔透角焊缝的标注方法

熔透角焊缝的符号应按图 1-38 方式标注。熔透角焊缝的符号为涂黑的圆圈,绘在引

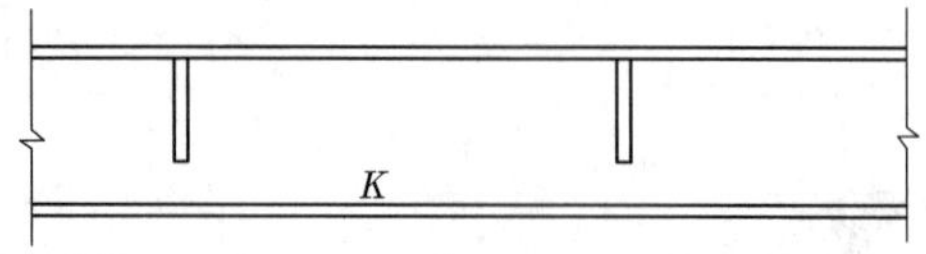

图 1-37　较长焊缝的标注方法

出线的转折处。

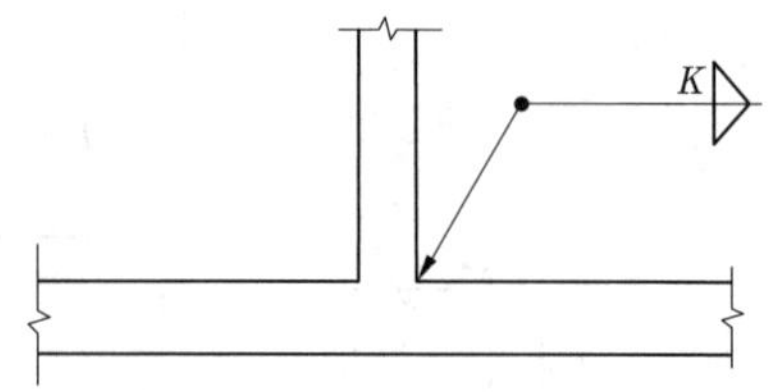

图 1-38　熔透角焊缝的标注方法

13)局部焊缝的标注方法

局部焊缝应按图 1-39 方式标注。

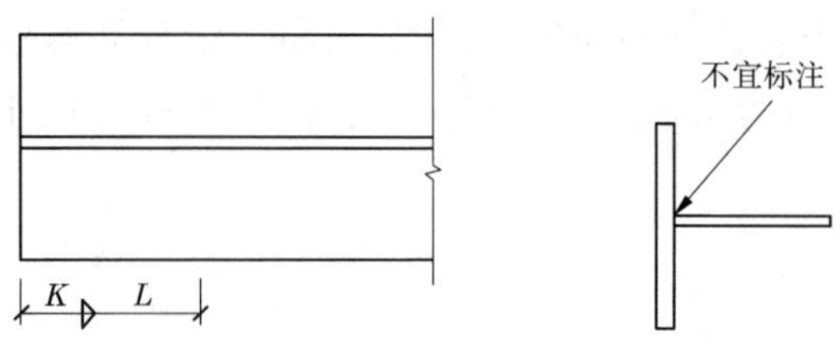

图 1-39　局部焊缝的标注方法

1.5.3　钢构件图的尺寸标注

根据《建筑结构制图标准》(GB/T 50105—2010),绘制钢构件图应遵守以下规定:

(1)两构件的两条很近的重心线,应在交会处将其各自向外错开,如图 1-40 所示。

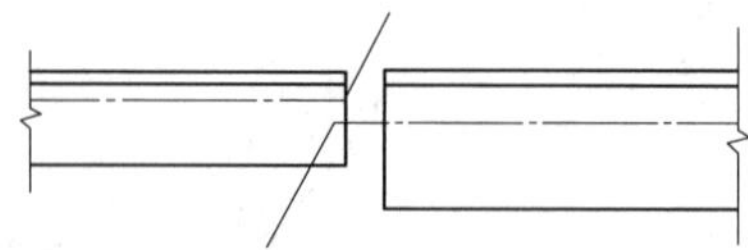

图 1-40　两构件重心线不重合的表示方法

(2)弯曲构件的尺寸应沿其弧度的曲线标注弧的轴线长度,如图 1-41 所示。

(3)切割的板材,应标注各线段的长度及位置,如图 1-42 所示。

(4)不等边角钢的构件,必须标注出角钢一肢的尺寸,如图 1-43 所示。

(5)节点尺寸,应注明节点板的尺寸和各杆件螺栓孔中心或中心距,以及杆件端部至几何中心线交点的距离,如图 1-44 所示。

(6)双型钢组合截面的构件,应注明板的数量及尺寸。引出横线上方标注板的数量

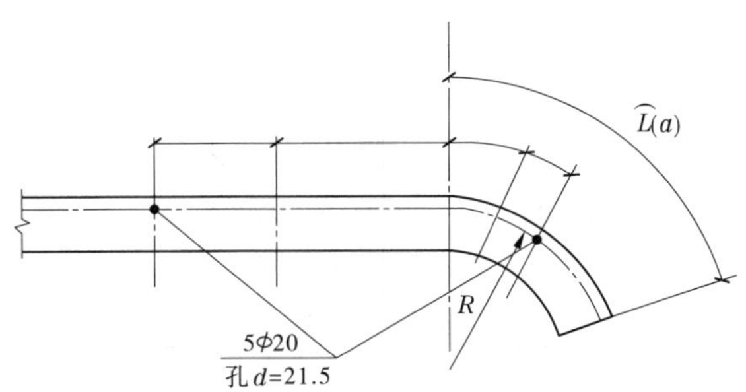

图 1-41 弯曲构件弧度的轴线长度标注

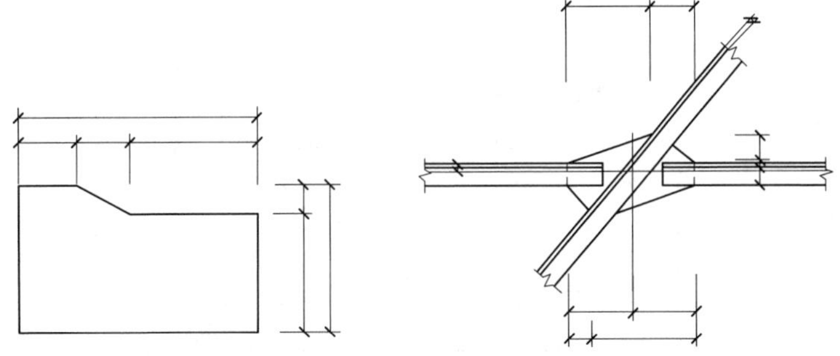

图 1-42 切割板材尺寸的标注方法

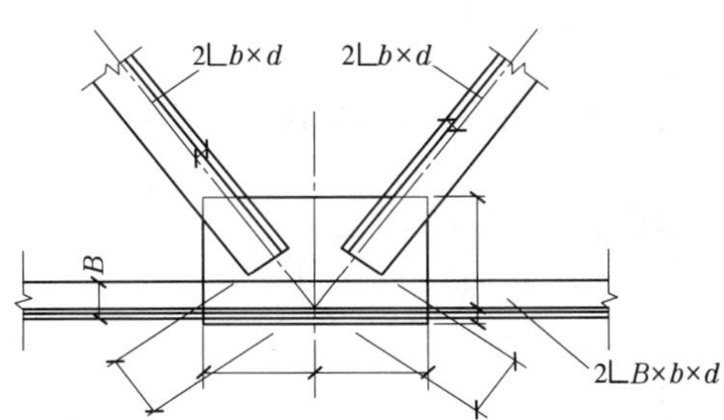

图 1-43 节点尺寸及不等边角钢的标注方法

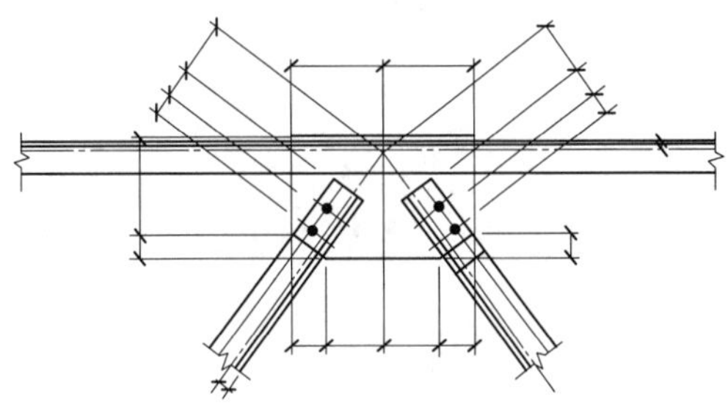

图 1-44 节点尺寸的标注方法

及板的厚度、宽度，引出横线下方标注板的长度尺寸，如图 1-45 所示。

(7)非焊接的节点板，应注明节点板的尺寸和螺栓孔中心与几何中心线交点的距离，

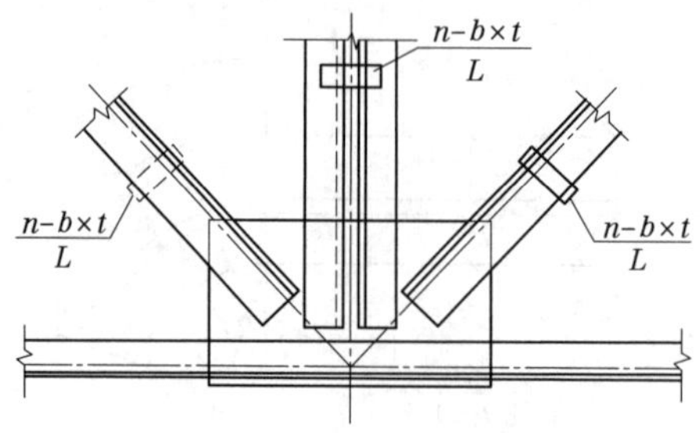

图 1-45　板的标注方法

如图 1-46 所示。

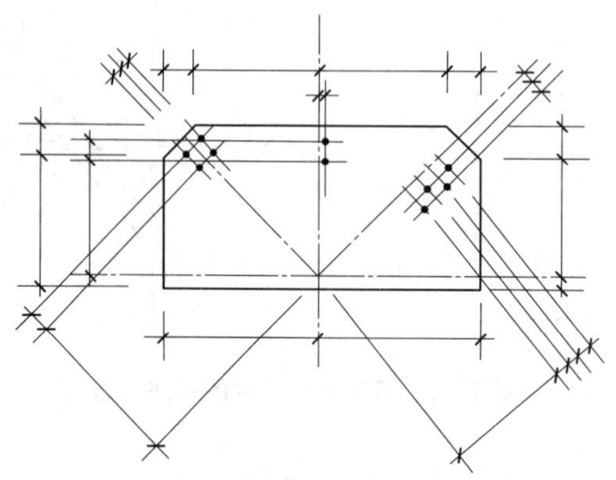

图 1-46　非焊接节点板尺寸的标注方法

1.5.4　主体结构施工图识读实训项目 2

1. 实训内容

钢结构施工图识读实训。

2. 实训目标

能准确识读钢结构施工图,做到按图施工。

3. 实训课时

2 课时。

4. 实训成果

实训报告。

学习项目2　脚手架搭设及垂直运输方案选择

【学习要点】

(1)熟悉钢管扣件脚手架组成构件,掌握钢管扣件脚手架搭设方法、技术要求及安全规定;

(2)掌握碗扣式脚手架构件构成、搭设方法及技术安全要求;

(3)熟悉门架、里脚手架、非落地式脚手架的架设方法;

(4)熟悉井式提升架(井架)、龙门式提升架(龙门架)、施工电梯、塔式起重机性能、操作规程及有关安全规定;

(5)熟悉桅杆式起重机、自行式起重机以及索具设备的性能特点。

2.1　建筑脚手架综述

脚手架(scaffold)指施工现场为工人操作并解决垂直和水平运输而搭设的各种支架。建筑界的通用术语,指建筑工地上用在外墙、内部装修或层高较高无法直接施工的地方。主要为了施工人员上下作业或外围安全网围护及高空安装构件等,说白了就是搭架子。脚手架制作材料通常有竹、木、钢管或合成材料等。有些工程也用脚手架当模板使用,此外在广告业、市政、交通路桥、矿山等部门也广泛被使用。

中国在1949年前和20世纪50年代初期,施工脚手架都采用竹或木材搭设的方法。20世纪60年代起推广扣件式钢管脚手架。

20世纪80年代起,中国在发展先进的、具有多功能的脚手架系列方面的成就显著,如门式脚手架系列,碗扣式钢管脚手架系列,年产已达到上万吨的规模,并已有一定数量的出口。

长期以来,由于架设工具本身及其构造技术和使用安全管理工作处于较为落后的状态,致使事故的发生率较高。有关统计表明,在中国建筑施工系统每年所发生的伤亡事故中,大约有1/3直接或间接地与架设工具及其使用的问题有关。

随着中国建筑市场的日益成熟和完善,竹木式脚手架已逐步淘汰出建筑市场,只在一些偏远落后的地区仍在使用;而门式脚手架、碗扣式脚手架等只在市政、桥梁等少量工程中使用,普通扣件式钢管脚手架因其维修简单和使用寿命长以及投入成本低等多种优点,占据中国国内70%以上的市场,并有较大的发展空间。

20世纪90年代以来,国内一些企业引进国外先进技术,开发了多种新型脚手架,如插销式脚手架、CRAB模块脚手架、圆盘式脚手架、方塔式脚手架,以及各种类型的爬架。至2013年,国内专业脚手架生产企业百余家,主要分布在无锡、广州、青岛等地。从技术

上来讲,我国脚手架企业已具备加工生产各种新型脚手架的能力。但是国内市场还没有形成,施工企业对新型脚手架的认识还不足。

随着我国大量现代化大型建筑体系的出现,扣件式钢管脚手架已不能适应建筑施工发展的需要,大力开发和推广应用新型脚手架是当务之急。实践证明,采用新型脚手架不仅施工安全可靠,装拆速度快,而且脚手架用钢量可减少 33%,装拆工效提高两倍以上,施工成本可明显下降,施工现场文明、整洁。

2.1.1 脚手架分类

按脚手架的设置形式分为单排脚手架、双排脚手架、满堂脚手架、满高脚手架、交圈脚手架和特形脚手架;

按构架方式划分为杆件组合式脚手架、框架组合式脚手架、格构件组合式脚手架和台架等;

按支固方式划分为落地式脚手架、悬挑脚手架、附墙悬挂脚手架和悬吊脚手架;

按其所用材料分为木脚手架、竹脚手架、钢管脚手架和金属脚手架;

按搭拆和移动方式划分为人工装拆脚手架、附着升降脚手架、整体提升脚手架、水平移动脚手架和升降桥架;

按搭设位置分为外脚手架和里脚手架。

2.1.2 脚手架基本要求

(1)满足使用要求。有适当的宽度、步架高度、离墙距离,能满足工人操作、材料堆置和运输的需要。

(2)确保安全。有足够的强度、刚度、稳定性,能保证施工期间在规定荷载和气候条件下不变形、不倾斜、不摇晃。

(3)结构简单,装拆方便,能多次周转使用,尽量节约用料,降低成本。

2.1.3 脚手架作用

脚手架的主要作用有:使施工人员在不同部位进行工作;能堆放及运输一定数量的建筑材料;保证施工人员在高处操作时的安全。

2.2 扣件式钢管脚手架

从 20 世纪 60 年代初我国开始采用扣件式钢管脚手架,目前已经成为使用最广泛的外脚手架。扣件式钢管脚手架由钢管和扣件组成,优点是配件数量少、装拆方便、承载力大、坚固耐用、搭设灵活,适应各种建筑物平面。

2.2.1 扣件式钢管脚手架的组成

扣件式钢管脚手架多搭设成多立杆式,主要由标准的钢管杆件和特制的扣件组成骨架,再与脚手板、防护构件、连墙件组成整体(见图 2-1)。立杆、大横杆、小横杆的交叉点称为主节点，主节点处立杆和大横杆的连接扣件与大横杆和小横杆的连接扣件间距应小于15 cm。

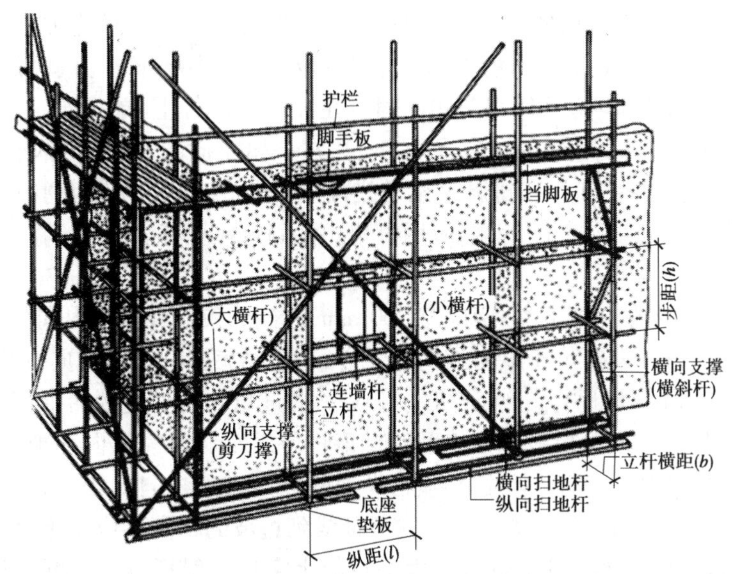

图2-1 扣件式钢管脚手架的组成

2.2.1.1 钢管杆件

钢管杆件包括立杆、大横杆、小横杆、剪刀撑、斜杆等。钢管杆件一般采用外径48 mm、壁厚3.5 mm的焊接钢管或无缝钢管。贴地面设置的大横杆称为扫地杆，作业层设置的用于护栏的水平杆称为栏杆。

立杆平行于建筑物且垂直于地面，把脚手架荷载传递给基础。每根立杆底部应设置底座或垫板，脚手架底层步距不应大于2 m，立杆必须用连墙件与建筑物可靠连接。立杆接长除顶层顶步可以采用搭接外（搭接长度不应小于1 m，不少于2个旋转扣件固定，端部扣件盖板的边缘至杆端距离不应小于100 mm），其余各层各步接头必须采用对接扣件连接，立杆上的对接扣件应交错布置，两根相邻立杆的接头不应设置在同步内，同步内隔一根立杆的两个相隔接头在高度方向错开的距离不宜小于500 mm，各接头中心至主节点的距离不宜大于步距的1/3。立杆顶端宜高出女儿墙上皮1 m，高出檐口上皮1.5 m。

纵向水平杆称为大横杆，平行于建筑物且在纵向连接各立杆，承受并传递荷载给立杆。纵向水平杆宜设置在立杆内侧，其长度不宜小于3跨；接长宜采用对接扣件连接，也可采用搭接。对接、搭接应符合规范规定：纵向水平杆的对接扣件应交错布置，两根相邻纵向水平杆的接头不宜设置在同步或同跨内；不同步或不同跨两个相邻接头在水平方向错开的距离不应小于500 mm；各接头中心至最近主节点的距离不宜大于纵距的1/3。搭接长度不应小于1 m，应等间距设置3个旋转扣件固定，端部扣件盖板边缘至搭接纵向水平杆杆端的距离不应小于100 mm。当使用冲压钢脚手板、木脚手板、竹串片脚手板时，纵向水平杆应作为横向水平杆的支座，用直角扣件固定在立杆上；当使用竹笆脚手板时，纵向水平杆应采用直角扣件固定在横向水平杆上，并应等间距设置，间距不应大于400 mm。

横向水平杆称为小横杆，垂直于建筑物且在横向水平连接内外立杆，承受并传递荷载

给立杆。主节点处必须设置一根横向水平杆,用直角扣件扣接且严禁拆除。主节点处两个直角扣件的中心距不应大于 150 mm。在双排脚手架中,靠墙一端的外伸长度不应大于 500 mm。作业层上非主节点处的横向水平杆,宜根据支承脚手板的需要等间距设置,最大间距不应大于纵距的 1/2。当使用冲压钢脚手板、木脚手板、竹串片脚手板时,双排脚手架的横向水平杆两端均应采用直角扣件固定在纵向水平杆上;单排脚手架的横向水平杆的一端,应用直角扣件固定在纵向水平杆上,另一端应插入墙内,插入长度不应小于 180 mm。使用竹笆脚手板时,双排脚手架的横向水平杆两端,应用直角扣件固定在立杆上;单排脚手架的横向水平杆的一端,应用直角扣件固定在立杆上,另一端应插入墙内,插入长度亦不应小于 180 mm。

纵向扫地杆连接在立杆下端,距底座 200 mm,起到约束立杆底端纵向位移的作用;横向扫地杆连接在立杆下端,位于纵向扫地杆上方,起到约束立杆底端横向位移的作用。脚手架必须设置纵、横向扫地杆。纵向扫地杆应采用直角扣件固定在距底座上皮不大于 200 mm 处的立杆上。横向扫地杆亦应采用直角扣件固定在紧靠纵向扫地杆下方的立杆上。当立杆基础不在同一高度上时,必须将高处的纵向扫地杆向低处延长两跨与立杆固定,高低差不应大于 1 m。靠边坡上方的立杆轴线到边坡的距离不应小于 500 mm。

剪刀撑是设在脚手架外侧面并与墙面平行的十字交叉斜杆,可以增强脚手架的纵向刚度;横向斜撑是设置在有连墙杆的脚手架内、外排立杆间的“之”字形斜杆,可以增强脚手架的横向刚度。双排脚手架应设剪刀撑与横向斜撑,单排脚手架应设剪刀撑。每道剪刀撑宽度不应小于 4 跨,且不应小于 6 m,斜杆与地面的倾角宜在 45°～60°;高度在 24 m 以下的单、双排脚手架,均必须在外侧立面的两端各设置一道剪刀撑,并应由底至顶连续设置;中间各道剪刀撑之间的净距不应大于 15 m。高度在 24 m 以上的双排脚手架应在外侧立面整个长度和高度上连续设置剪刀撑;剪刀撑斜杆的接长宜采用搭接;剪刀撑斜杆应用旋转扣件固定在与之相交的横向水平杆的伸出端或立杆上,旋转扣件中心线至主节点的距离不宜大于 150 mm。横向斜撑应在同一节间,由底层至顶层呈之字形连续布置;一字型、开口型双排脚手架的两端均必须设置横向斜撑,中间宜每隔 6 跨设置一道;高度在 24 m 以下的封闭型双排脚手架可不设横向斜撑,高度在 24 m 以上的封闭型脚手架,除拐角应设置横向斜撑外,中间应每隔 6 跨设置一道。

2.2.1.2　扣件

用于钢管和钢管之间的连接件,有可锻铸铁和钢板轧制两种,基本形式有对接扣件、旋转扣件和直角扣件三种,如图 2-2 所示。

对接扣件

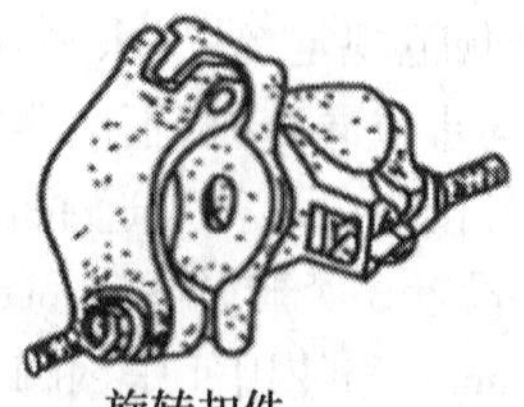

旋转扣件

直角扣件

图 2-2　扣件形式

(1)对接扣件:用于两根钢管的对接接长的连接;

(2)旋转扣件:用于两根任意角度相交钢管的连接;

(3)直角扣件:用于两根垂直相交钢管的连接。

扣件规格必须与钢管外径相同;在主节点处固定横向水平杆、纵向水平杆、剪刀撑、横向斜撑等用的直角扣件、旋转扣件的中心点的相互距离不应大于 150 mm;对接扣件开口应朝上或朝内;各杆件端头伸出扣件盖板边缘的长度不应小于 100 mm。

2.2.1.3　脚手板

脚手板可采用钢、木、竹材料制作,每块质量不宜大于 30 kg。冲压钢脚手板的材质应符合现行国家标准,一般用厚度 2 mm 的钢板压制,长度 2 ~ 4 m,宽度 250 mm,表面有防滑措施。木脚手板应采用杉木或松木制作,脚手板厚度不应小于 50 mm,两端应各用直径为 4 mm 的镀锌钢丝箍两道。竹脚手板宜采用由毛竹或楠竹制作的竹串片板、竹笆板。

作业层脚手板应铺满、铺稳,离开墙面 120 ~ 150 mm;冲压钢脚手板、木脚手板、竹串片脚手板等,应设置在三根横向水平杆上。当脚手板长度小于 2 m 时,可采用两根横向水平杆支承,但应将脚手板两端与其可靠固定,严防倾翻。此三种脚手板的铺设可采用对接平铺,两块脚手板外伸长度的和不应大于 300 mm;脚手板搭接铺设时,接头必须支在横向水平杆上,搭接长度应大于 200 mm,其伸出横向水平杆的长度不应小于 100 mm。竹笆脚手板应按其主竹筋垂直于纵向水平杆方向铺设,且采用对接平铺,四个角应用直径 1.2 mm 的镀锌钢丝固定在纵向水平杆上。作业层端部脚手板探头长度应取 150 mm,其板长两端均应与支承杆可靠地固定。

2.2.1.4　连墙件

连墙件对外脚手架的安全至关重要,由于连墙件设置数量不足、构造不符合要求,以及被任意拆掉等所造成的事故时有发生,必须引起高度重视并确保其设置要求。

(1)刚性连墙构造。刚性连墙件是指既能承受拉力和压力作用,又有一定的抗弯和抗扭能力的刚性较好的连墙构造。即它一方面能抵抗脚手架相对于墙体的里倒和外张变形,同时也能对立杆的纵向弯曲变形有一定的约束作用,从而提高脚手架的抗失稳能力。扣件式钢管脚手架的刚性连墙构造有 9 种常用形式,如图 2-3 所示。

(2)柔性连墙构造。只能承受拉力作用,或只能承受拉力和压力作用,而不具有抗弯、抗扭能力的、刚性较差的连墙构造。它的作用只能限制脚手架向外倾倒或向里倾倒,而对脚手架的抗失稳能力无帮助,因此在使用上受到限制。

2.2.2　扣件式钢管脚手架的搭设

2.2.2.1　钢管扣件脚手架的基本形式

钢管扣件脚手架的基本形式有双排式和单排式两种,其构造如图 2-4 所示。

(1)单排脚手架。节约材料,稳定性较差,需在墙上留置架眼,搭设高度和使用范围受限。

(2)双排脚手架。里外侧均设有立杆,稳定性较好,但费工费料。

注意,不得在下列堵体式部位设置脚手眼:

(1)120 mm 厚墙、料石清水墙和独立柱。

(2)过梁上与过梁成 60°的三角形范围及过梁净跨度 1/3 的高度范围内。

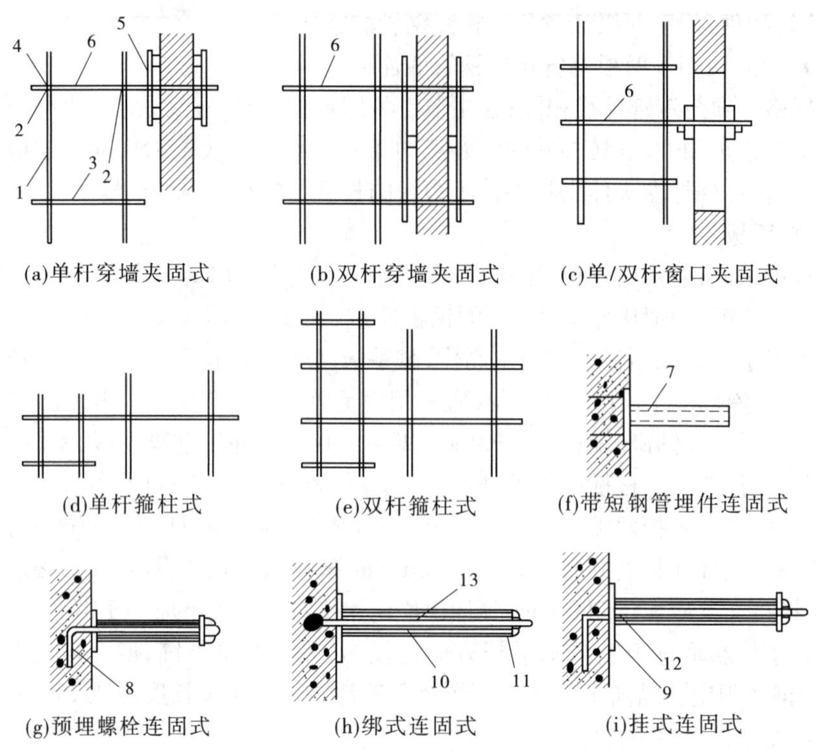

1—立杆;2—纵向水平杆(大横杆);3—横向水平杆(小横杆);4—直角扣件;5—短钢管;6—适长钢管;7—带短钢管预埋件;8—带长弯头的预埋螺栓;9—带短弯头螺栓;10—带支承板的ϕ48 钢管套;11—Φ16 短钢筋;12—预埋ϕ16 挂环;13—双股铰接 8 号钢丝

图 2-3 刚性连墙件构造

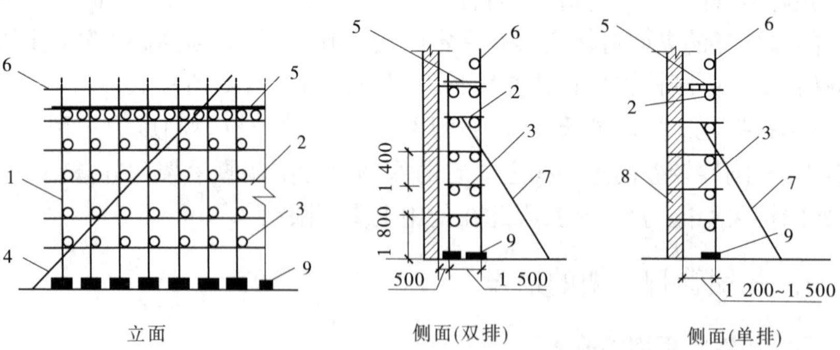

1—立杆;2—大横杆;3—小横杆;4—斜撑;5—脚手板;6—栏杆;7—抛撑;8—砖墙;9—底座

图 2-4 多立杆式脚手架基本构造

(3)宽度小于 1 m 的窗间墙。

(4)砌体门洞口两侧 200 mm(石砌体为 300 mm)和转角处 450 mm(石砌体为 600 mm)范围内。

(5)设计不允许设置脚手眼的部位。

2.2.2.2 **搭设顺序**

放置纵向扫地杆→逐根树立立杆（与扫地杆扣紧）→安装横向扫地杆（与立杆或纵向扫地杆扣紧）→安装第一步纵向水平杆（与立杆扣紧）→安装第一步横向水平杆→安装第二步纵向水平杆→安装第二步横向水平杆→加设临时斜抛撑（与第二步纵向水平杆扣紧，在装设两道连墙件后可拆除）→安装第三、四步纵横向水平杆→安装连墙件、接长立杆，加设剪刀撑→铺设脚手板→挂安全网等。

2.2.2.3 **搭设方法**

脚手架必须配合施工进度搭设，一次搭设高度不应超过相邻连墙件以上两步。每搭完一步脚手架后，应按规范校正步距、纵距、横距及立杆的垂直度。底座、垫板均应准确地放在定位线上；垫板宜采用长度不少于2跨、厚度不小于50 mm的木垫板，也可采用槽钢。严禁将不同外径的钢管混合使用，开始搭设立杆时，应每隔6跨设置一根抛撑，直至连墙件安装稳定后，方可根据情况拆除；当搭置有连墙件的构造点时，在搭设完该处的立杆、纵向水平杆、横向水平杆后，应立即设置连墙件；当脚手架施工层高出连墙件两步时，应采取临时稳定措施，直到上一层连墙件搭设完后方可根据情况拆除；在封闭型脚手架的同一步中，纵向水平杆应四周交圈，用直角扣件与内外角部立杆固定；双排脚手架横向水平杆的靠墙一端至墙装饰面的距离不宜大于100 mm；剪刀撑、横向斜撑搭设应随立杆、纵向和横向水平杆等同步搭设，各底层斜杆下端均必须支承在垫块或垫板上。

2.2.3 扣件钢管脚手架的拆除

拆除脚手架前应全面检查脚手架的扣件连接、连墙件、支撑体系等是否符合构造要求并清除脚手架上杂物及地面障碍物。拆脚手架时，地面应设围栏和警戒标志，并派专人看守，严禁非操作人员入内。拆除作业必须由上而下逐层进行，严禁上下同时作业。拆除时要统一指挥，上下呼应，动作协调，当解开与另一个人有关的扣件时，应先通知对方，以防坠落伤人。连墙件必须随脚手架逐层拆除，严禁先将连墙杆整层或数层拆除后再拆脚手架；分段拆除高差不应大于2步，如高差大于2步，应增设连墙件加固；当脚手架拆至下部最后一根长立杆（约6.5 m）时，应先在适当位置搭设临时抛撑加固后，再拆除连墙件。当脚手架采取分段、分立面拆除时，对不拆除的脚手架两端，应先按规范规定设置连墙件和横向斜撑加固。各构配件严禁抛掷至地面。运至地面的构配件应及时检查、整修与保养，并按品种、规格随时码堆存放。

2.2.4 实训项目1

1. 实训内容

(1)识别钢管扣件双排脚手架各部位杆件；

(2)分组搭设两步架高的双排脚手架；

(3)检查搭设好的脚手架是否符合规范（规程）要求。

2. 实训目标

(1)熟悉钢管扣件脚手架基本杆扣件；

(2)掌握钢管脚手架的搭设和检查；

(3)熟悉《扣件式钢管脚手架安全技术规范》(JGJ 130—2011)。

3. 实训课时

4 课时。

4. 实训要求

提交实训报告一份。

2.3 碗扣式钢管脚手架

碗扣式钢管脚手架是采用定型钢管杆件和碗扣接头连接的承插式多立杆脚手架,因其独特的锁定功能在施工中更快速、安全、经济。我国大量使用的是 WDJ 碗扣型多功能脚手架,独创了带齿碗扣接头,具有拼拆迅速省力、结构简单、受力稳定可靠、配备完善、使用安全、不易丢失、运输容易、应用广泛且完全避免螺丝作业等特点。目前这种新型脚手架正在建筑施工中得以迅速推广。

2.3.1 碗扣式钢管脚手架的组成

碗扣式钢管脚手架由钢管立杆、横杆、碗扣接头等组成,基本构造和搭设要求与扣件式钢管脚手架类似,区别在于碗扣接头,碗扣式钢管脚手架杆件节点采用碗扣连接,如图 2-5所示。

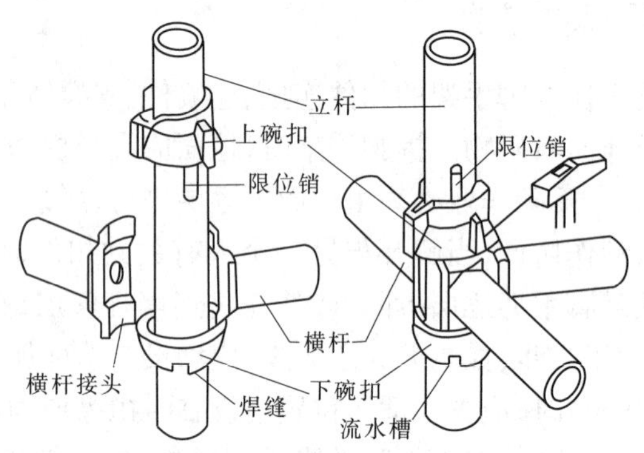

图 2-5 WDJ 碗扣接头

碗扣接头是该系统的核心,由上碗扣、下碗扣、横杆接头和上碗扣限位销等组成。脚手架立杆碗扣节点应按 0.6 m 模数设置。立杆上应设有接长用套管及连接销孔。立杆上的下碗扣是固定的,上碗扣可沿立杆上下滑动。安装时,将上碗扣的缺口对准限位销后,将上碗扣向上抬起,把横杆接头插入下碗扣内,随后滑下、旋转并压紧上碗扣,利用限位销固定上碗扣。碗扣接头可以同时连接 4 根横杆,横杆可以互相垂直或偏转一定角度。正是这个特点,碗扣式钢管脚手架可以搭设成各种形式,如扇形平面。

2.3.2 碗扣式脚手架优缺点

2.3.2.1 优点

(1)多功能:能根据具体施工要求,组成不同组架尺寸、形状和承载能力的单、双排脚手架，支撑架，支撑柱，物料提升架，爬升脚手架，悬挑架等多种功能的施工装备。也可用于搭设施工棚、料棚、灯塔等构筑物。特别适合于搭设曲面脚手架和重载支撑架。

(2)功效：常用杆件中最长为3 130 mm，重17.07 kg。整架拼拆速度比常规快3～5倍，拼拆快速省力，工人用一把铁锤即可完成全部作业，避免了螺栓操作带来的诸多不便。

(3)通用性强：主构件均采用普通的扣件式钢管脚手架的钢管，可用扣件同普通钢管连接，通用性强。

(4)承载力大：立杆连接是同轴心承插，横杆同立杆靠碗扣接头连接，接头具有可靠的抗弯、抗剪、抗扭力学性能。而且各杆件轴心线交于一点，节点在框架平面内，因此结构稳固可靠，承载力大(整架承载力提高，约比同等情况的扣件式钢管脚手架提高15%以上)。

(5)安全可靠：接头设计时，考虑到上碗扣螺旋摩擦力和自重力作用，使接头具有可靠的自锁能力。作用于横杆上的荷载通过下碗扣传递给立杆，下碗扣具有很强的抗剪能力(最大为199 kN)。上碗扣即使没被压紧，横杆接头也不致脱出而造成事故。同时配备有安全网支架、间横杆、脚手板、挡脚板、架梯、挑梁、连墙撑等杆配件，使用安全可靠。

(6)主构件用$\phi 48 \times 3.5$、Q235焊接钢管，制造工艺简单，成本适中，可直接对现有扣件式脚手架进行加工改造，不需要复杂的加工设备。

(7)不易丢失：该脚手架无零散易丢失扣件，把构件丢失减少到最小程度。

(8)修少：该脚手架构件消除了螺栓连接，构件经碰耐磕，一般锈蚀不影响拼拆作业，不需特殊养护、维修。

(9)管理：构件系列标准化，构件外表涂以橘黄色。美观大方，构件堆放整齐，便于现场材料管理，满足文明施工要求。

(10)运输：该脚手架最长构件3 130 mm，最重构件40.53 kg，便于搬运和运输。

2.3.2.2 缺点

(1)横杆为几种尺寸的定型杆，立杆上碗扣节点按0.6 m间距设置，使构架尺寸受到限制。

(2)U形连接销易丢。

(3)价格较贵。

2.3.3 组成构件及搭设要求

碗扣式钢管脚手架由底座、立杆、横杆、碗扣和斜杆等构件组成。以下介绍每个组成构件的相关搭设要求。

2.3.3.1 底座

为防止立杆下沉，在立杆根部安装，将上部荷载分散传递给地基基础的构件。有垫底、可调底座两种类型。

2.3.3.2 立杆

为脚手架的主要受力构件，通常为3.0 m和1.8 m长度的$\phi 48 \times 3.5$ mm，上下碗扣和限位销按600 mm间距设置在立杆上，每隔0.6 m套一碗扣接头。下碗扣和限位销直接焊在立柱上，将上碗扣的缺口对照限位销后，即可将上碗扣沿限位销滑下，并顺时针旋转

以扣紧横杆接头。

双排脚手架应根据使用条件及荷载要求选择结构设计尺寸,横杆步距宜选用1.8 m,廊道宽度(横距)宜选用1.2 m,立杆纵向间距可选择不同规格的系列尺寸。双排外脚手架拐角为直角时,宜采用横杆直接组架;拐角为非直角时,可采用钢管扣件组架,如图2-6所示。

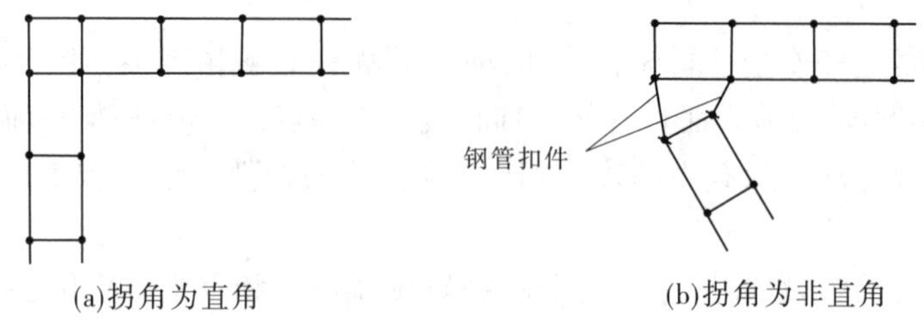

图2-6 拐角组架图

脚手架首层立杆应采用不同的长度交错布置,底部横杆(扫地杆)严禁拆除,立杆应配置可调底座。

2.3.3.3 **横杆**

组成框架的横向连接杆件,由一定长度的钢管两端焊接横杆接头制成。有0.3 m、0.6 m、0.9 m、1.2 m、1.5 m、1.8 m、2.4 m七种规格。

2.3.3.4 **斜杆**

斜杆是为增强脚手架整体稳定而设计的构件,斜杆接头可灵活转动,同横杆接头一样可装在碗扣内,形成节点斜杆。有1.697 m、2.16 m、2.343 m、2.546 m、3.0 m五种规格的长度,分别适用相应1.2 m×1.2 m、1.2 m×1.8 m、1.5 m×1.8 m、1.8 m×1.8 m、1.5 m×2.4 m五种框架的斜长。

斜杆应设置在有纵向及廊道横杆的碗扣节点上,脚手架拐角处及端部必须设置竖向通高斜杆,见图2-7。脚手架高度≤20 m时,每隔5跨设置一组竖向通高斜杆。脚手架高度>20 m时,每隔3跨设置一组竖向通高斜杆;斜杆必须对称设置(见图2-7)。斜杆临时拆除时,应调整斜杆位置,并严格控制同时拆除的根数。

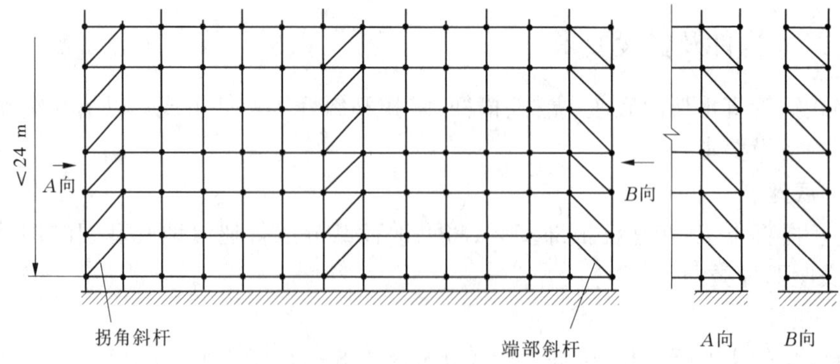

图2-7 专用斜杆设置图

当采用钢管扣件做斜杆时应符合下列规定：

(1)斜杆应每步与立杆扣接，扣接点距碗扣节点的距离宜不大于150 mm；当出现不能与立杆扣接的情况时也可采取与横杆扣接，扣接点应牢固。

(2)斜杆宜设置成八字形，斜杆水平倾角宜为45°～60°，纵向斜杆间距可间隔1～2跨，如图2-8所示。

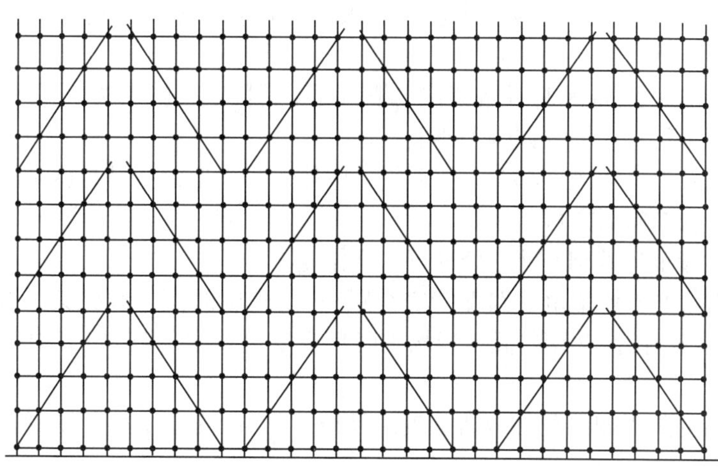

图2-8　钢管扣件斜杆设置图

(3)脚手架高度超过20 m时，斜杆应在内外排对称设置。

2.3.3.5　**剪刀撑**

碗扣式竖向剪刀撑的设置应与斜杆的设量相配合。30 m以下的脚手架可每隔4～6跨沿全高连续设置一组剪刀撑，每道剪刀撑跨越5～7根立杆，设剪刀撑的跨内不另设碗扣式斜杆；高度在30 m以上的高层脚手架，应沿脚手架外侧全高方向连续设置剪刀撑，每两组之间设置碗扣式斜杆。纵向水平剪刀撑作用为增强水平框架的整体性，均匀传递连墙撑；高度在30 m以上的高层脚手架，应每隔3～5步架设一层连续闭合纵向水平剪刀撑。

2.3.3.6　**连墙撑**

将脚手架与建筑物相连接，作用是提高脚手架的横向稳定性，承受偏心荷载和水平荷载等。一般情况下，高度30 m以下的脚手架，可四跨三步设置一个(约40 m^2)连墙撑；高层及重载脚手架，根据具体情况适当加密，50 m以下的脚手架至少应三跨三步布置一个(约25 m^2)连墙撑；50 m以上的脚手架至少应三跨两步布置一个(约20 m^2)连墙撑。连墙杆应尽量采用梅花形布置。另外，当设置宽挑架、提升滑轮、安全网支架、高层卸荷拉结杆等构件时，也增设连墙撑。

2.3.3.7　**搭设与拆除**

脚手架施工前必须制订施工设计或专项方案，保证其技术可靠和使用安全。经技术审查批准后方可实施。脚手架搭设前工程技术负责人应按脚手架施工设计或专项方案的要求对搭设和使用人员进行技术交底。对进入现场的脚手架构配件，使用前应对其质量进行复检。模板支撑架搭设应与模板施工相配合，利用可调底座或可调托撑调整底模标高。按施工方案弹线定位，放置可调底座后分别按先立杆后横杆再斜杆的搭设顺序进行。

建筑楼板多层连续施工时。应保证上下层支撑立杆在同一轴线上。模板支撑架拆除应符合《混凝土结构工程施工质量验收规范》(GB 50204—2015)中混凝土强度的有关规定。架体拆除时应按施工方案设计的拆除顺序进行。

2.3.4 安全管理与维护

(1)作业层上的施工荷载应符合设计要求,不得超载,不得在脚手架上集中堆放模板、钢筋等物料。

(2)混凝土输送管、布料杆及塔架拉结缆风绳不得固定在脚手架上。

(3)大模板不得直接堆放在脚手架上。

(4)遇 6 级及以上大风、雨雪、大雾天气时应停止脚手架的搭设与拆除作业。

(5)制定补救措施后方可实施。

(6)严禁在脚手架基础及邻近处进行挖掘作业。

(7)脚手架应与架空输电线路保持安全距离,工地临时用电线路架设及脚手架接地防雷措施等应按现行行业标准《施工现场临时用电安全技术规范》(JGJ 461)的有关规定执行。

(8)使用后的脚手架构配件应清除表面黏结的灰渣,校正杆件变形,表面做防锈处理后待用。

2.3.5 实训项目 2

1. 实训内容

(1)识别碗扣式脚手架各杆件;

(2)分组用碗扣式脚手架搭设两步架高的双排脚手架;

(3)检查搭设好的脚手架是否符合规范(规程)要求。

2. 实训目标

(1)熟悉碗扣式脚手架基本杆扣件;

(2)掌握碗扣式脚手架的搭设和检查。

3. 实训课时

4 课时。

4. 实训要求

提交实训报告一份。

2.4 门式钢管脚手架

门式钢管脚手架是用普通钢管材料制成工具式标准件,在施工现场组合而成。其基本单元是由一副门式框架、二副剪刀撑、一副水平梁架和四个连接器组合而成的,如图 2-9所示。

2.4.1 基本组成

门式脚手架的主要构件如图 2-10 所示。

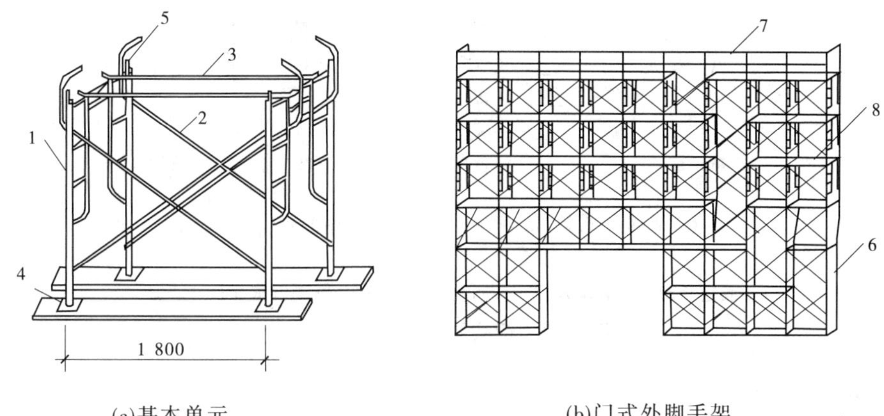

(a)基本单元　　(b)门式外脚手架

1—门式框架;2—剪刀撑;3—水平梁架;4—螺旋基脚;
5—连接器;6—梯子;7—栏杆;8—脚手板

图2-9　门式钢管脚手架

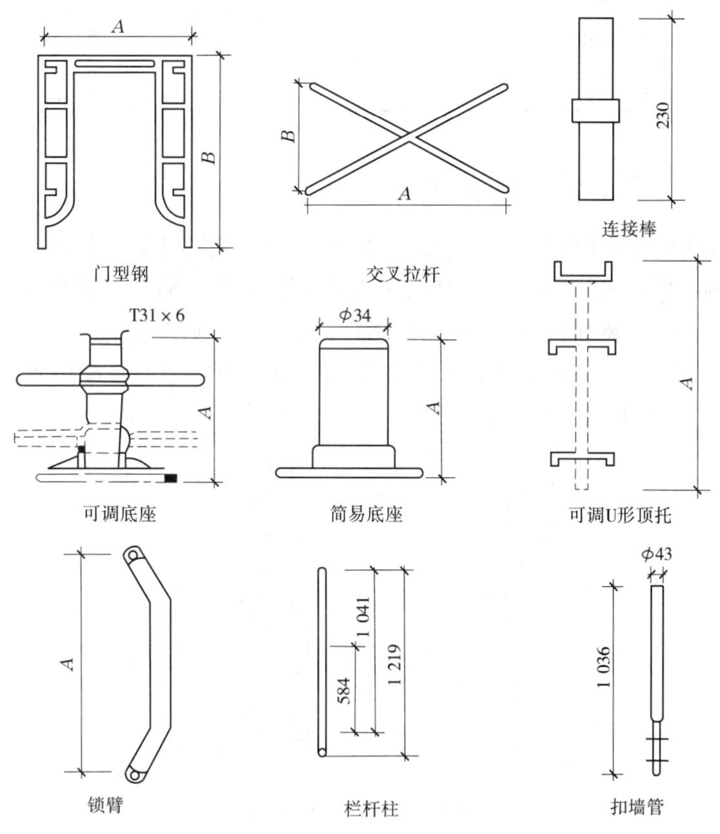

图2-10　门式脚手架的主要构件

门式脚手架的主要构件之间的连接形式有制动片式(见图2-11(a))和偏重片式(见图2-11(b))。

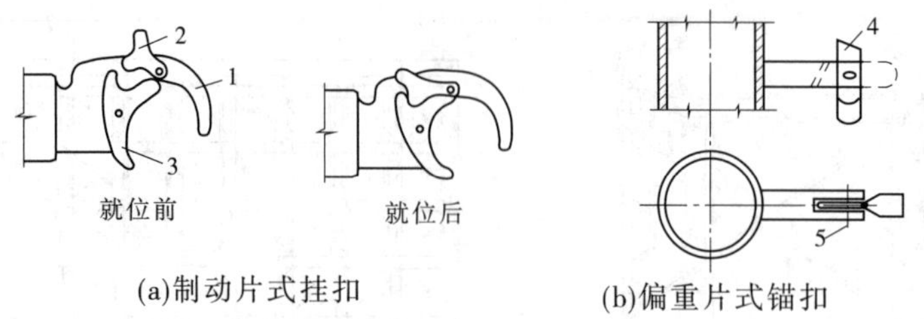

1—固定片;2—主制动片;3—被制动片;4—Φ 10 圆钢偏重片;5—铆钉

图 2-11　门式脚手架连接形式

2.4.2　搭设高度

门式钢管脚手架的搭设高度应符合表 2-1 所示要求。

表 2-1　门式钢管脚手架的搭设高度

施工荷载标准值(kN/m^2)	搭设高度(m)
3.0~5.0	≤45
≤3.0	≤60

2.4.3　门型脚手架搭设和拆除要求

搭设顺序:铺放垫木(板)→拉线、放底座→自一端起立门架并随即装交叉支撑→装水平梁架(或脚手板)→装梯子→需要时,装设作加强用的大横杆→装设连墙杆→照上述步骤,逐层向上安装→装加强整体刚度的长剪刀撑→装设顶部栏杆。

搭设门式脚手架时,基底必须先平整夯实。外墙脚手架必须通过扣墙管与墙体拉结,并用扣件把钢管和处于相交方向的门架连接起来,如图 2-12 所示。

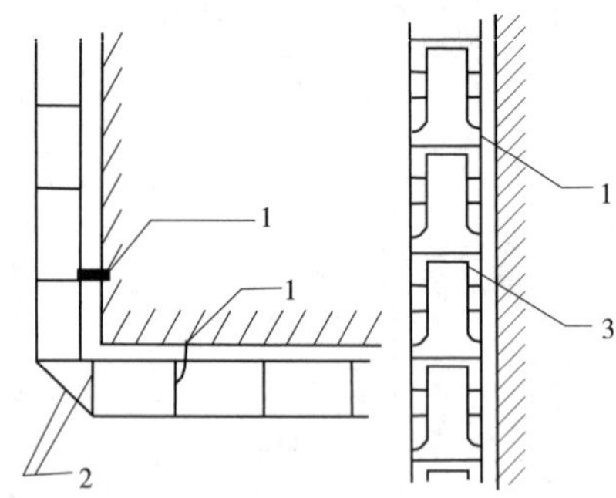

1—扣墙管;2—钢管;3—门式架

图 2-12　门架扣墙示意图

整片脚手架必须适量放置水平加固杆(纵向水平杆),前三层要每层设置,如图 2-13 所示。三层以上则每隔三层设一道。在架子外侧面设置长剪刀撑;使用连墙管或连墙器将脚手架与建筑物连接;高层脚手架应增加连墙点布设密度。

拆除架子时应自上而下进行,部件拆除顺序与安装顺序相反。

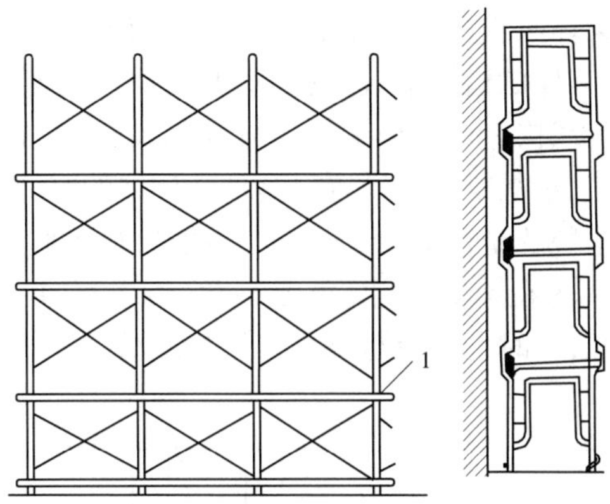

1—水平加固杆

图2-13　防不均匀沉降的整体固法

2.4.4　实训项目3

1. 实训内容

门型脚手架的搭设和拆除。

2. 实训目标

(1)熟悉门型脚手架基本构成;

(2)理解门型脚手架的特点;

(3)掌握门型脚手架的搭设、拆除和质量检查。

3. 实训课时

4课时。

4. 实训要求

提交实训报告一份。

2.5　常用非落地式脚手架

非落地式脚手架包括附着升降脚手架、挑脚手架、吊篮和挂脚手架,即采用附着、挑、吊、挂等方式设置的悬空脚手架。它们由于避免了落地式脚手架用材多、搭设量大的缺点,因而特别适合高层建筑施工使用,以及各种不便或不必搭设落地式脚手架的情况。

2.5.1　附着升降脚手架

凡采用附着于工程结构、依靠自身提升设备实现升降的悬空脚手架,统称为附着升降脚手架。由于它具有沿工程结构爬升(降)的状态属性,因此也可称为"爬升脚手架"或简称"爬架"。

附着升降脚手架由架体、附着支承、提升机构和设备、安全装置和控制系统等4个基本部分构成。

2.5.1.1　架体

附着升降脚手架的架体由竖向主框架、水平梁架和架体板构成，如图 2-14 所示。其中，竖向主框架既是构成架体的边框架，也是与附着支承构造连接，并将架体荷载传给工程结构承受的架体主承传载构造。水平梁架一般设于底部，承受架体板传下来的架体荷载并将其传给竖向主框架，水平梁架的设置也是加强架体的整体性和刚度的重要措施，因而要求采用定型焊接或组装的型钢结构。除竖向主框架和水平梁架的其余架体部分称为“架体板”，用此名称，是因为在承受风侧等水平荷载（侧力）作用时，它相当于两端支承于竖向主框架之上的一块板，同时也避免与整个架体相混淆。

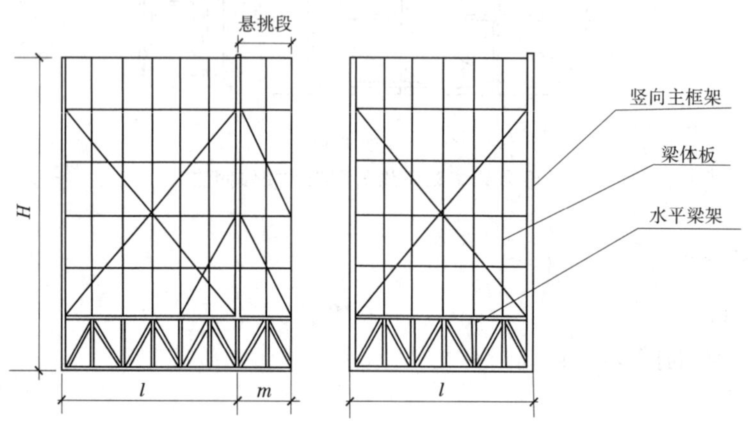

图 2-14　附着升降脚手架的架体构成

2.5.1.2　附着支承

附着支承的形式有 9 种，但其基本构造却只有挑梁、拉杆、导轨、导座（或支座、锚固件）和套框（管）等 5 种，并视需要组合使用。为了确保架体在升降时处于稳定状态，避免晃动和抵抗倾覆作用，要求达到以下两项要求：

（1）架体在任何状态（使用、上升或下降）下，与工程结构之间必须有不少于 2 处的附着支承点。

（2）必须设置防倾装置。也即在采用非导轨或非导座附着方式（其导轨或导座既起支承和导向作用，也起防倾作用）时，必须另外附设防倾导杆。而挑梁式和吊拉式附着支承构造，在加设防倾导轨后，就变成了挑轨式和吊轨式。

2.5.1.3　提升机构和设备

附着升降脚手架的提升机构取决于提升设备，共有吊升、顶升和爬升等 3 种：

（1）吊升。在挑梁架（或导轨、导座、套管架等）挂置电动葫芦或手动葫芦，以链条或拉杆吊着（竖向或斜向）架体，实际沿导轨滑动的吊升。提升设备为小型卷扬机时，则采用钢丝绳、经导向滑轮实现对架体的吊升。

（2）顶升。通过液压缸活塞杆的伸长，使导轨上升并带动架体上升。

（3）爬升。其上下爬升箱带着架体沿导轨自动向上爬升。

提升机构和设备应确保处于完好状况、工作可靠、动作稳定。

2.5.1.4 **安全装置和控制系统**

附着升降脚手架的安全装置包括防坠和防倾装置,防倾采用防倾导轨及其他适合的控制架体水平位移的构造。附着升降脚手架采用整体提升方式时,其控制系统应确保实现同步提升和限载保安全的要求。

2.5.2 吊篮

采用悬吊方式设置的脚手架称为“吊脚手架”,其形式有吊架(悬吊梁式或满堂式工作台)和吊篮(悬吊篮式工作台),主要用于装修和维修工程施工。吊架由于移动式工作台的兴起,已较少应用,而吊篮则已成为高层建筑外装修作业脚手架的常用形式,其技术也已发展得较为完善。

2.5.2.1 **吊篮的分类**

(1)按用途划分:可分为维修吊篮和装修吊篮。前者为篮长≤4 m、载重量≤5 kN 的小型吊篮,一般为单层;后者的篮长可达 8 m 左右,载重量 5 ~ 10 kN,并有单层、双层、三层等多种形式,可满足装修施工的需要。

(2)按驱动型式划分:可分为手动、气动和电动三种。

(3)按提升方式划分:可分为卷扬式(又有提升机设于吊箱或悬挂机构之分)和爬升式(又有 α 式卷绳和 S 式卷绳之分)两种。

2.5.2.2 **吊篮的型号和性能**

吊篮的型号按图 2-15 所示规定顺序编排。表 2-2 和表 2-3 则分别列出了 LGZ - 300 - 3.6A 型高层维修吊篮和其他几种常用吊篮的性能参数。

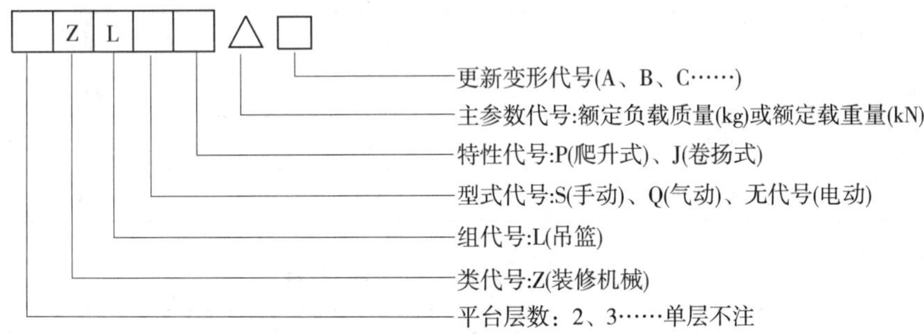

图 2-15 吊篮型号

2.5.2.3 **吊篮的升降方式**

(1)手扳葫芦升降。手扳葫芦携带方便、操作灵活,牵引方向和距离不受限制,水平、垂直、倾斜均可使用。

(2)卷扬升降。卷扬升降采用的卷扬提升机与常用的卷扬机属同一类型,通过钢丝绳的收卷和释放,带动吊箱升降。但其体积小、重量轻,并带有多重安全装置。

(3)爬升升降。爬升提升机为沿钢丝绳爬升的提升机。其与卷扬提升机的区别在于提升机不是收卷或释放钢丝绳,而是靠绳轮与钢丝绳的特形缠绕所产生的摩擦力提升吊篮。

表 2-2　LGZ－300－3.6A 型吊篮的主要技术参数

机构名称	项目名称	单位	规格性能
吊篮	额定荷载	kN	3.0
	自重	kg	450
	升降速度	m/min	5
	吊篮面积	m×m	3.6×0.7
	操作方式		电动或手动
吊架	自重	kg	690
	占地面积	m×m	4.8×3.9
	油缸工作压力	kN/cm^2	0.16
	油缸流量	L/min	2.94
	油缸行程	mm	600
升降机构	钢丝绳绕法		"Z"形回绕
	载荷	kN	4.0
	电机:功率	kW	0.8
	电压(三相交流)	V	380
	额定转速	r/min	1 400
	频率	Hz	50
	温度	℃	40
其他	配重	kg	470
	钢丝绳规格	mm	YB261－73 Φ 8.25 航空钢丝绳
	钢丝绳拉断力	kN	44.60

表 2-3　几种常见吊篮的性能参数

型号		ZLP800	ZLP500	ZLS300
额定负载质量(kg)		800	500	300
升降速度(m/min)		8	6	3
作业平台尺寸(长度,m)		2.5～7.5	2～6	2
钢丝绳直径(mm)		8.3	8.3	7
电机功率(kW)		2.2	1.1	(手动)
安全锁	锁绳速度(离心式)(m/min)	18～22	18～22	12
	锁绳角度(摆臂式)(°)	3～8	3～8	—
整机自重(kg)		2 010	1 360	950

2.5.3 悬挑式脚手架

悬挑式脚手架是指其垂直方向荷载通过底部型钢支承架传递到主体结构上的施工用外脚手架。悬挑式脚手架由型钢支承架、扣件式钢管脚手架及连墙件等组合而成。

2.5.3.1 适用范围

悬挑式脚手架适用于在高度不大于100 m的高层建筑或高耸构筑物上使用的悬挑式脚手架,每道型钢支承架上部的脚手架高度不宜大于24 m。不适用于作为模板支撑体系等特殊用途的悬挑式脚手架系统。

2.5.3.2 悬挑式脚手架形式

按型钢支承架与主体结构的连接方式可分为:

(1)搁置固定于主体结构层上的形式;

(2)搁置加斜支撑或加上张拉与预埋件连接;

(3)与主体结构面上的预埋件焊接形式。

2.5.3.3 悬挑式脚手架的基本参数

(1)起挑层高:一般从第四、五层开始起挑,根据工程需要决定。

(2)挑梁型号规格:挑梁一般采用工字钢等型钢。根据荷载大小设计选用工字钢等的型号规格。

(3)步高(步距):步高一般在1.8 m左右。

(4)步宽(立杆横向间距):步宽一般在1.0 m左右。

(5)立杆纵向间距(跨):立杆纵向间距需根据工程需要设计。

(6)连墙件竖向间距、水平间距:连墙件竖向间距不大于2倍步距,水平间距不大于3倍纵距,每根连墙件覆盖面积不大于27 m^2。

(7)单挑高度:每道型钢支承架上部的脚手架高度不宜大于24 m。对每道型钢支承架上部的脚手架高度大于24 m的悬挑式脚手架,应对风荷载取值、架体及连墙件构造等方面进行专门研究后做出相应的加强设计。

(8)总高度:根据主体结构总高度及施工需要确定。本规程适用于在高度不大于100 m的高层建筑或高耸构筑物上使用的悬挑式脚手架。对使用总高度超过100 m的悬挑式脚手架,应对风荷载取值、架体及连墙件构造等方面进行专门研究后做出相应的加强设计。

2.5.4 实训项目4

1. 实训内容

应用虚拟仿真软件进行悬挑式脚手架、爬升式脚手架及吊篮的搭设实训。

2. 实训目标

(1)熟悉爬升式脚手架架设及安全要求;

(2)熟悉施工中吊篮的使用;

(3)掌握悬挑式脚手架的搭设和检查;

3. 实训课时

4课时。

4. 实训要求

分组进行完成实训任务，提交实训成果、实训报告一份。

2.6 里脚手架

里脚手架是搭设在建筑物内部的一种脚手架，用于楼层砌筑和室内装修等，砌筑清水外墙不宜采用里脚手架。

里脚手架装拆较频繁，要求轻便灵活、装拆方便。通常将其做成工具式的，结构形式有折叠式、支柱式和门架式。

2.6.1 （钢管、钢筋）折叠式里脚手架

如图 2-16 所示，架设间距：砌墙时宜为 1.0～2.0 m，粉刷时宜为 2.0～2.5 m。可以搭设二步脚手架，第一步高 1.0 m，第二步高约 1.6 m。

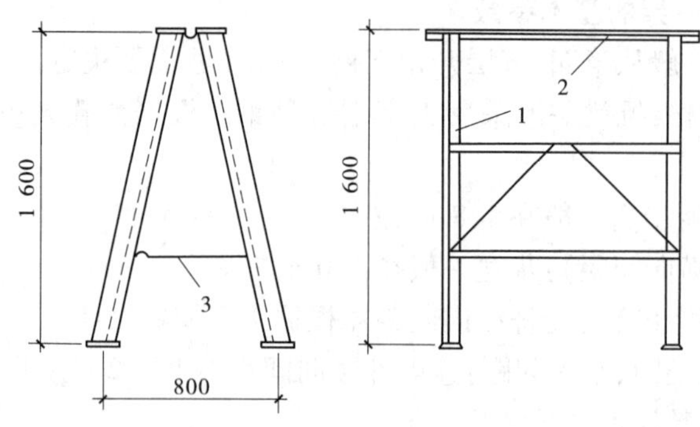

1—立柱；2—横楞；3—挂钩；4—铰链

图 2-16 折叠式里脚手架

2.6.2 支柱式里脚手架

如图 2-17 所示，支柱式里脚手架由支柱和横杆组成，上铺脚手板，其架设间距为：砌墙时不超过2.0 m，粉刷时不超过2.5 m。

2.6.3 竹、钢制马凳式里脚手架

如图 2-18 所示，马凳间距不大于 1.5 m，上铺脚手板。

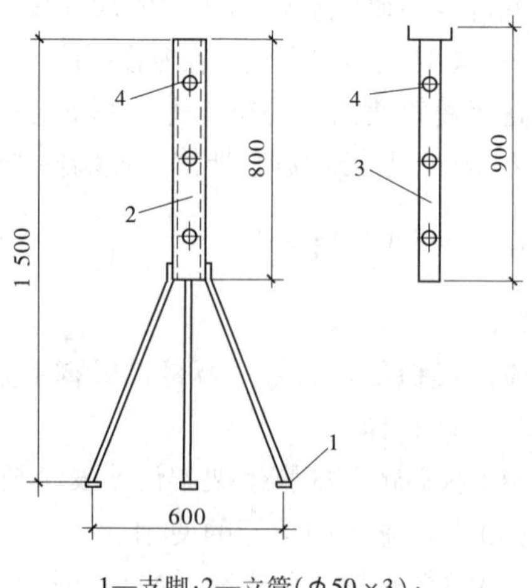

1—支脚；2—立管（ϕ50×3）；3—插管（ϕ42×1.5）；4—销孔

图 2-17 套管式支柱

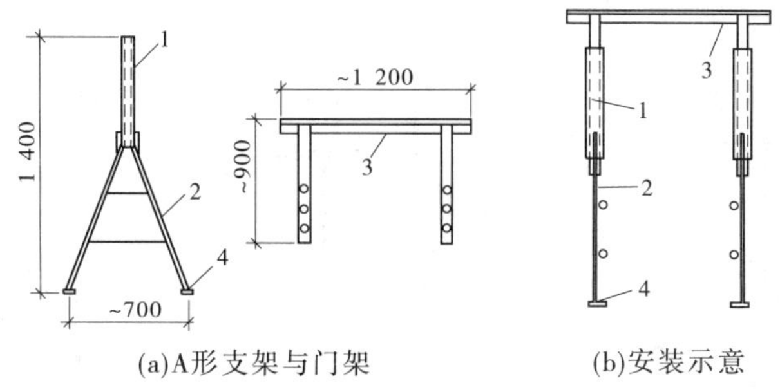

(a)A形支架与门架　(b)安装示意

1—立管;2—支脚;3—门架;4—垫板

图 2-18　马凳(门架)式里脚手架

2.7　垂直运输设施

垂直运输设施是指担负垂直输送材料与施工人员上下的机械设备和设施 。墙体工程中各种材料(砖、砌块、砂浆等)和工具(脚手架、脚手板等)均需运送到各楼层的施工面上去,再加上其他材料的运输和预制构件的安装,垂直运输工作量很大,所以合理选择垂直运输机械非常重要。常见的垂直运输机械有井式提升架(井架)、龙门式提升架(龙门架)、施工电梯、塔式起重机、起重设备等。

2.7.1　井架

井式垂直运输架,通称井架或井字架,是墙体结构中最常用的垂直运输设施。

井字架由井架、钢丝绳、缆风绳、滑轮、垫梁、吊盘和辅助吊臂组成。其优点是稳定性好、运输量大 ,可以搭设的高度较大(50 m 以上),其缺点是缆风绳多,若为附墙式井架可不设缆风绳仅设附墙拉结。

井字架分为单孔 、两孔、多孔(3 个以上)等。井架内设吊盘(或混凝土料斗),两孔或多孔井架可以分别设置吊盘和混凝土料斗,以满足同时运输多种材料的需要,为了扩大起重运输服务范围,在井架上根据需要设置拔杆,其起重量一般为 0.5 ~1.0 t,回转半径一般在 2.5 ~5 m,最大可达 10 m。

常用的井架有木井架、扣件式钢井架、门架组合井架、型钢井架、碗扣式钢井架等,图 2-19是工程中常用的角钢井架。

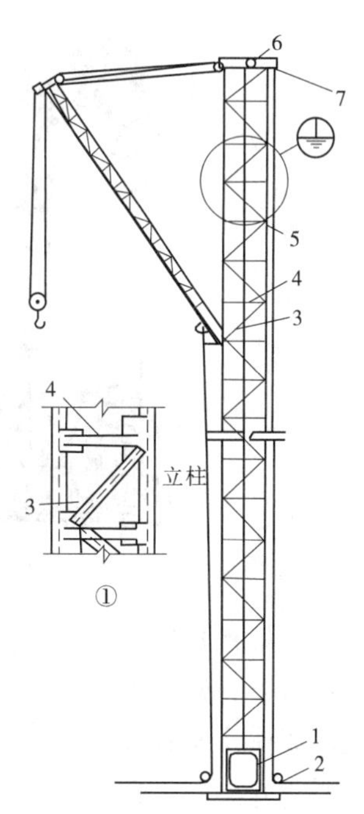

1—吊盘;2—导向滑轮;3—斜撑;4—平撑;5—立柱;6—天轮;7—缆风绳

图 2-19　角钢井架图

井架与结构的附墙拉结做法见图 2-20。当井架宽度方向平行于墙面时,采用简单拉结,或加强拉结;当井

架方向垂直于墙面时，采用展宽拉结。

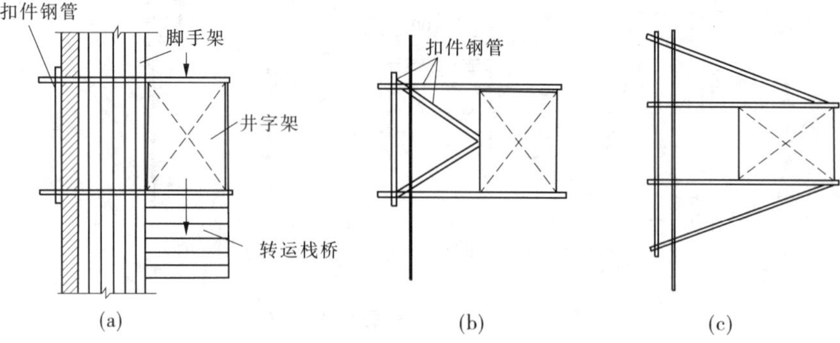

图 2-20　扣件钢管井架的附墙拉结

2.7.2　龙门架

龙门架由两立柱及天轮梁(横梁)构成。

在龙门架上装设滑轮(天轮及地轮)、导轨、吊盘(上料平台)、安全装置以及起重索、缆风绳等即构成一个完整的垂直运输体系，见图 2-21。目前常用的组合立杆龙门架，其立杆是由钢管、角钢和圆钢组合焊接而成的。

图 2-21　龙门架

龙门架构造简单，制作容易，用材少，拆装方便，适用于中小工程。由于其立杆刚度和稳定性较差，故一般用于低层建筑。起重高度为 15 ~ 30 m，起重量为 0.6 ~ 1.2 t。此种龙门架不能作水平运输，因此地面、楼上均要配手推车进行水平运输。

对于井架和龙门架高度在 15 m 以下时，在顶部设一道缆风绳，每角一根；15 m 以上每增高 7 ~ 10 m 增设一道。缆风绳最好用 7 ~ 9 mm 的钢丝绳，与地面夹角≤45°。缆风锚固要有足够的力量。

龙门架一般单独设置。在有外脚手架的情况下，可设在脚手架的外侧或转角部位，其稳定靠拉设缆风绳解决。亦可设在外脚手架中间用拉杆将龙门架的立柱与脚手架拉结起来,以确保龙门架与脚手架的稳定。但在垂直脚手架的方向仍需设置缆风绳并设置附墙拉结。与龙门架相接的脚手架井架加设必要的剪刀撑予以加强。

2.7.3 实训项目5

1. 实训内容

应用虚拟仿真软件进行龙门架搭设实训。

2. 实训目标

(1)熟悉龙门架架设技术要求;

(2)掌握龙门架搭设质量检查。

3. 实训课时

4课时。

4. 实训要求

分组进行完成实训任务,提交实训成果、实训报告一份。

2.7.4 施工电梯

施工电梯又叫施工升降机,是建筑中经常使用的载人载货施工机械,它的吊笼装在井架外侧,沿齿条式轨道升降,附着在外墙或其他建筑物结构上,其高度随着建筑物主体结构施工而接高,可达100 m。它特别适用于高层建筑,也可用于高大建筑、多层厂房和一般楼房施工中的垂直运输。在工地上通常是配合塔吊使用。如图2-22所示。

施工电梯分为两类:齿轮齿条驱动的施工电梯及绳轮驱动的施工电梯。按吊笼数量区分为单吊笼和双吊笼。

施工电梯操作技术规范如下。

2.7.4.1 一般规定

(1)电梯司机必须经专门安全技术培训,考试合格,持证上岗。严禁酒后作业。

(2)司机身体条件遵守《建筑施工升降机安装、使用、拆卸安全技术规程》(JGJ 215—2010)30.1.2条的规定。

(3)司机必须熟悉所操作电梯的性能、构造、保养、维修知识,按规定及时填写机械履历书和规定的报表。

(4)施工电梯周围5 m以内,不得堆放易燃、易爆物品及其他杂物,不得在此范围内挖沟、坑、槽。电梯地面进料口应搭设防护棚。

(5)梯笼维修时,若拆下零部件后,梯笼的重量低于配重时,必须将梯笼锁在导轨架上。

(6)严禁利用施工电梯的井架、横竖支撑牵拉缆绳、标语和其他与电梯无关的物品。

(7)同一现场施工的塔式起重机或其他起重机械应距施工电梯5 m以上,并应有可靠的防撞措施。

(8)施工电梯安装完毕后必须经有关人员检查验收合格方可投入使用。

2.7.4.2 安全操作

(1)施工电梯每班首次运行时,必须空载及满载运行,梯笼升离地面1 m左右停车,

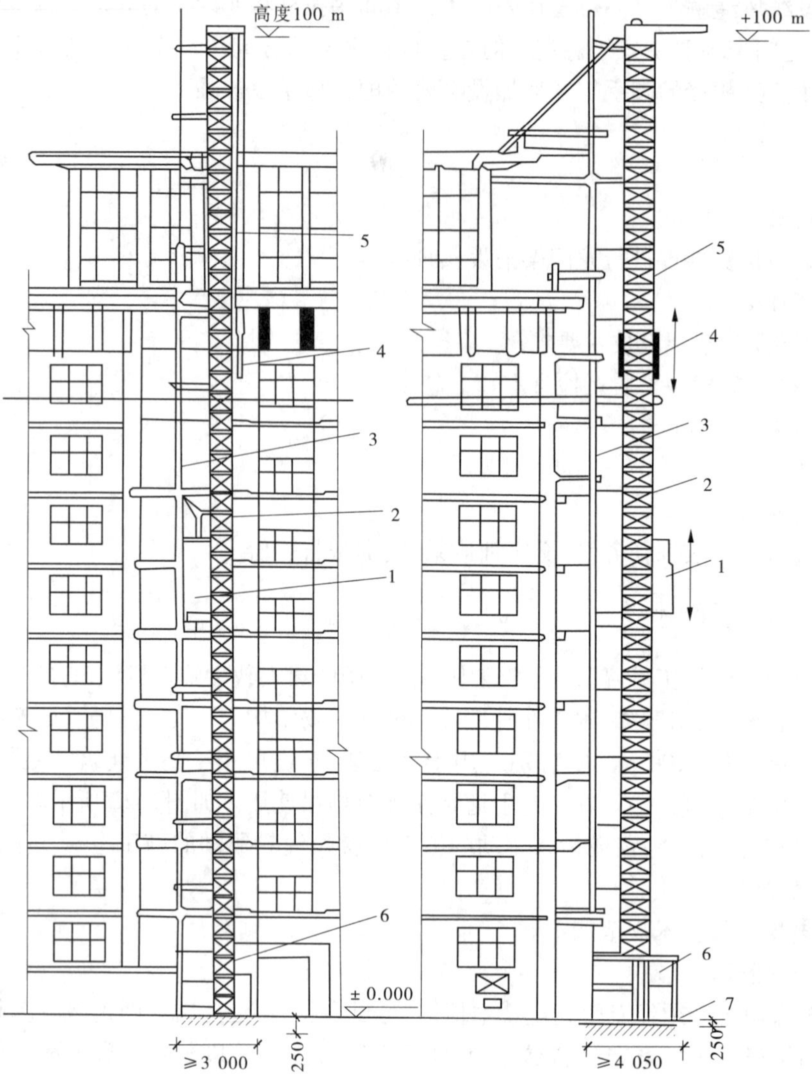

1—吊笼;2—小吊杆;3—架设安装杆;4—平衡安装杆;
5—导航架;6—底笼;7 —混凝土基础

图 2-22 建筑施工电梯

检查制动器灵敏性,然后继续上行楼层平台,检查安全防护门、上限位、前后门限位,确认正常方可投入运行。

(2)梯笼乘人、载物时必须使载荷均匀分布,严禁超载作业。

(3)电梯运行至最上层和最下层时仍应操纵按钮,严禁以行程限位开关自动碰撞的方法停机。

(4)施工电梯启动前必须先鸣笛示警,夜间操作应有足够照明。

(5)双笼电梯当一只梯笼在进行笼外保养或检修时,另一只梯笼不得运行。

(6)电梯运行中,司机不准做有妨碍电梯运行的动作,不得离开操作岗位,应随时观察电梯各部音响、温度、气味和外来障碍物等现象,发现反常应及时停机检查处理,故障未排除严禁运行。

(7)施工电梯停止运行后应遵守以下规定:

①电梯未切断总电源开关前,司机不得离开操作岗位。

②作业后,将梯笼降到底层,各控制开关扳至零位,切断电源,锁好闸箱和梯门。

③班后按规定进行清扫、保养,并做好当班记录。

(8)凡遇有下列情况时应停止运行:

①天气恶劣:大雨、大风(六级以上)、大雾、导轨结冰等。

②灯光不明、信号不清。

③机械发生故障未排除。

④钢丝绳断丝磨损超过报废标准。

2.7.4.3 安装与拆除

(1)安装前,应按要求做好基础、电源、光源、工具和电梯进场道路及堆放场地的准备工作。

(2)清点和检查施工电梯的内外梯笼、配重、钢丝绳、井架、横竖支撑、过桥、围栏等应齐全完好,不符合要求应更换或修理。

(3)检查电梯井架与建筑物连接处的预埋件的强度,必须符合规定。

(4)在梯笼下面作业时,必须用枕木支撑牢固。

(5)安装、拆卸必须专人统一指挥,作业区上方及地面 10 m 范围内设禁区并设专人监护。

(6)电梯在重新安装以前(转移施工现场)必须认真检修和调试限速器。若使用期满 1 年,应重新检修、调试。

(7)在梯笼顶部进行安装、拆卸和检修作业时,必须使用可移动电钮。

(8)在安装拆卸时,严禁超过架设载荷量(无配重时的载荷量)的规定。

(9)用起重机安装、拆卸井架时,组装井架不得超过四节。

(10)安装吊杆有悬挂物时不得开动梯笼。

(11)拆卸井架时,必须先吊好井架,再松下螺栓梯笼上部,导向轮必须降到应拆下井架之下。

(12)横竖支撑的安装与拆卸,必须随井架高度同步进行。

(13)安装时,底笼与建筑物的距离;附着支撑的间隔,前后支撑的间隔;井架悬挑高度;齿轮、齿条的间隙均应符合说明书的规定。

(14)雨天、雾天及五级风以上的天气,不得进行安装与拆卸。

(15)安装拆卸和维修的人员在井架上作业时,必须穿防滑鞋,系安全带,不得以投掷方法传递工具和器件,紧固和松开螺栓时,严禁双手操作,应一手扳扳手,一手握住井架杆件。

2.7.5 塔式起重机

塔式起重机是指起重臂安装在塔身顶部且可做360°回转的起重机。其起重能力大,

效率高,安全可靠,装拆方便,可提升、回转、水平运输。

塔式起重机适用于多层、高层的工业与民用建筑的结构安装 。

2.7.5.1 塔式起重机的分类和特点

(1)按有无行走机构可分为行走式塔式起重机和自升式塔式起重机。

①行走式塔式起重机:常用的有轨道行走式、轮胎行走式、汽车行走式和履带行走式。

其优点是能靠近工作地点,安装方便,机动性强,造价低;缺点是由于塔身结构没有附墙支撑,起升高度受到一定的限制。

②自升式塔式起重机:根据装设位置的不同,又分为附着自升式和内爬式两种。

附着自升式塔式起重机的优点是能随建筑物升高而升高,安装很方便,在地面所占的空间位置与场地较小;缺点是需要增设附墙支撑。

内爬式塔式起重机是一种安装在建筑物内部结构上起重机,一般每隔 2 ~3 层爬升一次。这种起重机的优点是机身体积小,重量轻,安装方便。缺点是起重量受到一定限制。

(2)按变幅方式分为起重臂(动臂)变幅式塔式起重机和起重小车变幅式塔式起重机。

①起重臂(动臂)变幅式塔式起重机的优点是能充分发挥起重臂的有效高度,机构简单;缺点是不能带负荷变幅。

②起重小车变幅式塔式起重机的优点是变幅范围大,操作方便,并能带负荷变幅;缺点是起重臂受力情况复杂,对结构要求高。

(3)按塔身结构回转方式可分为塔身回转式塔式起重机和塔顶回转式塔式起重机。

①塔身回转式塔式起重机的优点是维修方便,重心低,稳定性好;缺点是对回转支承要求较高,回转机构较复杂。

②塔顶回转式塔式起重机的优点是结构简单、安装方便;缺点是起重机重心较高,塔身下部要加配重,操作室位置低,不利于高层建筑施工。

(4)按起重能力分类,塔式起重机可分为轻型塔式起重机、中型塔式起重机和重型塔式起重机。

①轻型塔式起重机起重能力为 5 ~30 kN。

②中型塔式起重机起重能力为 30 ~150 kN。

③重型塔式起重机起重能力为 150 ~400 kN。

2.7.5.2 塔式起重机的基本性能参数

(1)起重力矩:起重量与相应幅度的乘积。

(2)起重量:起重量 Q 是吊钩能吊起的重量,其中包括吊索、吊具及容器的重量,单位为 kN 。

(3)起重高度:起重高度 H 是指吊钩到停机地面的垂直距离,单位为 m。

(4)起重半径:起重半径 R 是指塔式起重机回转轴吊钩中心的水平距离,单位为 m。

2.7.5.3 常用塔式起重机的型号和性能

1. 轨道式起重机

(1)QT1 -2 塔式起重机:是一种轻型塔身回转式起重机。起重力矩是 160 kN · m,起重量是 10 ~20 kN,工作幅度 8.5 ~20 m,轨距 2.8 m,自重 13 t。适用于五层以下民用建筑和中小型多层工业厂房的结构吊装，见图2-23。

(2)QT1－6塔式起重机：如图2-24所示，这是一种轻型塔身回转式起重机。起重力矩是400 kN·m，起重量是20～60 kN，工作幅度8.5～20 m，轨距3.8 m，自重24 t。适用于结构吊装及材料运输、装卸工作。

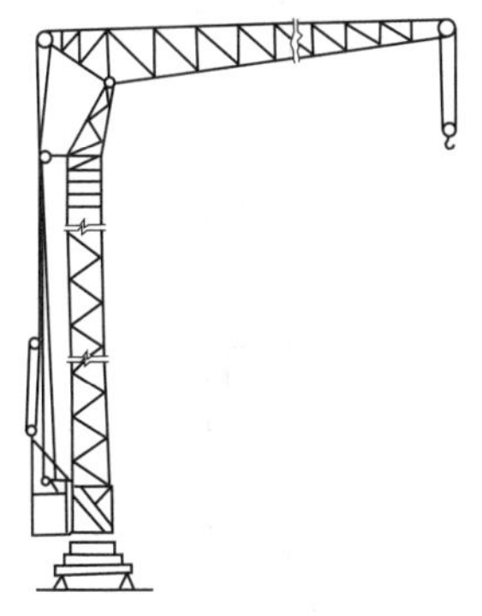

图2-23　QT1－2塔式起重机

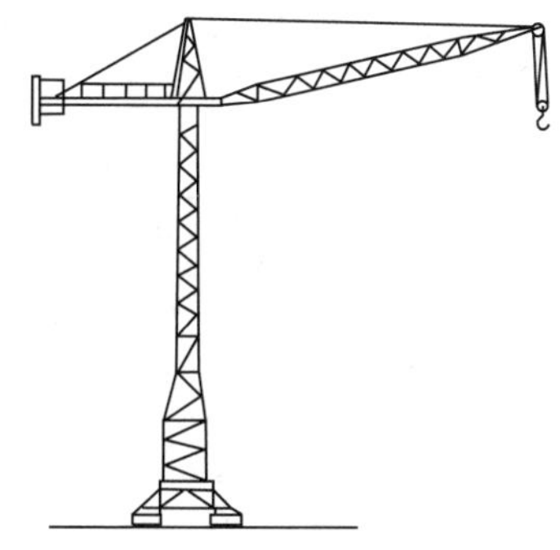

图2-24　QT1－6塔式起重机

2.爬升式塔式起重机

爬升式塔式起重机是一种安装在建筑物内部(电梯井、楼梯间)的结构上，借助一套托架和提升系统进行爬升的起重机，一般每隔2～3层爬升一次。由底座、套架、塔身、塔顶、行走式起重臂、平衡臂等部分组成。其爬升过程：固定下支座—提升套架—下支座脱空—提升塔身—固定下支座。适用于现场狭窄的高层建筑结构安装。其性能如表2-4所示。

表2-4　爬升式塔式起重机性能

型号	起重量(kN)	幅度(m)	起重高度(m)	一次爬升高度(m)
QT5－4/40	40	2～11	110	8.8
	40～20	11～20		
QT3－4	40	2.2～15	80	8.97
	30	15～20		

3.附着式塔式起重机

附着式塔式起重机是固定在建筑物近旁混凝土基础上的起重机。随着建筑物的增高借助液压顶升系统将塔身自行向上接高。一般适用于高层或超高层建筑的施工。图2-25为QT4－10型附着式塔式起重机。QT4－10型附着式塔式起重机的液压顶升系统包括顶升套架、长行程液压千斤顶、支承座、顶升横梁和定位销，其顶升过程如图2-26所示。

2.7.5.4　操作规程

1.起重机的拆装

(1)起重机的拆装、升降塔身及锚固等作业，必须由经过专门培训并取得作业证的人员完成。

(2)对于拆装的起重机，拆装工人必须遵照下列原则：

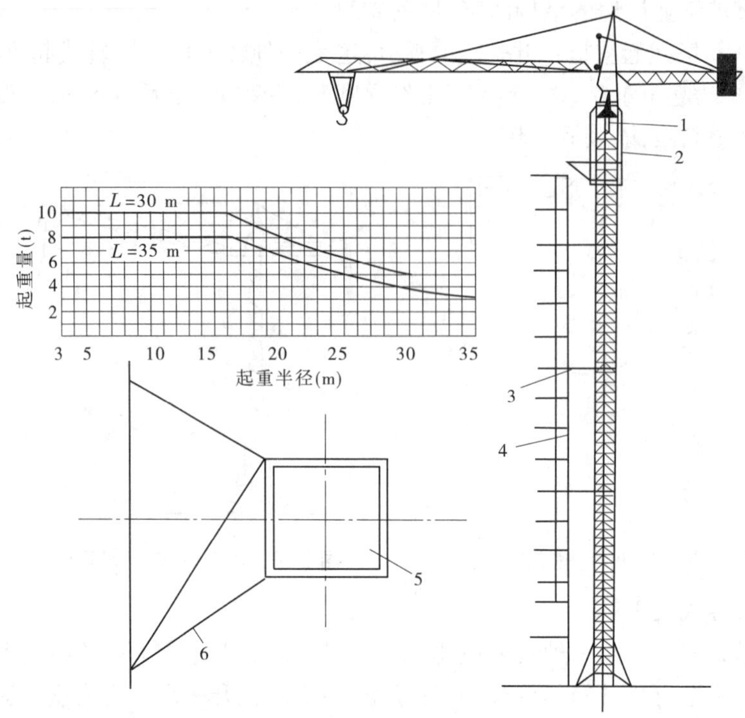

1—上、下支承座;2—顶升套架;3—连墙杆;4—主体结构;5—塔身;6—附着杆系

图2-25 QT4-10型附着式塔式起重机

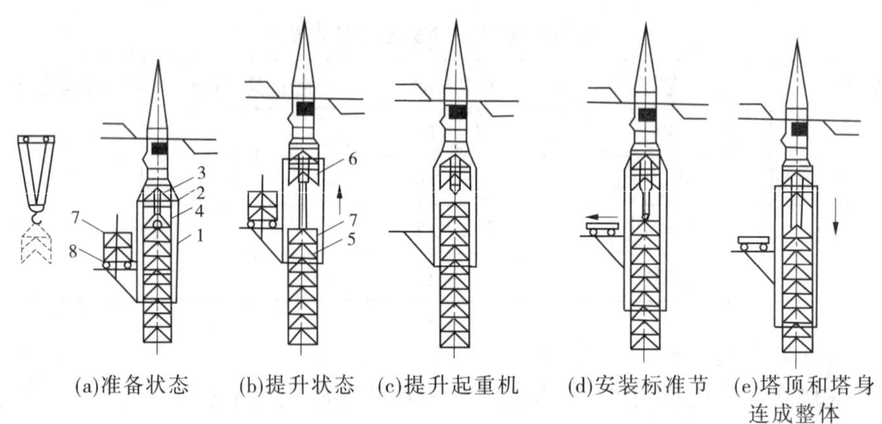

1—顶升套架;2—液压千斤顶;3—支承架;4—顶升横梁;5—定位销;6—过渡节;7—标准节;8—摆渡小车

图2-26 附着式塔式起重机的顶升过程

①了解起重机的性能;必须详细了解并严格按照说明书中所规定的安装及拆卸的程序进行作业,严禁对产品说明书中规定的拆装程序做任何改动。

②熟知起重机拼装或解体各拆装部件相连接处所采用的连接形式和所使用的连接件的尺寸、规定及要求。对于有润滑要求的螺栓,必须按说明书的要求,按规定的时间,用规定的润滑剂润滑。

③了解每个拆装部件的重量和吊点位置。

(3)作业过程中,拆装工人必须对所使用的机械设备和工具的性能及操作规程有全面了解,并严格按规定使用。

(4)安装起重机的过程中,对各个安装部件的连接件,必须特别注意要按说明书的规定,安装齐全、固定牢靠,并在安装后做详细检查。

(5)在安装或拆卸带有起重臂和平衡臂的起重机时,严禁只拆装一个臂就中断作业。

(6)在紧固要求有预紧力的螺栓时,必须使用专门的可读数的工具,将螺栓准确地紧固到规定的预紧力值。

(7)拆装起重机的电气部分,必须按照国家劳动人事部门的规定,由持有国家规定的部门发给的电工操作证的正式电工或他同由他带领的电气徒工进行,严禁其他人拆装。

(8)在安装起重机时,必须将大车行走限位装置及限位器碰块安装牢固可靠。

(9)安装起重机时,必须将各部位的栏杆、平台、护链、扶杆、护圈等安全防护零部件装齐。

(10)在拆除因损坏而不能用正常的方法拆卸的起重机或拆除缺少工作平台、栏杆和安全防护装置的起重机时,必须有经过技术安全部门批准的确保安全的拆卸方案。

2. 升降塔身

(1)自升式起重机在升降塔身时,必须按说明书规定,使起重机处于最佳平衡状态,并将导向装置调整到规定的间隙。

(2)在升降塔身的过程中,必须有专人仔细注意检查,严防电缆被拖拉、刮碰、挤伤等。

(3)凡有下列情况时,不得进行塔身升降作业:

①作业高度处的风力超过说明书中的规定;

②在雨、雪、大雾等容易打滑的环境里;

③在烟雾熏呛的环境里。

3. 附着锚固

(1)需要附着的起重机,使用部门必须事先按说明书的要求做出方案,写出包括下述内容的书面材料:

①各道附着装置之间的距离;

②与建筑物水平附着的距离;

③与建筑物的连接形式;

④各种特殊要求。

(2)附着杆的安装和拆卸应符合下列要求:

①在安装和拆卸附着杆时,必须使起重机处于顶升时的平衡状态,且使两臂位于与附着方向相垂直的位置。

②在安装每一道附着杆时,不得任意升高塔身,必须保证在未附着前起重机的自由高度部分符合产品的有关规定。

③在拆卸附着杆时,必须先降落塔身,使起重机在拆除这道附着杆后形成的自由高度符合产品的有关规定。

④分段拼接的附着杆，各连接件如螺栓、销轴等必须安装齐全，各连接件的固定要符合要求。

⑤建筑物与附着杆之间的连接必须牢固，保证起重机作业中塔身与建筑物不产生相对运动。需要在建筑物上打孔与附着杆连接时，在建筑物上所开的孔径应和与它相连接的销子（螺栓）的直径相称。

（3）附着后，最高附着点以下的塔身轴线垂直度偏差不大于相应高度的2/10 000。

（4）各道附着框架与塔身之间的连接应符合要求。

①各道附着点的高度，必须严格遵照说明书的规定。

②附着框架在相应的塔身节的连接位置，不应超过规定的误差，附着框架应保持水平，不应偏斜。

③对于塔身在附着框架相连处有辅助装置的起重机在锚固时，必须将其安装齐全。

④附着框架与塔身节之间应按规定的方法固定牢靠，不应松动。

2.7.6 实训项目6

1. 实训内容

应用虚拟仿真软件进行塔式起重机安装实训。

2. 实训目标

（1）熟悉塔式起重机安装技术要求；

（2）掌握塔式起重机安装质量检查；

3. 实训课时

4课时。

4. 实训要求

分组进行完成实训任务，提交实训成果、实训报告一份。

2.7.7 起重设备

建筑工程中常用的起重设备主要有桅杆式起重机、塔式起重机、自行式起重机以及索具设备。塔式起重机上面已介绍，下面对其他三种做简单介绍。

2.7.7.1 桅杆式起重机

桅杆式起重机是用木材或金属材料制作的起重设备，多以因地制宜、就地取材的原则在现场制作。其特点是制作简单、装拆方便，能在比较狭窄的现场使用；起重量较大，可达100 t以上；能安装特殊工程和重大结构；服务半径小、移动较困难，需要拉设较多的缆风绳，一般仅用于结构吊装工程量集中的工程。

工程中常用的桅杆式起重机有独脚把杆、悬臂把杆、人字把杆和牵缆式桅杆起重机，见图2-27。

1. 独脚把杆

独脚把杆由把杆、起重滑轮组、卷扬机、缆风绳和锚碇等组成，如图2-27（a）所示。使用时，把杆应保持不大于10°的倾角，以便吊装构件时不致撞击把杆。把杆底部要设置拖子以便移动。把杆的稳定主要依靠缆风绳，绳的一端固定在桅杆顶端，另一端固定在锚碇上，缆风绳一般设 4 ~ 8 根。根据制作材料的不同，把杆类型有：

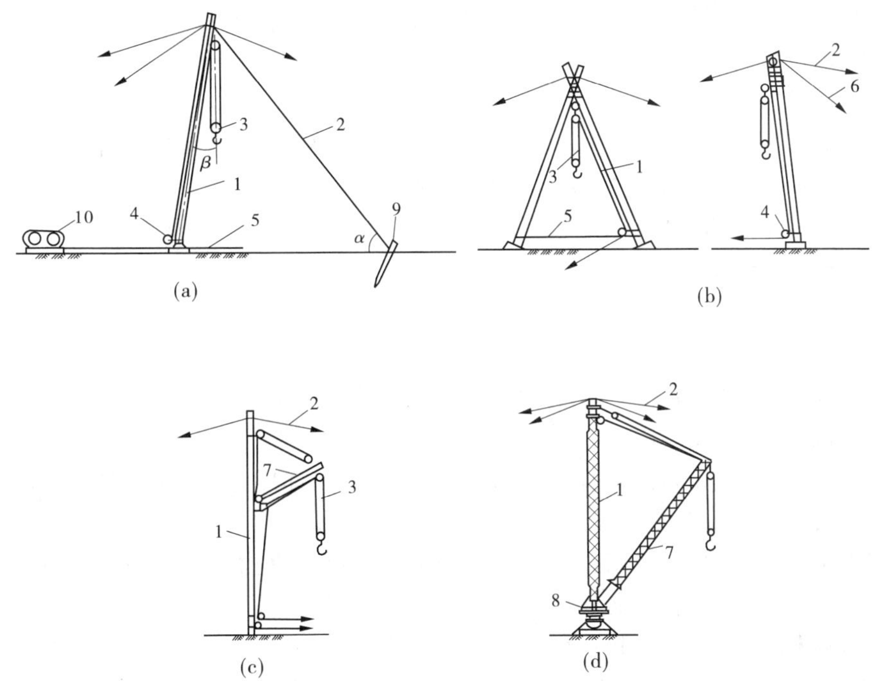

1—把杆；2—缆风绳；3—起重滑轮组；4—导向装置；5—拉索；
6—主缆风绳；7—起重臂；8—回转盘；9—锚碇；10—卷扬机

图 2-27　桅杆式起重机

（1）木独脚把杆，常用独根圆木做成，圆木梢径 20 ~ 32 cm，起重高度一般为 8 ~ 15 m，起重在 30 ~ 100 kN。

（2）钢管独脚把杆，常用钢管直径 200 ~ 400 mm，壁厚 8 ~ 12 mm，起重高度可达 30 m，起重量可达 450 kN。

（3）金属格构式独脚把杆，起重高度可达 75 m，起重量可达 1 000 kN 以上。格构式独脚把杆一般用四个角钢作主肢，并由横向和斜向缀条联系而成，截面多呈正方形，常用截面为 450 mm × 450 mm ~ 1 200 mm × 1 200 mm 不等，整个把杆由多段拼成。

2. 人字把杆

人字把杆由两根圆木或两根钢管以钢丝绳绑扎或铁件铰接而成，如图 2-27（b）所示。两杆在顶部相交成 20° ~ 30° 角，底部设有拉杆或拉绳，以平衡把杆本身的水平推力。其中一根把杆的底部装有一导向滑轮组，起重索通过它连到卷扬机，另用一钢丝绳连接到锚碇，以保证在起重时底部稳固。人字把杆是前倾的，但倾斜度不宜超过 1/10，并在前、后面各用两根缆风绳拉结。

人字把杆的优点是侧向稳定性较好，缆风绳较少；缺点是起吊构件的活动范围小，故一般仅用于安装重型柱或其他重型构件。

3. 悬臂把杆

在独脚把杆的中部或 2/3 高度处装上一根起重臂，即成悬臂把杆。起重杆可以回转

和起伏变幅，如图 2-27(c)所示。

悬臂把杆的特点是能够获得较大的起重高度，起重杆能左右摆动 120°～270°，宜于吊装高度较大的构件。

4. 牵缆式桅杆起重机

在独脚把杆的下端装上一根可以 360°回转和起伏的起重杆而成，如图 2-27(d)所示。它具有较大的起重半径，能把构件吊送到有效起重半径内的任何位置。格构式截面的桅杆起重机，起重量可达 600 kN，起重高度可达 80 m，其缺点是缆风绳较多。

2.7.7.2 自行式起重机

自行式起重机分为汽车式、履带式和轮胎式三种。

1. 基本结构

自行式起重机尽管类型不同，但基本组成结构均是起重臂、起升结构、变幅机构、旋转机构、行走机构及承重结构。

(1)起重臂：是起重机用以提升重物到高处的支承结构，它可分为格构式臂和箱形臂两类，一般格构式臂用于重型吊装，箱形臂用于轻型吊装。

(2)起升机构：是起重机用以提升重物到高处的提升机构，它包括起升滑轮组、钢丝绳和液压卷扬机。它的承载能力是一定的，不随起重机的臂长、幅度变化。

(3)变幅机构：用于改变起重臂的倾角以改变幅度的机构。可分为机械式和液压式两种。机械式由变幅滑轮组和液压卷扬机组成，如图 2-28 所示，一般用于格构式臂。液压式由液压缸、液压泵和液压管路组成，如图 2-29 所示，一般用于箱形臂。变幅机构的承载能力由设计确定，不随幅度的变化而变化。

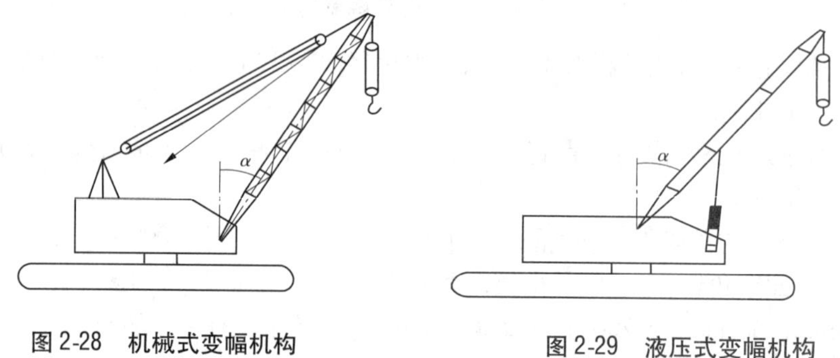

图 2-28 机械式变幅机构　　图 2-29 液压式变幅机构

(4)旋转机构：提供起重机的旋转运动，其基本构造是在起重机的承重结构上固定一内齿大齿轮，与之啮合一外齿小齿轮，小齿轮的转轴与起重机旋转部分相连，当小齿轮转动时，其既要绕自身轴自转，又要绕起重机旋转中心公转，这个公转运动带动起重机旋转，如图 2-30 所示。

(5)行走机构：用于起重机转移场地，改变吊装位置。是自行式起重机与其他起重机的区别标志之一。除了传动系统外，自行式起重机的行走机构分履带和轮胎两大类，汽车式和轮胎式采用轮胎，履带式起重机采用履带。行走机构一般与起重机的吊装能力无关。

(6)承重结构：自行式起重机承重结构的作用是承受起重机自重和吊装载荷，并将其传递到地基。自行式起重机承重结构可分为支腿和履带两类。一般汽车式和轮胎式起重机采用支腿承重结构。支腿又可分为“蛙式”、“液压式”(见图2-31)和“组装式”等形式。吊装时,用支腿将起重机顶升离开地面。履带式起重机采用履带承重结构,老式起重机的两履带中心距是固定的,现代起重机将履带做成可调整式,吊装时,将履带中心距增大,行走时收回。

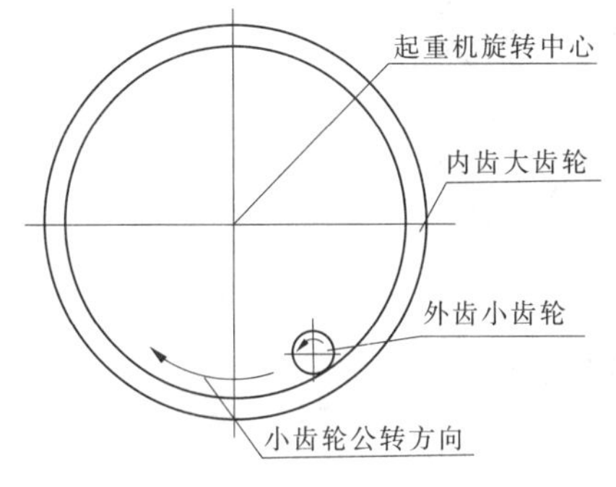

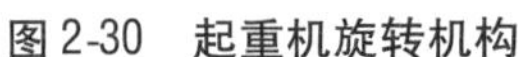
图2-30 起重机旋转机构

图2-31 “液压式”支腿

2. 特点

(1)汽车式起重机:起重机装于标准汽车的底盘上,行驶驾驶和起重操作分开在两个驾驶室进行。吊装时,靠四个支腿将起重机支撑在地面上。因此,该起重机与另外两种比,更具有较大的机动性,其行走速度更快,可达到60 km/h,不破坏公路路面。但一般不可在360°范围内进行吊装作业,其吊装区域受到限制。对基础要求也更高。

(2)履带式起重机:起重机装于专用底盘上,其行走机构和吊装作业的支撑均为履带,履带的支撑面积较大,可以支撑较大载荷,对基础的要求也相对较低,并可在一定程度上带载行走。因此,一般大吨位起重机较多采用履带式。但其行走速度较慢,且履带会破坏公路路面。转移场地需要拖车。

(3)轮胎式起重机:起重机装于专用底盘上,其行走机构为轮胎,吊装作业的支撑为支腿,其特点介于前二者之间,近年来已用得较少。

2.7.7.3 索具设备

建筑工程中常用的索具设备有卷扬机、滑轮组、钢丝绳、吊钩、卡环、横吊梁、柱销等。

1. 卷扬机

在建筑施工中常用的电动卷扬机有快速、慢速和调速三种。快速电动卷扬机(JJK型)主要用于垂直、水平运输和打桩作业;慢速电动卷扬机(JJM型)主要用于结构吊装、钢筋冷拉和预应力钢筋张拉作业;调速电动卷扬机(见图2-32 JT1型)可根据实际的工作需求设定其速度。

常用的电动卷扬机的牵引能力一般为10~100 kN,卷扬机在使用时必须做可靠的锚固,以防止在工作时产生滑移或倾覆。根据牵引力的大小,卷扬机的固定方法有四种,如图2-33所示。

2. 滑轮组

滑轮组由一定数量的定滑轮和动滑轮及绳索组成。滑轮组既能省力又能改变力的方向,它是起重设备的重要组成部分。

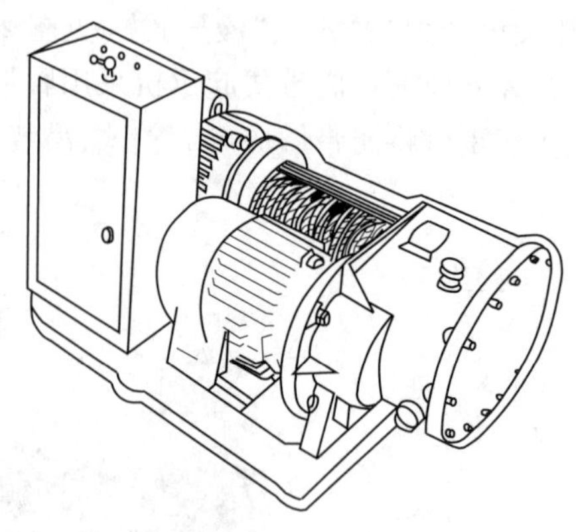

图 2-32 JT1 型调速卷扬机

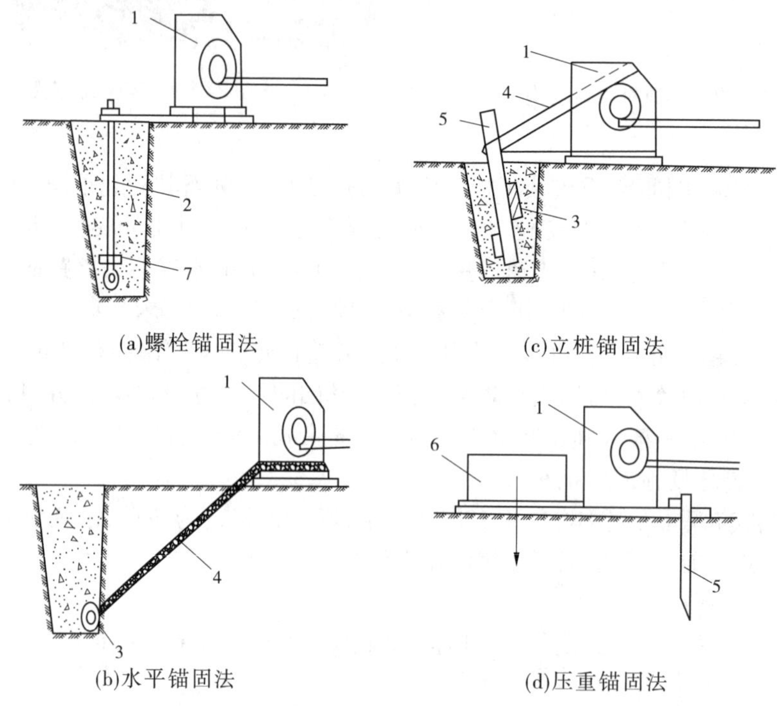

1—卷扬机;2—地脚螺栓;3—横木;4—拉索;5—木桩;6—压重;7—压板

图 2-33 卷扬机的固定方法

滑轮组中共同负担构件重量的绳索根数称为工作线数。滑轮组的名称通常以组成滑轮组的定滑轮与动滑轮数来表示,如由四个定滑轮和四个动滑轮组成的滑轮组称为四四滑轮组。

滑轮组跑头拉力的大小,主要取决于工作线数和滑轮轴承处的摩擦阻力的大小。

滑轮组绳索的跑头拉力 S,可按下式计算:

$$S = KQ$$

$$K = f^{n}(f-1)/(f^{n}-1)$$

式中　S——跑头拉力；

Q——计算荷载；

f——单个滑轮阻力系数，青铜轴套轴承 $f=1.04$，滚珠轴承 $f=1.02$，无轴套轴承 $f=1.06$；

n——工作线数，若绳索从定滑轮引出，则 n = 定滑轮数 + 动滑轮数 + 1，若绳索从动滑轮引出，则 n = 定滑轮数 + 动滑轮数。

3. 钢丝绳

钢丝绳是先由若干根钢丝绕成股，再由若干股绕绳芯捻成绳。其规格有 6×19 和 6×37等种(6 股，每股分别由 19、37 根钢丝捻成，见图 2-34)。前者钢丝粗，较硬，不易弯曲，多用作缆风绳。后者钢丝细，较柔软，多用作起重吊索。

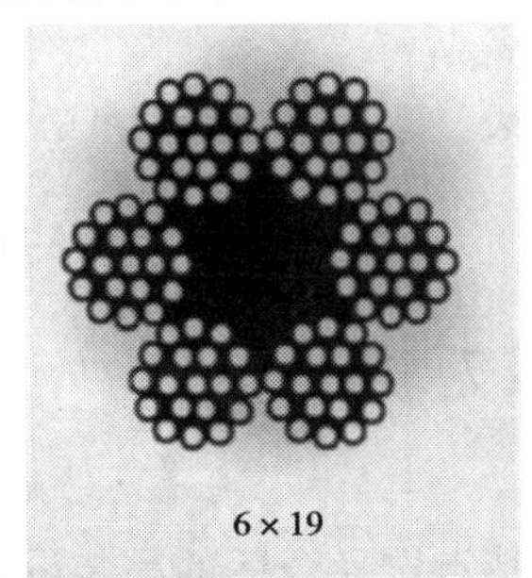

图 2-34　钢丝绳断面

1)钢丝绳的容许拉力

钢丝绳的容许拉力应满足下式要求：

$$S \leqslant \frac{P}{K} = \frac{R \cdot \alpha}{K}$$

式中　P——绳破断拉力；

R——钢丝绳的钢丝破断拉力总和；

α——受力不均匀系数(0.85,0.82,0.8)；

K——安全系数(缆风钢丝绳 $K=3.5$，起重钢丝绳 $K=5\sim6$，捆绑吊索 $K=8\sim10$)。

2)钢丝绳的种类

(1)按捻向分为交互捻、同向捻、混合捻；

(2)按股、丝数分为 6×19+1，6×37+1，6×61+1。

3)钢丝绳使用注意事项

(1)使用中不准超载。当在吊重物的过程中，如绳股间有大量油挤出来时，说明荷载过大，必须立即检查。

(2)钢丝绳穿过滑轮时，滑轮槽的直径应比绳的直径大 1~2.5 mm，所需滑轮最小直径应符合有关规定。

(3)为减少钢丝绳的腐蚀和磨损，应定期加润滑油。存放时应保持干燥、不得堆压。

4)横吊梁

横吊梁又称铁扁担，常用于柱和屋架等构件的吊装。其用途是减少起吊高度，满足水

平夹角要求;保持构件垂直、平衡,便于安装。

横吊梁的形式有滑轮式、钢板式(吊柱),钢管式(6 ~ 12 m)(吊屋架),如图 2-35 所示。

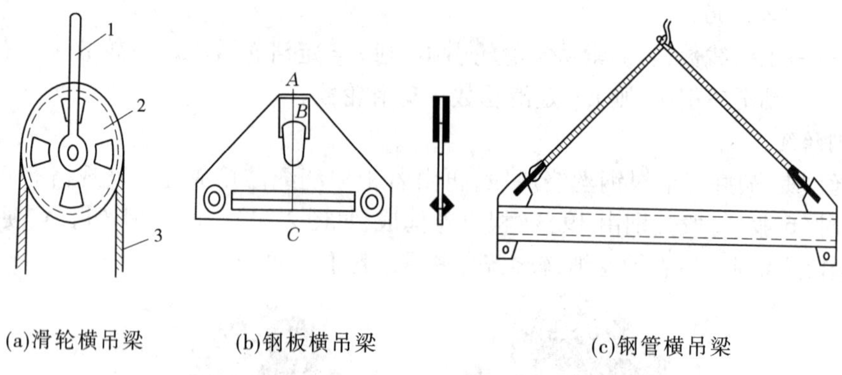

(a)滑轮横吊梁　(b)钢板横吊梁　(c)钢管横吊梁

图 2-35　横吊梁

2.7.8　实训项目 7

1. 实训内容

根据吊装对象特点选择合适的吊装设备,包括起吊设备、钢丝绳、卷扬机、横吊梁的选择。

2. 实训目标

(1)熟悉吊装设备、工具的性能;

(2)针对具体工程会选择合适的吊装方案。

3. 实训课时

4 课时。

4. 实训要求

分组进行完成实训任务,提交实训成果、实训报告一份。

学习项目3 模板施工及质量检查

【学习要点】

1. 理解组合模板的设计要求；
2. 掌握模板的安装与拆除的方法及要求；
3. 掌握模板的质量验收标准及检测方法。

3.1 模板的作用、要求

建筑模板是一种临时性支护结构，按设计要求制作，使混凝土结构、构件按规定的位置、几何尺寸成形，保持其正确位置，并承受建筑模板自重及作用在其上的外部荷载。现浇混凝土结构工程施工用的建筑模板结构，主要由面板、支撑结构和连接件三部分组成。面板是直接接触新浇混凝土的承力板；支撑结构则是支承面板、混凝土和施工荷载的临时结构，保证建筑模板结构牢固地组合，做到不变形、不破坏；连接件是将面板与支撑结构连接成整体的配件。

在现浇混凝土结构工程中，模板工程一般占混凝土结构工程造价的20% ~30%，占工程用工量的30% ~40%，占工期的50%左右。模板技术直接影响工程建设的质量、造价和效益，因此它是推动我国建筑技术进步的一个重要内容。

3.1.1 模板作用

模板是保证混凝土在浇筑过程中保持正确的形状和尺寸，位置准确，有一定的支撑作用，在混凝土硬化过程中进行防护和养护的工具。

3.1.2 模板要求

在现浇钢筋混凝土结构施工中，对模板系统的基本要求是：

(1)模板安装要保证结构和构件各部分的形状、尺寸及相互间位置的正确性；

(2)要有足够的强度、刚度和稳定性，以确保施工质量和施工安全；

(3)构造简单、装拆方便，并便于钢筋的绑扎、安装和混凝土的浇筑；

(4)接缝严密，不得漏浆，能多次周转使用；

(5)用料节省，成本低。

3.2 模板分类

(1)按其所用的材料不同分为木模板、钢模板、钢木模板、钢竹模板、胶合板模板、塑料模板、铝合金模板等;

(2)按其结构构件的类型不同分为基础模板、柱模板、楼板模板、墙模板、壳模板和烟囱模板等;

(3)按其形式不同分为整体式模板、定型模板、工具式模板、滑升模板、胎模等。

随着新结构、新技术、新工艺的采用,模板工程也在不断发展,其发展方向是:构造上由不定型向定型发展;材料上由单一木模板向多种材料模板发展;功能上由单一功能向多功能发展。由于模板的发展,使钢筋混凝土结构模板逐步实现了定型化、装配化、工具化,大量节约了模板材料,尤其是木材,提高了模板的周转率,降低了工程成本,加快了工程进度。

本节主要介绍工程中常见的几种模板。

3.2.1 胶合板模板

混凝土用的胶合板有木胶合板和竹胶合板两种。木胶合板由奇数层薄木片按相邻层木纹方向互相垂直用防水胶互相粘牢,结合而成,其表板和内层板对称配置在中心层或板芯的两层,如图 3-1(a)所示。木胶合板的常用厚度为 18 mm。竹胶合板则是由一组竹片组合而成,常用厚度为 12 mm,如图 3-1(b)所示。

胶合板模板具有强度高,自重小,加工方便,以及板幅大、板面平整、接缝少,导热性能低,不翘曲、不开裂等优点。尤其竹胶合板,具有收缩率、膨胀率和吸水率低,承载能力大的特点。

胶合板模板已成为我国模板工程的主材,广泛应用于现浇混凝土结构工程中。

(a) 木胶合板模板

(b) 竹胶合板模板

图 3-1 胶合板模板

3.2.2　定型组合钢模板

定型组合钢模板是一种工具式定型模板，由钢模板和配件（包括连接件和支承件）组成。钢模板通过各种连接件和支承件可组合成多种尺寸结构和几何形状的模板，以适应各类型建筑物的梁、柱、板、墙、基础和设备基础等施工的需要，也可用其拼装成大模板、滑模、隧道模和台模等。

定型组合钢模板组装灵活、通用性强、装拆方便；每套钢模板可重复使用，加工精度高，浇筑的混凝土质量好，成型后的混凝土尺寸准确、棱角整齐、表面光滑，可以节省装修用工。

3.2.2.1　钢模板

钢模板有通用模板和专用模板两类。通用模板包括平面模板、阳角模板、阴角模板和连接角模（见图3-2）；专用模板包括倒棱模板、梁液模板、柔性模板、搭接模板和可调模板。通常用的平面模板由面板、边框、纵横肋构成。边框和面板常用2.5～3.0 mm厚钢板冷轧冲压整体成形，纵横肋用3 mm扁钢与面板及边框焊成。为了便于板块之间的连接，边框上设有U形卡连接孔，端部上设有L形插销孔，孔距150 mm，边框的长度和宽度与孔距一致，以便横竖都能连接。

平面模板：用于基础、墙体、梁、板、柱等各种结构的平面部位，它由面板和肋组成，肋上设有U形卡孔和插销孔，利用U形卡和L形插销等拼装成大块板，如图3-2（a）所示。

阳角模板：主要用于混凝土构件阳角，如图3-2（b）所示。

阴角模板：用于混凝土构件阴角，如内墙角、梁板交接处阴角等，如图3-2（c）所示。

连接角模：用于平面模板作垂直连接构成阳角，如图3-2（d）所示。

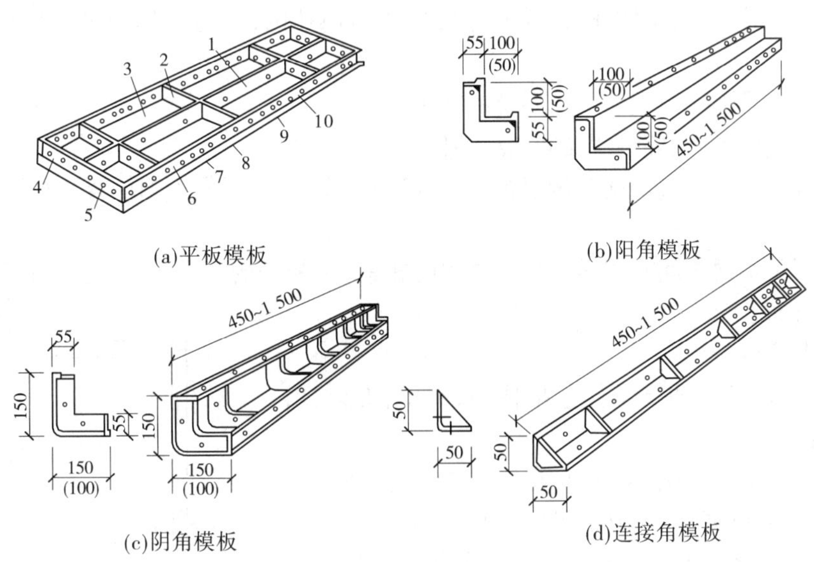

1—中纵肋；2—中横肋；3—面板；4—横肋；5—插销孔；
6—纵肋；7—凸棱；8—凸鼓；9—U形卡孔；10—钉子孔

图3-2　钢模板类型

3.2.2.2 连接件

定型组合钢模板的连接件包括U形卡、L形插销、钩头螺栓、对拉螺栓、紧固螺栓和扣件等，如图3-3所示。

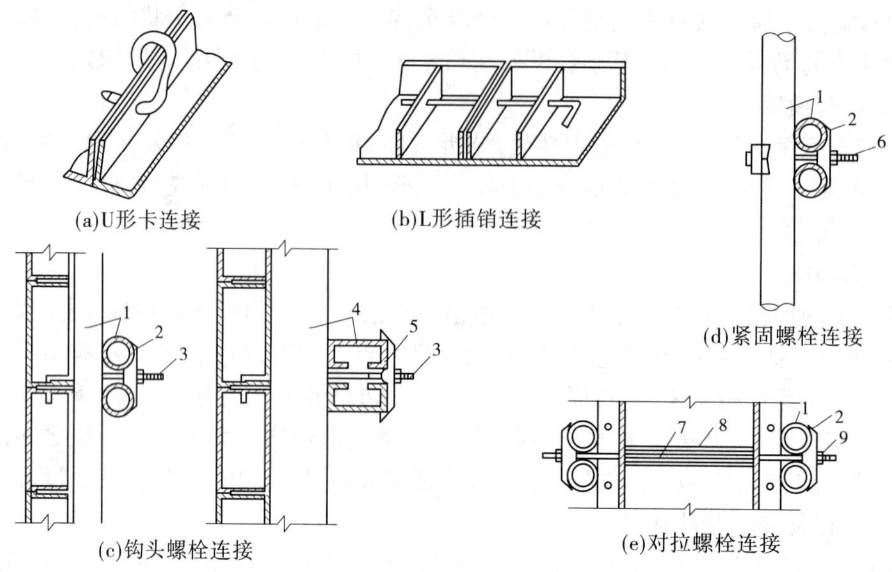

1—圆钢管钢楞；2—“3”形扣件；3—钩头螺栓；4—内卷边槽钢钢楞；5—蝶形扣件；6—紧固螺栓；7—对拉螺栓；8—塑料套管；9—螺母

图3-3 钢模板连接件

U形卡：是模板的主要连接件，用于相邻模板的拼装。

L形插销：用于插入两块模板纵向连接处的插销孔内，以增强模板纵向接头处的刚度。

钩头螺栓：是连接模板与支撑系统的连接件。

紧固螺栓：用于内、外钢楞之间的连接件。

对拉螺栓：用于连接墙壁两侧模板，保持墙壁厚度，承受混凝土侧压力及水平荷载，使模板不变形。

扣件：用于钢楞之间或钢楞与模板之间的扣紧，按钢楞的不同形状，分别采用蝶形扣件和“3”形扣件。

3.2.2.3 支承件

定型组合钢模板的支承件包括柱箍、钢楞、支架、斜撑及钢桁架等。

柱箍：为了抵抗混凝土的侧压力，在柱模板外设柱箍。柱箍可用角钢或扁钢制成，见图3-4。

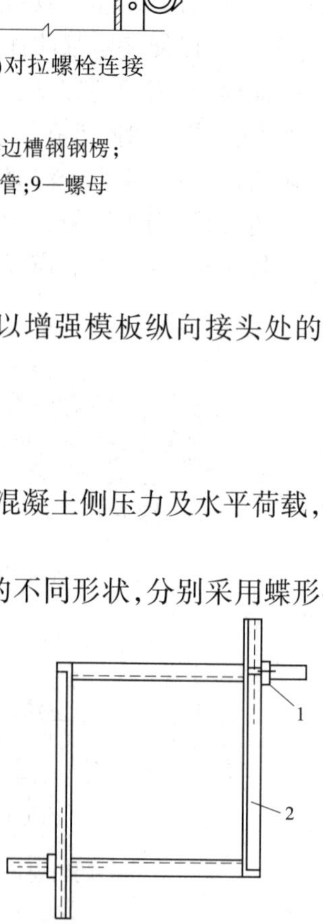

1—定位器；2—夹板（角钢或扁钢）

图3-4 柱箍

钢楞：即支承模板的横档和竖档，分内钢楞与外钢楞。内钢楞配置方向一般应与钢模板垂直，直接承受钢模板传来的荷载，其间距一般为700～900 mm。外钢楞承受内钢楞传来的荷载,或用来加强模板结构的整体刚度和调整平直度。钢楞可采用圆钢管、矩形钢管、槽钢或内卷边槽钢,一般以圆钢管用得最多。

支架:常用钢管支架如图3-5(a)所示。它由内外两节钢管制成,其高低调节距模数为100 mm;支架底部除垫板外,均用木楔调整标高,以利于拆卸。另一种钢管支架本身装有调节螺杆,能调节一个孔距的高度,使用方便,但成本略高,如图3-5(b)所示。

当荷载较大,单根支架承载力不足时,可用组合钢支架或钢管井架,如图3-5(c)所示。还可用扣件式钢管脚手架、门型脚手架作支架,如图3-5(d)所示。

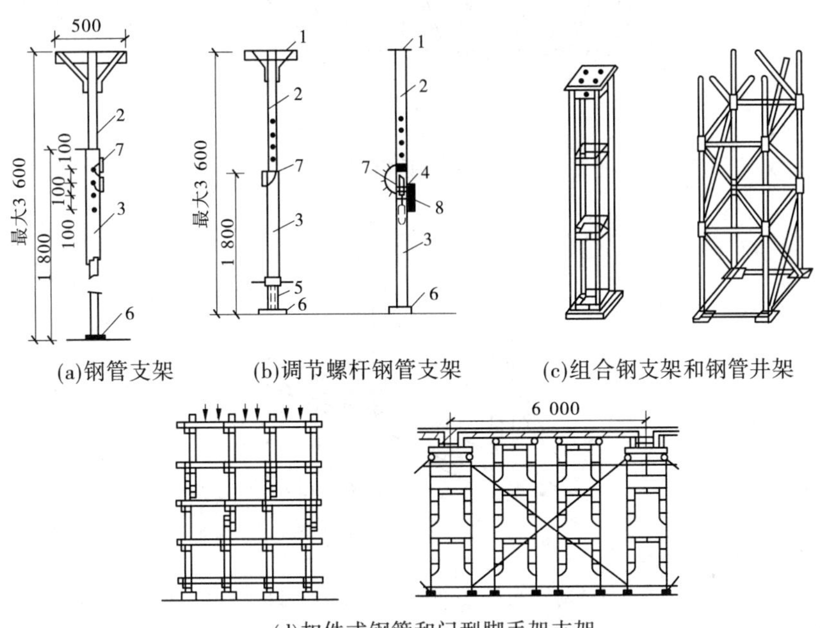

(a)钢管支架　(b)调节螺杆钢管支架　(c)组合钢支架和钢管井架

(d)扣件式钢管和门型脚手架支架

1—顶板;2—插管;3—套管;4—转盘;5—螺杆;6—底板;7—插销;8—转动手柄

图3-5　钢支架

斜撑:由组合钢模板拼成的整片墙模或柱模,在吊装就位后,应由斜撑调整和固定其垂直位置,如图3-6所示。

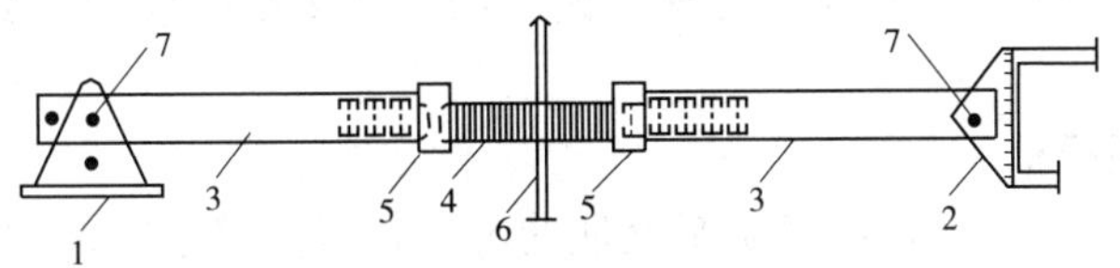

1—底座;2—顶撑;3—钢管斜撑;4—花篮螺丝;5—螺母;6—旋杆;7—销钉

图3-6　斜撑

钢桁架:用以支承梁或板的模板,见图3-7。其两端可支承在钢筋托具、墙、梁侧模板的横档以及柱顶梁底横档上。

梁卡具:梁卡具又称梁托架,用以固定矩形梁、圈梁等模板的侧模板,也可作为侧模板上口的卡固定位,如图3-8所示。

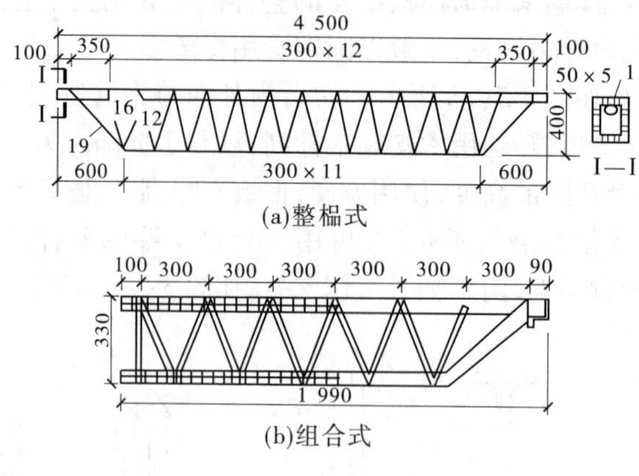

图 3-7　钢桁架

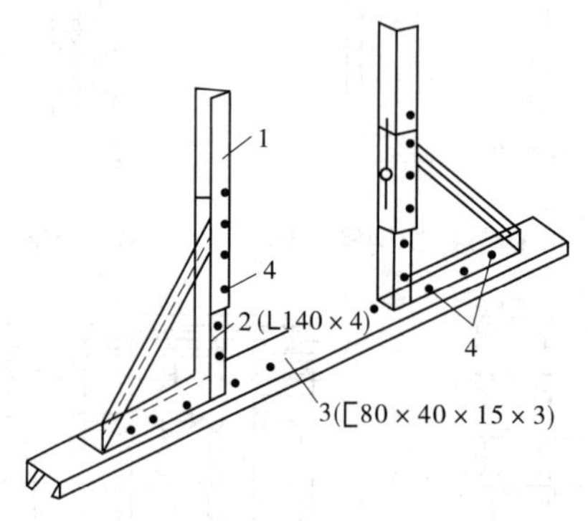

1—调节杆;2—三角架;3—底座;4—螺栓

图 3-8　梁卡具

3.2.3　永久性模板

永久性模板在浇筑混凝土时起模板作用,施工后又是结构的一部分。有压制成波形、密肋形的金属薄板,预应力钢筋混凝土薄板,玻璃纤维水泥波形板等。尤其是压型钢板,在高层钢结构或钢 - 混凝土结构中得到广泛应用。此法施工简便、速度快,但耗钢量较大。

3.2.3.1　压型钢板模板

压型钢板模板是采用镀锌或经防腐处理的薄钢板,经冷轧成具有梯波型截面的槽型钢板(见图 3-9)。

3.2.3.2　混凝土薄板模板

混凝土薄板模板一般在预制厂预制,根据配筋的不同,可分为预应力混凝土薄板模板、双钢筋混凝土薄板模板和冷轧扭钢筋混凝土薄板模板。混凝土薄板模板既可作底模,又可作为楼板配筋,还能提供光滑平整的底面,可不做抹灰,直接喷浆。采用混凝土薄板模板可节省模板、缩短工期、便于施工,整体性与连续性好、抗震性强。适用于抗震设防地区和非地震区,不适用于承受动力荷载。

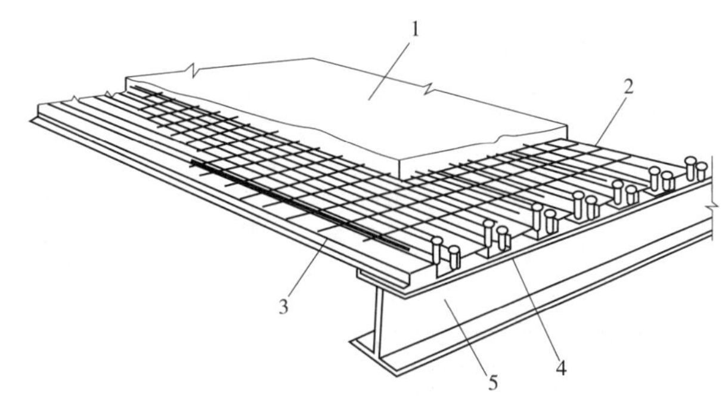

1—现浇混凝土楼板;2—钢筋;3—压型钢板;4—用栓钉与钢梁焊接;5—钢梁

图3-9　压型钢板组合楼板示意图

1.预应力混凝土薄板模板

预应力混凝土薄板的预应力主筋即为叠合层现浇楼板的主筋,具有与现浇预应力混凝土楼板同样的功能,见图3-10。

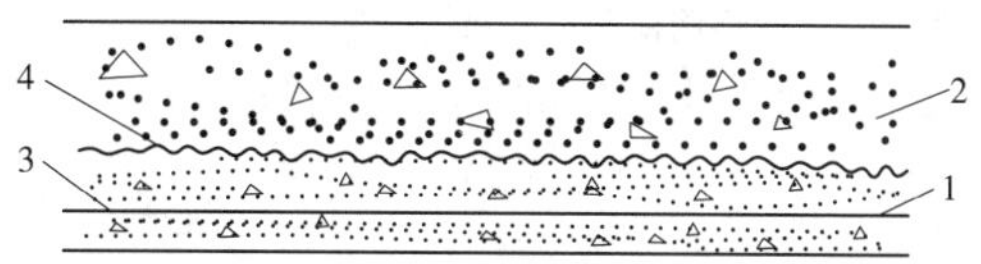

1—预制薄板;2—现浇叠合层;3—预应力钢丝;4—叠合面

图3-10　预制混凝土叠合楼板

2.双钢筋混凝土薄板模板

双钢筋混凝土薄板模板是以冷拔低碳钢丝焊接成梯格钢筋骨架作配筋的薄板模板(见图3-11)。由于双钢筋在混凝土中有较大的锚固力,故能有效地提高楼板的强度、刚度和抗裂性能。

3.冷轧扭钢筋混凝土薄板模板

冷轧扭钢筋混凝土薄板模板是采用直径6~10 mm的HPB235热轧圆钢,经冷拉、冷轧、冷扭成具有扁平螺旋状(麻花形状)的钢筋为配筋,它与混凝土之间的握裹力有明显的提高,从而改善了构件弹塑性阶段的性能,提高了构件的强度和刚度。

3.2.4　其他形式的模板

3.2.4.1　**大模板**

大模板是用于混凝土墙体施工的大型工具式模板,一般是一块墙面用一块大模板。大模板由面板、主次肋、操作平台、稳定机构等组成(见图3-12)。面板多为钢板或胶合板,也可用小钢模组拼;主次肋多用槽钢或角钢;支撑桁架用槽钢和角钢组成。

大模板之间的连接:内墙相对的两块平模用穿墙螺栓拉紧,顶部用卡具固定;外墙的内外模板,多是在外模板的竖向加劲肋上焊一个槽钢横梁,用其将外模板悬挂在内模板上。

3.2.4.2　**滑模**

滑升模板也称滑模,滑模技术最突出的特点就是取消了固定模板,变固定死模板为滑

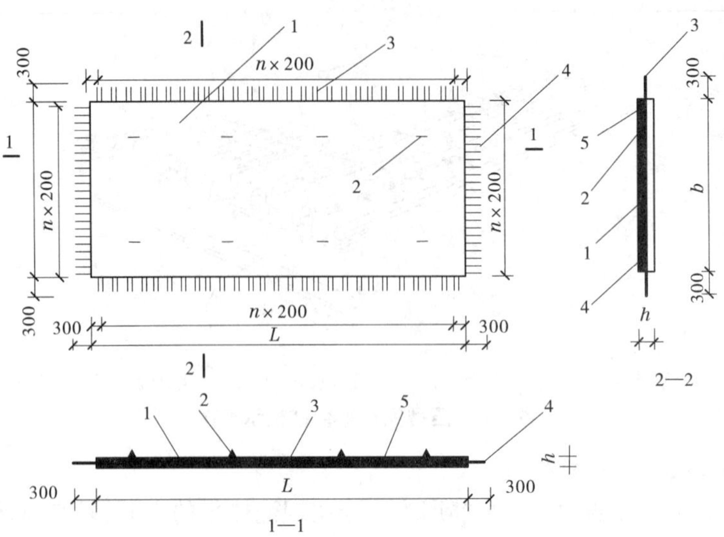

1—混凝土薄板;2—吊环;3—双钢筋横筋;4—双钢筋纵筋;5—板上部配置的双钢筋构造网片

图 3-11 双钢筋混凝土薄板模板

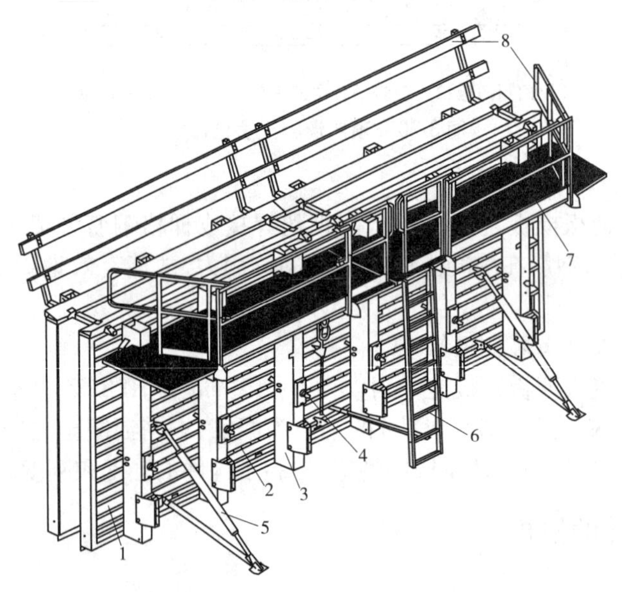

1—面板;2—次肋;3—主肋;4—穿墙螺栓;5—稳定机构;6—爬梯;7—操作平台;8—栏杆

图 3-12 大模板的构造与组装

移式活动钢模,从而不需要准备大量的固定模板架设技术,仅采用拉线、激光、声纳、超声波等作为结构高程、位置、方向的参照系。一次连续施工完成条带状结构或构件。

滑模施工具有速度快,混凝土连续性好,表面光滑,无施工缝,材料消耗少,能节省大量的拉筋、架子管及钢模板和一些周转材料,施工安全等优点。适用于现场浇筑高耸的建筑物和构筑物,尤其适用于烟囱、筒仓、剪力墙体系等界面变动小的混凝土结构。

滑升模板由模板、围圈、支承杆(俗称爬杆、顶杆)、千斤顶、顶架、操作平台和吊架等组成,见图3-13。目前使用较多的是液压滑升模板和人工提升滑动模板两种模式。

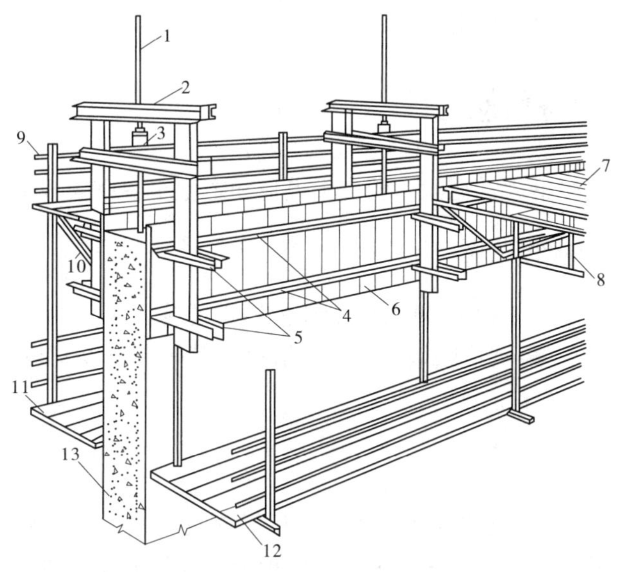

1—支承杆;2—提升架;3—液压千斤顶;4—围圈;5—围圈支托;6—模板;7—操作平台;8—平台桁架;9—栏杆;10—外挑三角架;11—外吊脚手;12—内吊脚手;13—混凝土墙体

图3-13　液压滑升模板组成示意图

3.2.4.3　台模

台模也称飞模、桌模,主要用来浇筑平板或带边梁楼板,一般以一个房间为一块台模。台模由台面和台架组成(见图3-14)。台面可由一整块模板组成,也可由组合钢模拼装而成,前者若光滑,在装饰时可不用抹灰。为便于拆模,台架支腿可做成伸缩式或折叠式。施工时,先施工内墙墙体,然后吊入台模,浇筑楼板混凝土。脱模时,将台架下降,将台模

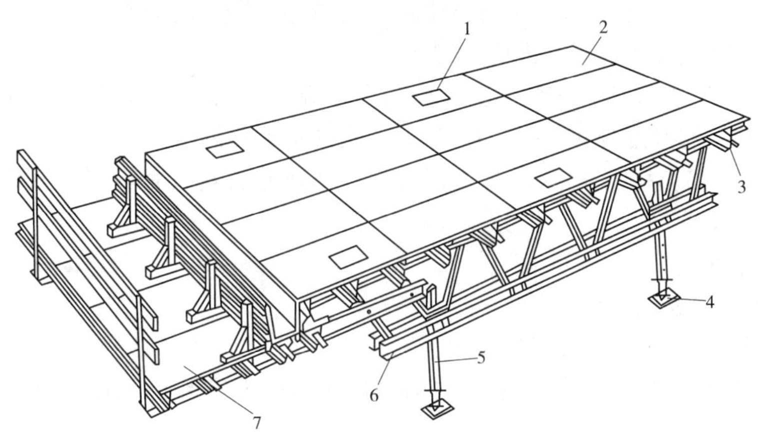

1—吊点;2—面板;3—金属龙骨;4—底座;5—可调钢支腿;6—桁架;7—操作平台

图3-14　桁架式台模

推出墙面放在临时挑台上,用起重机吊至下一个工作面使用。楼板施工后再安装外墙板。

利用台模浇筑楼板可省去模板的装拆时间,能节约模板材料和降低劳动消耗,但一次性投资大,且须有大型起重机械配合施工。

3.3 模板工程施工

限于篇幅,在此仅以最为常见的木胶合板模板和定型组合钢模板为例予以介绍。

3.3.1 墙、柱、梁和板模板施工

通常,钢筋混凝土结构工程中,墙、柱、梁和板模板的施工工序为:施工准备→模板翻样→模板配置→抄平、放线→钉柱、墙定位框→搭设支模架→模板安装→混凝土浇筑→模板拆除。

3.3.1.1 施工准备

1. 技术准备

根据施工图样将施工部位的构件尺寸和相互位置逐一核对无误后,描绘到该部位构件的模板翻样图中,并根据既定的施工方案选定模板和支撑系统的种类,确定各构件的配板图、支撑系统图和材料清单,按照规范要求进行验算。

2. 作业条件准备

(1)合理划分模板工程施工区段。

(2)轴线、模板线、门窗洞口线、标高线放线完毕,水平控制标高引测到预留插筋或其他过渡引测点,并办好预检手续。

(3)模板板面已经清理干净,均匀满刷隔离剂,按不同规格分类叠放整齐备用。

(4)为防止模板下口跑浆,柱或墙模板安装前,应先在模板的承垫底部垫上 20 mm 厚的海绵条。若底部严重不平,应先沿模板内边线用 1:3水泥砂浆,根据给定的标高线准确找平(找平层不得伸入墙内)。外墙、外柱的外边根部根据标高线设置模板承垫木方,与找平砂浆上平交圈,以确保标高准确、不漏浆。

(5)设置模板(混凝土保护层)定位基准,即在墙、柱主筋上距地面 50 ~ 80 mm 处,根据模板线,按保护层厚度焊接水平支杆,以防模板的水平移位。

(6)墙、柱钢筋绑扎完毕,水电管线、预留洞、预埋件已安装完毕,绑好钢筋保护层垫块,并办好隐检手续。

3.3.1.2 模板配置

1. 采用定型组合钢模板

采用定型组合钢模板的配板原则为:

(1)优先选用通用规格及大规格的模板,以减少拼缝和装拆工作,且模板的整体性好。

(2)合理排列模板。宜以其长边沿梁、板、墙的长度方向或柱的方向排列,以利于使用长度规格大的钢模,并扩大钢模的支撑跨度。如结构的宽度恰好是钢模长度的整倍数量,也可将钢模的长边沿结构的短边排列。模板端头接缝宜错开布置,以提高模板的整体

性，并使模板在长度方向易保持平直。

(3)合理使用角模。对无特殊要求的阳角，可不用阳角模，而用连接角模代替。阴角模宜用于长度大的阴角，柱头、梁口及其他短边转角(阴角)处可用方木嵌补。

(4)便于模板支承件的布置。对面积较方整的预拼装大模板及钢模端头接缝集中在一条线上时，直接支承钢模的钢楞，其间距布置要考虑接缝位置，应使每块钢模都有两道钢楞支承。对端头错缝连接的模板，其直接支承钢模的钢楞的间距，可不受接缝位置的限制。

2. 采用胶合板模板

采用胶合板模板配板原则为：结合施工部位结构尺寸，优先选用大块模板，使其块数最少，减少模板拼缝和割锯工作。

3.3.1.3 抄平、放线

模板在安装前，要做好模板的定位工作，其具体步骤如下。

1. 轴线和中心线放线

首先，引测建筑物的边柱或墙轴线，接着以该轴线为起点引出其他各条轴线。然后，根据施工图用墨线弹出模板的内边线(构件外轮廓线)和中心线，墙模板要弹出模板的内边线和外侧控制线，以便于模板安装和校正。

2. 标高控制

用水准仪把建筑物水平标高根据实际标高的要求，直接引测到模板安装位置。如无法直接引测，可用水准仪将水平标高先引测到过渡引测点，作为上层结构构件模板的基准点，用来测量和复核其标高位置。每层顶板抄测标高控制点，测量抄出混凝土墙上水平标高控制线(一般为楼层建筑面标高上 500 mm)，根据层高及板厚，沿墙周边弹出顶板模板的底标高线。

3. 模板底口找平

柱或墙模板承垫底部应预先找平，以保证模板位置正确，防止模板底部漏浆。通常沿模板内边线用1:3水泥砂浆找平。另外，在外墙、外柱部位，继续安装模板前，要设置模板承垫条带，并校正平直。

4. 设置模板定位基准

常采用钢筋定位，其做法为：墙体模板可根据构件断面尺寸切割一定长度的钢筋焊成定位梯子支撑筋，焊在墙体两根竖筋上，起到支撑作用，间距1 200 mm 左右；柱模板，可在基础和柱模上口用钢筋焊成井字形套箍撑住模板并固定竖向钢筋，也可在竖向钢筋靠模板一侧焊一截短钢筋或角钢头，以保持钢筋与模板的位置。

3.3.1.4 钉柱、墙定位框

以楼面柱、墙投影外边线加模板厚度作为定位木框的内边线，定位木框用水泥钉固定在楼面上，作为模板定位和柱、墙底部缝隙漏浆封闭的措施。

3.3.1.5 搭设支模架

梁、板模板施工应严格按照模板施工方案进行支撑系统的搭设。搭设时一般是先立端部立杆(或支架)，搭起底排横向支撑形成框架后，再把中间的立杆逐一搭起，同步将底横向支撑搭设完毕，底框搭设时应将扫地杆、剪刀撑等支撑件同步跟进。第一排全部搭设

支固完毕方可搭设第二排,逐排上升。支模架顶排通常先搭设梁底横楞,再搭板底模板支架。待支架搭设完毕,并经检验合格后,再最后固定。

3.3.1.6　**模板安装**

1. 柱模板安装

柱子的特点是断面尺寸不大但高度高,柱模板的安装主要考虑垂直度、施工时的侧向稳定及抵抗混凝土的侧压力等问题(见图 3-15)。同时也应考虑便于浇筑混凝土、清理垃圾及绑扎钢筋等问题。

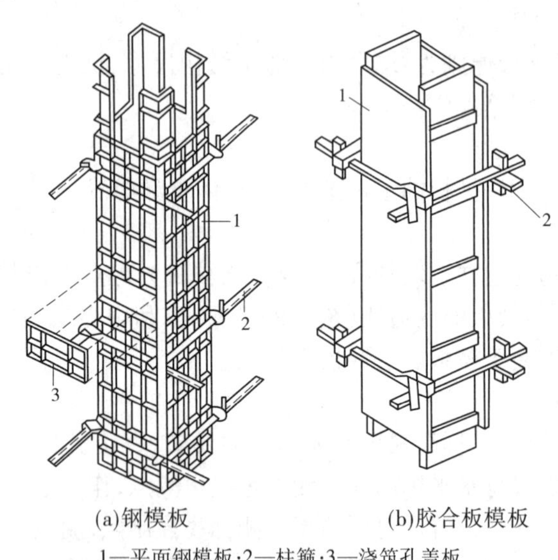

(a)钢模板　　(b)胶合板模板

1—平面钢模板;2—柱箍;3—浇筑孔盖板

图 3-15　柱模板

在安装柱模板前,应先绑扎好钢筋,测出标高并标在钢筋上,同时在已浇筑的基础顶面或楼面上固定好柱模板底部的木框,在面板上弹出中心线,根据柱边线及木框位置竖立模板,并用斜撑临时固定,然后由顶部用锤球校正垂直,安装柱箍。柱模板安装完后,应全面复核垂直度、对角线长度差及截面尺寸等项目。检查无误后,即用斜撑固定。

同在一条轴线上的柱,应先校正两端的柱模板,再从柱模上口中心线拉一铁丝来校正中间的柱模。柱模之间,要用水平撑及剪刀撑相互拉结。柱模板支撑必须牢固,预埋件、预留孔洞严禁漏设,且必须准确、稳固。柱箍的选择、安装间距应根据柱模尺寸、柱高及侧压力的大小等因素确定。

2. 墙体模板安装

墙体的特点是高度大而厚度小,墙体模板主要承受混凝土的侧压力,因此必须加强模板的刚度,设置足够的支撑,以确保模板不变形和发生位移。

为抵抗新浇混凝土的侧压力和保证墙体厚度,应装设对拉螺栓及临时撑木,对拉螺栓的间距由计算确定(见图 3-16)。

墙模板的安装要点如下:

(1)绑扎好墙体钢筋后,按放线位置钉好压脚板,然后进行模板的拼装,边安装边插入穿墙螺栓和套管。

(2)有门窗洞口的墙体,宜先安好一侧模板,待弹好门窗洞口位置线后再安另一侧模板,且在安另一侧模板之前,应清扫墙内杂物。

(3)根据模板设计要求安装墙模的拉杆或斜撑。一般内墙可在两侧加斜撑,若为外墙时,应在内侧同时安装拉杆和斜撑,且边安装边校正其平整度和垂直度。

(4)模板安装完毕,应检查一遍扣件、螺栓、拉顶撑是否牢固,模板拼缝以及底边是否严密,特别是门窗洞边的模板支撑是否牢固。

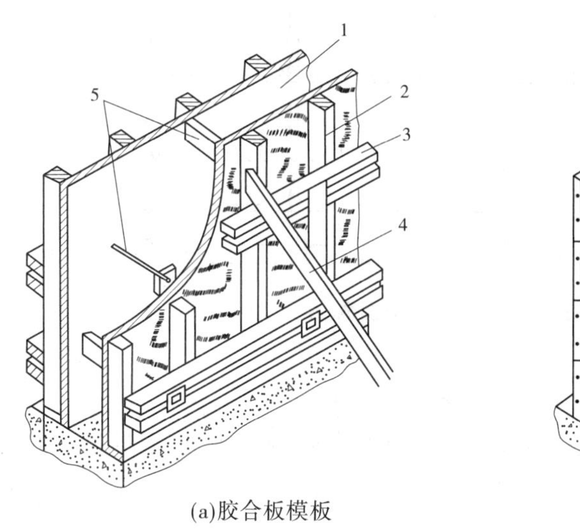

(a)胶合板模板

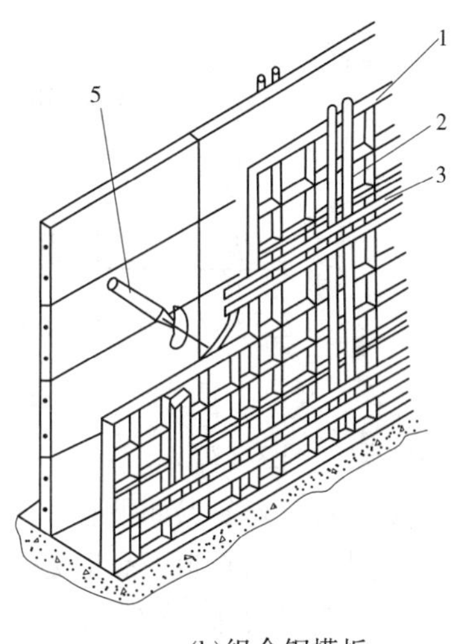

(b)组合钢模板

1—侧膜;2—内楞;3—外楞;4—斜撑;5—对拉螺栓及撑块

图 3-16　墙模板

3. 梁模板安装

梁的特点是宽度不大而跨度大。梁模板既有水平侧压力,又有垂直压力,因此梁模板及其支撑系统要能承受这些荷载而不致产生超过规范允许的过大变形(见图 3-17)。

梁模板的安装要点如下:

(1)按设计标高调整支柱的标高,然后安装梁底模板,并拉线找平。当梁的跨度大于等于 4 m 时,跨中梁底模板应按设计要求起拱,如设计无要求,起拱高度宜为全跨长度的 1‰ ~ 3‰。

(2)梁下支柱支承在基土面上时,应将基土平整夯实,满足承载力要求,并加木垫板或混凝土垫板等有效措施,确保混凝土在浇筑过程中不会发生支顶下沉等现象。

(3)楼层高度在 3.8 m 以下时,支顶架应设 1 ~ 2 道水平拉杆和剪刀撑;若楼层高度在 3.8 m 以上,要另行制订支顶架搭设方案。

(4)根据墨线安装梁侧模板、压脚板、斜撑等。当梁高超过 700 mm 时,梁侧模板宜采用穿梁螺栓加固。

4. 楼板模板

楼板模板的特点是面积大而厚度比较薄,侧向压力小。为了避免在新浇混凝土压力下,由于模板及支架的压缩变形使梁、板产生挠度,支模时应起拱,起拱方法同梁模板。楼

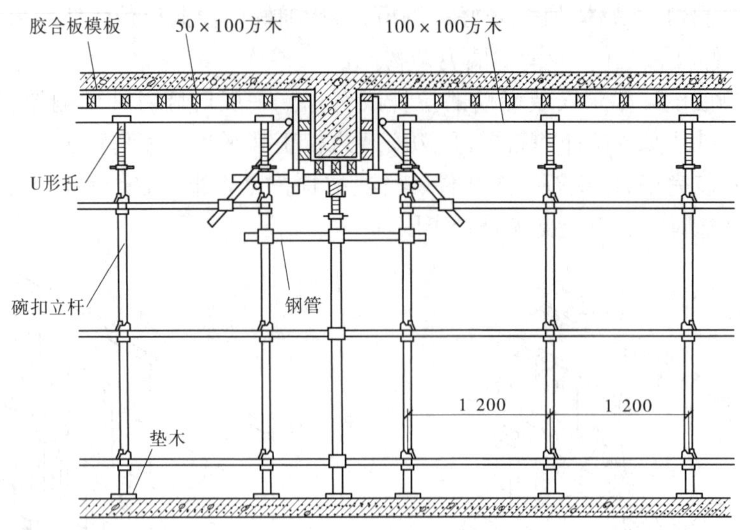

图3-17　现浇梁、板模板

板模板的安装见图3-17。

楼板模板的安装要点如下：

(1)根据模板的排列图架设支柱和龙骨。支柱与龙骨的间距,应根据模板的混凝土重量与施工荷载的大小,在模板设计中确定。一般支柱为0.8～1.2 m,大龙骨间距为0.6～1.2 m,小龙骨间距为0.4～0.6 m。

(2)底层地面分层夯实,并铺垫脚板。采用多层支顶支模时,支柱应垂直,上下层支柱应在同一竖向中心线上。各层支柱间的水平拉杆和剪刀撑要认真加强。

(3)通线调节支柱的高度,将大龙骨拉平,架设小龙骨。

(4)铺模板时可从四周铺起,在中间收口。

(5)楼面模板铺完后,应复核模板面标高和板面平整度,预埋件和预留孔洞不得漏设并应位置准确。

(6)支模顶架必须稳定、牢固。模板梁面、板面应清扫干净。

3.3.1.7　模板拆除

混凝土浇筑、养护后待达到一定强度,即可拆除模板。现浇混凝土结构模板的拆除时间,取决于结构的性质、混凝土的硬化速度和模板的用途。及时拆模,可提高模板的周转使用,为后续工作创造条件。但也不应过早拆模,否则会因混凝土未达到一定的强度,过早承受荷载而产生变形甚至造成重大的质量事故。

1.模板拆除的规定

(1)非承重模板应在混凝土强度能保证其表面及棱角不因拆模而受到损坏时,方可拆除。

(2)承重模板应在与结构同条件养护的试块达到表3-1规定的强度,方可拆模。

表3-1 混凝土构件拆模强度参考

构件类型	构件跨度(m)	达到设计的混凝土立方体抗压强度标准值的百分率(%)
板	≤2	≥50
	>2,≤8	≥75
	>8	≥100
梁、拱、壳	≤8	≥75
	>8	≥100
悬臂构件	—	≥100

(3)在拆除模板过程中,如发现混凝土有影响结构安全的质量问题,应暂停拆除。经过处理后,方可继续拆除。

(4)已拆除模板及其支架的结构,应在混凝土达到设计强度后才允许承受全部计算荷载。当承受施工荷载大于计算荷载时,必须经过核算,加设临时支撑。

2. 拆模注意事项

(1)拆模时不要用力过猛,拆下来的模板要及时整理、堆放,以便再用。

(2)模板及其支撑的拆除顺序通常与其安装的顺序相反。即先支的后拆,后支的先拆;先拆除非承重的,后拆除承重的。对于重大、复杂模板的拆除,应事先制订拆模方案。

(3)对于楼层模板及支撑的拆除,应按下列要求进行:上层楼板正在浇筑混凝土时,下一层楼板的模板支撑不得拆除,再下一层楼板模板的支架仅可拆除一部分;跨度不小于4 m的梁均应保留支架,其间距不得大于3 m。

(4)柱模板的拆除方法:先拆除斜拉杆或斜支撑,然后拆除柱箍及对拉螺栓,接着拆除连接模板的U形卡或插销,然后用撬棍轻轻撬动模板,使模板与混凝土脱离。

(5)墙模板的拆除方法:先拆除斜拉杆或斜支撑,再拆除穿墙螺栓及纵横龙骨或钢管卡,接着将U形卡或插销等附件拆除,然后用撬棍轻轻撬动模板,使模板脱离墙体。

(6)楼板模板、梁模板的拆除。

①先将支柱上的可调上托松下,使龙骨与模板分离,并让龙骨降至水平拉杆上,接着拆除全部U形卡或插销及连接模板的附件,再用钢钎撬动模板,使模板块降下由龙骨支承,取下模板和龙骨,然后拆除水平拉杆、剪刀撑、支柱。

②拆除跨度较大的梁下支顶时,应先从跨中开始,分别向两端拆除。

③楼层较高,支撑采用双层排架时,先拆上层排架,使龙骨和模板落在底层排架上,待上层模板全部运出后再拆下层排架。

④拆下的模板应及时清理黏结物,涂刷脱模剂,并分类堆放整齐,拆下的扣件应及时统一管理。

(7)拆模时,应尽量避免混凝土表面或模板受到破坏,应注意防止整块落下伤人。

3.3.2 模板工程实训项目1

1. 实训内容

异形柱和墙体模板拼装拆除实训。

2. 实训目标

(1)熟悉常见的胶合板模板和定型钢模的使用;

(2)掌握柱、墙模板拼装及支撑方法和要求;

(3)掌握柱、墙模板拆模时机、拆模顺序及需要注意的事项,特别是安全问题。

3. 实训课时

4课时。

4. 实训要求

分组进行提交实训成果和实训报告。

3.3.3 模板工程实训项目2

1. 实训内容

梁板模板拼装和拆除实训。

2. 实训目标

(1)掌握使用胶合板模板或者工具式钢模拼装梁板模板;

(2)能准确使用模板的连接件和支撑件进行梁板模板的固定和支撑;

(3)掌握梁板模板拆模时机、拆模顺序需要注意的事项,特别是安全问题。

3. 实训课时

4课时。

4. 实训要求

分组进行提交实训成果和实训报告。

3.3.4 基础模板施工

3.3.4.1 阶梯形独立基础

阶梯形独立基础模板见图3-18,其安装顺序为:由下至上先安装底层阶梯模板,用斜撑和水平撑钉稳撑牢。核对模板墨线及标高,配合绑扎钢筋及混凝土保护层垫块,再进行上一阶模板安装,重新核对墨线及标高,用斜撑、水平撑以及拉杆钉紧、撑牢,最后,校核基础模板尺寸、标高及轴线位置。

3.3.4.2 杯形独立基础

杯形独立基础模板见图3-19,其安装工艺与阶梯形基础相似,不同的是增加了一个杯芯模,杯口上大下小略有斜度,芯模安装前应钉成整体,轿杠钉于两侧,杯芯模完成后要全面校核杯底标高,各部分位置尺寸的准确性以及支撑的牢固性。

3.3.4.3 条形基础模板

条形基础模板见图3-20,其安装工艺为:先在基础底弹出基础边线和中心线,再把侧板和端头板对准基础边线和中心线,用水平尺校正侧板顶面水平,经检测无误差后,用斜

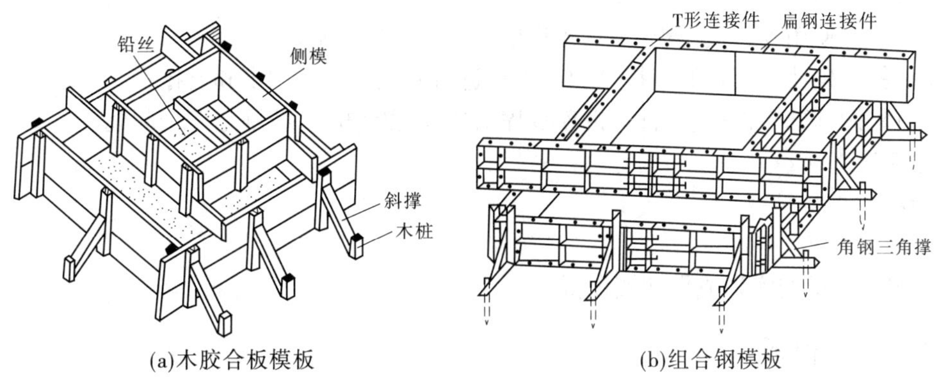

(a)木胶合板模板 (b)组合钢模板

图3-18 阶梯形独立基础模板

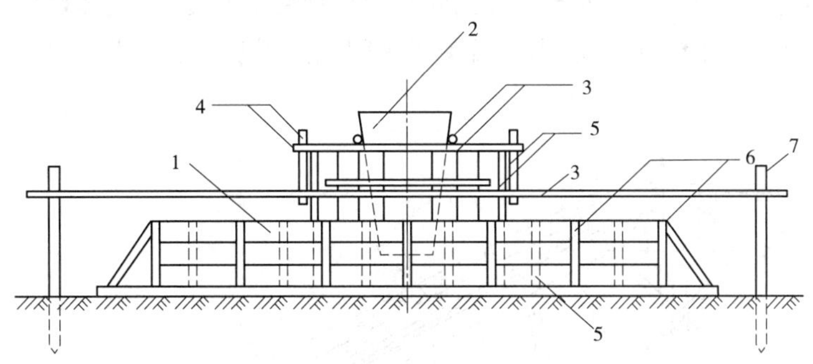

1—钢模板;2—杯芯模;3—轿杠;4—吊杆;5—钢楞;6—斜撑;7—立桩

图3-19 杯形独立基础模板(钢模)

撑、水平撑及拉撑钉牢。

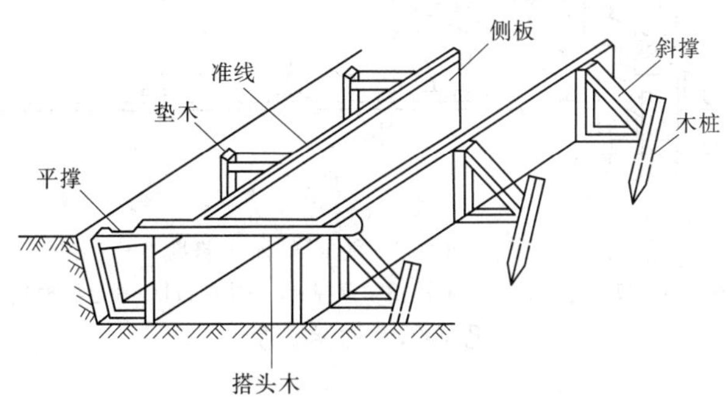

图3-20 条形基础模板(胶合板)

3.3.5 模板工程实训项目3

1. 实训内容

阶梯形基础模板拼装拆除实训。

2. 实训目标

(1)掌握使用胶合板模板、工具式钢模拼装阶梯形基础；

(2)能准确使用模板的连接件和支撑件进行基础模板的固定和支撑；

(3)掌握基础模板拆模时机、拆模顺序需要注意的事项，特别是安全问题。

3. 实训课时

4 课时。

4. 实训要求

分组进行提交实训成果和实训报告。

3.3.6 楼梯模板

楼梯模板支设时应先根据层高放大样，一般先支基础和平台梁模板，再安装楼梯斜梁或楼梯底模板、外帮侧板。在外帮侧板内侧弹出楼梯底板厚度线，用样板划出踏步侧板的档木，再钉侧板。如楼梯宽度大，则应沿踏步中间向上设反扶梯基加顶 1 ~ 2 道吊木加固(见图 3-21)。

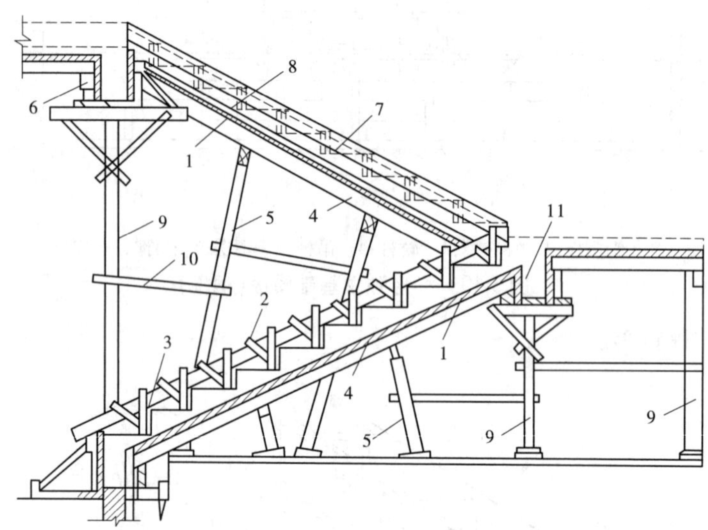

1—楼梯底板；2—反三角木；3—踏步侧板；4—格栅；5—牵杠撑；
6—夹木；7—外帮板；8—木档；9—顶撑；10—拉杆；11—平台梁模板

图 3-21 楼梯模板

3.3.7 模板工程实训项目 4

1. 实训内容

楼梯模板拼装拆除实训。

2. 实训目标

(1)熟悉楼梯模板的构造特点；

(2)会进行楼梯模板的拼装；

(2)能准确使用模板的连接件和支撑件进行楼梯模板的固定和支撑;

(3)掌握楼梯模板拆模时机、拆模顺序需要注意的事项,特别是安全问题。

3. 实训课时

6课时。

4. 实训要求

分组进行提交实训成果和实训报告。

3.3.8 模板工程施工质量检查验收

在浇筑混凝土之前,应对模板工程进行验收。

模板及其支架应具有足够的承载能力、刚度和稳定性,能可靠地承受浇筑混凝土的质量、侧压力及施工荷载。模板安装与浇筑混凝土时,应对模板及其支架进行观察和维护,发生异常情况时,应按施工技术方案及时进行处理。

模板工程的施工质量检验应按主控项目和一般项目规定的检查方法进行。检验批合格质量应符合下列规定:主控项目的质量经抽样检验合格;一般项目的质量经抽样检验合格;当采用计数检验时,除有专门要求外,一般项目的合格点率达到80%及以上,且不得有严重缺陷;具有完整的施工操作依据和质量验收记录。

3.3.8.1 主控项目

(1)安装现浇结构的上层模板及其支架时,下层楼板应具有承受上层荷载的承载能力,或加设支架;上、下层支架的立柱应对准,并铺设垫板。

检查数量:全数检查。

检验方法:对照模板设计文件和施工技术方案观察。

(2)在涂刷模板隔离剂时,不得沾污钢筋和混凝土接槎处。

检查数量:全数检查。

检验方法:观察。

(3)底模及其支架拆除时的混凝土强度应符合设计要求。

检查数量:全数检查。

检验方法:检查同条件养护试件强度试验报告。

(4)后浇带模板的拆除和支顶应按施工技术方案执行。

检查数量:全数检查。

检验方法:观察。

3.3.8.2 一般项目

(1)模板安装应满足如下要求:

模板的接缝不应漏浆;在浇筑混凝土前,木模板应浇水湿润,但模板内不应有积水。模板与混凝土的接触面上应清理干净并涂刷隔离剂,但不得采用影响结构性能或妨碍装饰工程施工的隔离剂。

浇筑混凝土前,模板内的杂物应清理干净。对清水混凝土工程及装饰混凝土工程,应使用能达到设计效果的模板。

检查数量:全数检查。

检验方法:观察。

(2)用作模板的地坪、胎模等应平整光洁,不得产生影响构件质量的下沉、裂缝、起砂或起鼓。

检查数量:全数检查。

检验方法:观察。

(3)对跨度不小于4 m的现浇钢筋混凝土梁、板,其模板应按设计要求起拱;当设计无具体要求时,起拱高度宜为跨度的1/1 000~3/1 000。

检查数量:在同一检验批内,梁应抽查构件数量的10%,且不少于3件,板应按有代表性的自然间抽查10%,且不少于3间;对大空间结构,板可按纵、横轴线划分检查面,抽查10%,且不少于3面。

检查方法:水准仪或拉线、钢尺检查。

(4)固定在模板上的预埋件预留孔和预留洞均不得遗漏,安装必须牢固,其偏差应符合表3-2的规定。

表3-2　预埋件和预留孔洞的允许偏差

<table>
<tr><th colspan="2">项目</th><th>允许偏差(mm)</th></tr>
<tr><td colspan="2">预埋钢板中心线位置</td><td>3</td></tr>
<tr><td colspan="2">预埋管、预留孔中心线位置</td><td>3</td></tr>
<tr><td rowspan="2">插筋</td><td>中心线位置</td><td>5</td></tr>
<tr><td>外露长度</td><td>10</td></tr>
<tr><td rowspan="2">预埋螺栓</td><td>中心线位置</td><td>2</td></tr>
<tr><td>外露长度</td><td>10</td></tr>
<tr><td rowspan="2">预留洞</td><td>中心线位置</td><td>10</td></tr>
<tr><td>尺寸</td><td>10</td></tr>
</table>

注:检查中心线位置时,应沿纵、横两个方向测量,并取其中的较大值。

检查数量:在同一检验批内,对梁、柱和独立基础应抽查构件数量的10%且不少于3件;对墙和板应按有代表性的自然间抽查10%且不少于3间;对大空间结构墙可按相邻轴线间高度5 m左右划分检查面板,可按纵横轴线划分检查面抽查10%且均不少于3面。

(5)预制构件模板安装的允许偏差及检查方法见表3-3。

3.3.9　模板工程实训项目5

1. 实训内容

模板施工质量检查实训。

2. 实训目标

(1)熟悉建筑工程模板拼装的质量标准及要求;

(2)掌握模板工程施工质量检查项目内容、检查方法。

3. 实训课时

4 课时。

4. 实训要求

分组进行提交质量检测报告。

表 3-3　预制构件模板安装的允许偏差及检验方法

项目		允许偏差(mm)	检验方法
长度	板、梁	±5	钢尺量两角边，取其中大值
	薄腹梁、桁架	±10	
	柱	0, -10	
	墙板	0, -5	
宽度	板、墙板	0, -5	钢尺量一端及中部，取其中较大值
	梁、薄腹梁、桁架、柱	+2, -5	
高(厚)度	板	+2, -3	钢尺量一端及中部，取其中较大值
	墙板	0, -5	
	梁、薄腹梁、桁架、柱	+2, -5	
侧向弯曲	梁、板、柱	l/1 000 且≤15	拉线、钢尺量最大弯曲处
	墙板、薄腹梁、桁架	l/1 500 且≤15	
板的表面平整度		3	2 m 靠尺和塞尺检查
相邻两板表面高低差		1	钢尺检查
对角线差	板	7	钢尺量两个对角线
	墙板	5	
翘曲	板、墙板	l/1 500	调平尺在两端量测
设计起拱	薄腹梁、桁架、梁	±3	拉线、钢尺量跨中

注：l 为构件长度(mm)。

3.3.10　安全技术措施

3.3.10.1　模板安装安全措施

(1)模板支撑不得使用扭裂、劈裂的材料。顶撑要垂直、底部平整坚实，并加垫木。

(2)安装模板应按工序进行，当模板没有固定前，不得进行下道工序作业。禁止利用拉杆、支撑攀登上下。

(3)支模时，支撑、拉杆不得连接在门窗、脚手架或其他不稳固的物件上。在混凝土浇筑的过程中，要有专人检查，发现变形、松动等现象，要及时加固和修理，防止塌模伤人。

(4)在现场安装模板时，所用工具应装入工具袋，防止高处作业时，工具掉下伤人。

(5)两人抬运模板时，要互相配合，协同工作。传送模板、工具应用运输工具或绳子绑扎牢固后升降，不得乱扔。

(6)基础工程模板安装时,应先检查基坑土壁边坡的稳定情况,发现有塌方危险时,必须采取安全加固措施后,方能作业。

(7)操作人员上下基坑要设扶梯。基坑(槽)上口边缘1 m以内不允许堆放模板构件和材料。

(8)向坑内运送模板时应用吊机、溜槽或绳索,运送时要有专人指挥,上下呼应。

(9)模板支撑在土壁上时,应在支板上加垫板,以防支撑不牢固或造成土壁坍塌。

(10)安装柱梁模板应设临时工作台,不得站在柱模板上操作和梁底板上行走。

(11)安装楼面模板,遇有预留洞口的地方,应作临时封闭,以防误踏和坠物伤人。

(12)在通道地段,安装模板的横撑及斜撑必须伸出通道时,应先考虑通道通过行人或车辆时所需的高度。

3.3.10.2 模板拆除的安全措施

(1)拆除模板必须经施工负责人同意,方可拆除,操作人员必须戴好安全帽。操作时应按顺序分段进行,超过4 m以上高度,不允许让模板料自由下落。严禁猛撬、硬砸或大面积撬落和拉倒。

(2)拆除模板前,应将下方一切预留洞口及建筑物用木板或安全网作防护围蔽,防止模板枋料坠落伤人。

(3)完工后,不得留下松动和悬挂的模板枋料等。拆下的模板枋料应及时运送到指定地点集中堆放稳妥。

(4)拆除模板用长撬棍。应防止整块模板掉下,以免伤人。

3.4 现浇混凝土结构模板设计

3.4.1 模板设计的内容和原则

3.4.1.1 设计的内容

模板设计的内容,主要包括选型、选材、配板、荷载计算、结构设计和绘制模板施工图等。各项设计的内容和详尽程度,可根据工程的具体情况和施工条件确定。

3.4.1.2 设计的主要原则

1. 实用性

主要应保证混凝土结构的质量,具体要求是:

(1)接缝严密,不漏浆;

(2)保证构件的形状、尺寸和相互位置正确;

(3)模板的构造简单,支拆方便。

2. 安全性

保证在施工过程中,不变形、不破坏、不倒塌。

3. 经济性

针对工程结构的具体情况,因地制宜、就地取材,在确保工期、质量的前提下,减少一次性投入,增加模板周转,减少支拆用工,实现文明施工。

3.4.2 荷载及荷载组合

3.4.2.1 荷载

计算模板及其支架的荷载，分为荷载标准值和荷载设计值，后者以荷载标准值乘以相应的荷载分项系数。

1. 荷载标准值

(1)模板及支架自重标准值。应根据设计图纸确定。肋形楼板及无梁楼板模板的自重标准值，见表3-4。

表3-4 模板及支架自重标准值 (单位：kN/m³)

模板构件的名称	木模板	组合钢模板	钢框胶合板摸板
平板的模板及小楞	0.30	0.50	0.40
楼板模板(其中包括梁的模板)	0.50	0.75	0.60
楼板模板及其支架(楼层高度4 m以下)	0.75	1.10	0.95

(2)新浇混凝土自重标准值。对普通混凝土，可采用24 kN/m³；对其他混凝土，根据实际重力密度确定。

(3)钢筋自重标准值。按设计图纸计算确定。一般可按每立方米混凝土含量计算：框架梁1.5 kN/m³，楼板1.1 kN/m³。

(4)施工人员及设备荷载标准值。

①计算模板及直接支承模板的小楞时，对均布荷载取2.5 kN/m²，另应以集中荷载2.5 kN再进行验算，比较两者所得的弯矩值，按其中较大者采用。

②计算直接支承小楞结构构件时，均布活荷载取1.5 kN/m²。

③计算支架立柱及其他支承结构构件时，均布活荷载取1.0 kN/m²。

说明：

——对大型浇筑设备如上料平台、混凝土输送泵等，按实际情况计算。

——混凝土堆集料高度超过300 mm以上者，按实际高度计算。

——模板单块宽度小于150 mm时，集中荷载可分布在相邻的两块板上。

(5)振捣混凝土时产生的荷载标准值。对水平面模板可采用2.0 kN/m²；对垂直面模板可采用4.0 kN/m²(作用范围在新浇筑混凝土侧压力的有效压头高度以内)。

(6)模板侧面的压力标准值。采用内部振捣器时，可按以下两式计算，并以较小值：

$$F = 0.22\gamma_c t_0 \beta_1 \beta_2 v^{1/2} \tag{3-1}$$

$$F = \gamma_c H \tag{3-2}$$

$$h = \frac{F}{\gamma_c}$$

式中 h——有效压头高度，m；

F——新浇筑混凝土对模板的最大侧压力，kN/m²；

γ_c——混凝土的重力密度，kN/m³；

t_0——新浇筑混凝土的初凝时间，h，可按实测确定，当缺乏试验资料时，可采用 $t_0 = 200/(T+15)$ 计算，T 为混凝土的温度，℃；

v——混凝土的浇筑速度，m/h；

H——混凝土侧压力计算位置处至新浇筑混凝土顶面的总高度，m；

β_1——外加剂影响修正系数，不掺外加剂时取 1.0，掺具有缓凝作用的外加剂时取 1.2；

β_2——混凝土坍落度影响修正系数，当坍落度小于 30 mm 时，计算分布图取 0.85，50～90 mm 时，取 1.0，110～150 mm 时，取 1.15。

混凝土侧压力的计算分布图形，见图 3-22。

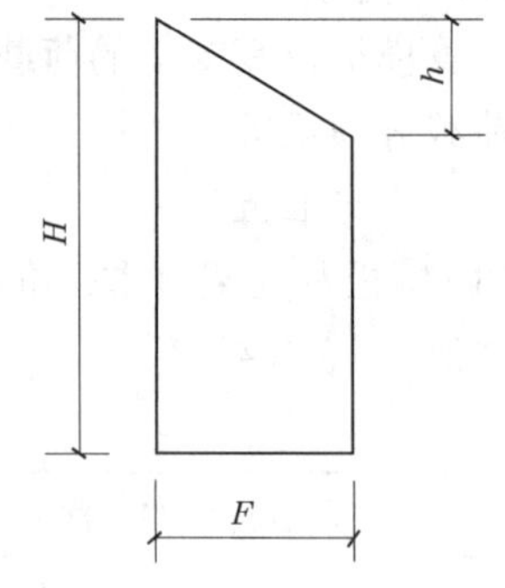

图 3-22　侧压力计算分布图

(7)倾倒混凝土时产生的荷载标准值。倾倒混凝土时对垂直面模板产生的水平荷载标准值，可按表 3-5 采用。

表 3-5　倾倒混凝土时产生的水平荷载　(单位：kN/m^2)

向模板内供料方法	水平荷载
溜槽、串筒或导管	2
容积小于 0.2 m^3 的运输工具	2
容积为 0.2～0.8 m^3 的运输工具	4
容积大于 0.8 m^3 的运输工具	6

注：作用范围在有效压头高度以内。

除上述 7 项荷载外，当水平模板支撑结构的上部继续浇筑混凝土时，还应考虑由上部传递下来的荷载。

2. 荷载设计值

计算模板及其支架的荷载设计值，应为荷载标准值乘以相应的荷载分项系数，见表 3-6。

表 3-6　模板及支架荷载分项系数

项次	荷载类别	γ_1
1	模板及支架自重	1.2
2	新浇筑混凝土自重	
3	钢筋自重	
4	施工人员及施工设备荷载	1.4
5	振捣混凝土时产生的荷载	
6	新浇筑混凝土对模板侧面的压力	1.2
7	倾倒混凝土时产生的荷载	1.4

3. 荷载折减(调整)系数

模板工程属临时性工程。由于我国目前还没有临时性工程的设计规范,所以只能按正式结构设计规范执行。由于新的设计规范以概率理论为基础的极限状态设计法代替了容许应力设计法,又考虑到原规范对容许应力值作了提高,因此原《混凝土结构工程施工及验收规范》(GB 50204—92)进行了套改。

(1)对钢模板及其支架的设计,其荷载设计值可乘以系数0.85予以折减,但其截面塑性发展系数取1.0。

(2)采用冷弯薄壁型钢材,由于原规范对钢材容许应力值不予提高,因此荷载设计值也不予折减,系数为1.0。

(3)对木模板及其支架的设计,当木材含水率小于25%时,其荷载设计值可乘以系数0.9予以折减。

(4)在风荷载作用下,验算模板及其支架的稳定性时,其基本风压值可乘以系数0.8予以折减。

3.4.2.2 荷载组合

(1)荷载类别及编号见表3-7。

表3-7 荷载类别及编号

名称	类别	编号
模板结构自重	恒载	①
新浇筑混凝土自重	恒载	②
钢筋自重	恒载	③
施工人员及施工设备荷载	活载	④
振捣混凝土时产生的荷载	活载	⑤
新浇筑混凝土对模板侧面的压力	恒载	⑥
倾倒混凝土时产生的荷载	活载	⑦

(2)荷载组合见表3-8。

表3-8 荷载组合

项次	项目	荷载组合	
		计算承载能力	验算刚度
1	平板及薄壳的模板及支架	①+②+③+④	①+②+③
2	梁和拱模板的底板及支架	①+②+③+⑤	①+②+③
3	梁、拱、柱(边长≤300 mm)、墙(厚≤100 mm)的侧面模板	⑤+⑥	⑥
4	大体积结构、柱(边长>300 mm)、墙(厚>100 mm)的侧面模板	⑥+⑦	⑥

3.4.3 模板结构的挠度要求

模板结构除必须保证足够的承载能力外,还应保证有足够的刚度。因此,应验算模板及其支架的挠度,其最大变形值不得超过下列允许值:

(1)结构表面外露(不做装修)的模板,为模板构件计算跨度的 1/400。

(2)结构表面隐蔽(做装修)的模板,为模板构件计算跨度的 1/250。

(3)支架的压缩变形值或弹性挠度,为相应的结构计算跨度的 1/1 000。

当梁板跨度≥4 m 时,模板应按设计要求起拱;如无设计要求,起拱高度宜为全长跨度的 1/1 000~3/1 000,钢模板取小值(1/1 000~2/1 000)。

(4)《组合钢模板技术规范》(GB 50214—2001)规定:

模板结构允许挠度按表 3-9 执行。

表 3-9 模板结构允许挠度

名称	允许挠度(mm)
钢模板的面板	1.5
单块钢模板	1.5
钢楞	$L/500$
柱箍	$B/500$
桁架	$L/1\ 000$
支承系统累计	4.0

注: L 为计算跨度,B 为柱宽。

计算模板及支架在自重和风荷载作用下的抗倾覆稳定性时,其抗倾倒系数不小于 1.5。

(5)《钢框胶合板模板技术规程》(JGJ 96—95)规定:

①面板各跨的挠度计算值不宜大于面板相应跨度的 1/300,且不宜大于 1 mm。

②面板各跨的挠度计算值不宜大于钢楞相应跨度的 1/1 000,且不宜大于 1 mm。

3.4.4 模板结构设计示例

【例 3-1】 根据人、机、物等客观条件及施工组织要求,确定模板体系如下:梁、楼板、柱、墙采用 1 830 mm×915 mm×20 mm 的木胶合板制作而成,其容许应力$[f]=9.68$ MPa,弹性模量 $E=4\ 680$ MPa。内楞采用 60 mm×90 mm×2 000 mm 枋木,其容许应力$[f]=15$ MPa,弹性模量 $E=10\ 000$ MPa。外楞、支撑体系、柱箍选用Φ48 mm×3.5 mm 钢管及配套扣件,钢管的容许应力$[f]=215$ MPa,弹性模量 $E=2.1\times10^5$ MPa,惯性矩 $I=1.22\times10^5\ mm^4$,截面面积 $A=489\ mm^2$,截面抵抗矩 $W=5\ 078\ mm^3$。穿墙螺杆用Φ 12 圆钢做成,其容许拉力$[N]=12.9$ kN 配套 3 形扣件型号为 12,其容许荷载 12 kN。试设计该工程的梁模板。

解: 根据主要梁的截面尺寸,分两种类型:①(梁宽≤300 mm)×(梁高≤1 050 mm)

的，选择 ±0.000 以下 300 mm×1 050 mm 截面作为计算对象，梁底距地面 2.8 m；选择 ±0.000 以上 240 mm×900 mm 截面作为计算对象，梁底距地面 2.1 m。②(300 mm≤梁宽≤600 mm)×(梁高≥1 050 mm)的。选择 ±0.000 以上 550 mm×1 600 mm 截面作为计算对象。梁截面为 550 mm×1 600 mm，取梁底模小楞、侧模竖楞间距为 200 mm；300 mm×1 050 mm，取梁底模小楞、侧模竖楞间距为 300 mm；梁截面为 240 mm×900 mm，取梁底模小楞、侧模竖楞间距为 350 mm。支承梁模架采用双排钢管脚手架，立杆间距梁高≤700 mm为 1 000 mm，梁高 >700 mm 为 600 mm。纵横水平杆步距为 1 500 mm。

1. 底模计算(按四跨等跨连续计算)

1)荷载计算

荷载计算见表 3-10。

表 3-10　计算底模时荷载计算

梁截面	240×900	550×1 600	300×1 050
底模自重(kN/m)	0.24×0.02×9=0.043	0.55×0.02×9=0.099	0.3×0.02×9=0.054
混凝土自重(kN/m)	0.24×0.9×24=5.18	0.55×1.6×24=21.12	0.3×1.05×24=7.56
钢筋荷载(kN/m)	0.24×0.9×1.5=0.32	0.55×1.6×1.5=1.32	0.3×1.05×1.5=0.47
振捣混凝土荷载(kN/m)	0.24×2=0.48	0.55×2=1.1	0.3×2=0.6
验算抗弯强度时 q (kN/m)	[(0.043+5.18+0.32)×1.2+0.48×1.4]×0.9 =6.6	[(0.099+21.12+1.32)×1.2+1.1×1.4]×0.9 =25.73	[(0.054+7.56+0.47)×1.2+0.6×1.4]×0.9 =9.5
验算挠度时 q(kN/m)	(0.043+5.18+0.32)×1.2×0.9=5.99	(0.099+21.12+1.32)×1.2×0.9=24.34	(0.054+7.56+0.47)×1.2×0.9=8.73

2)抗弯强度验算

(1)240 mm×900 mm 梁：

$$\sigma = \frac{M}{W} = \frac{Kql^2}{W} = \frac{0.121 \times 6.6 \times 350^2}{\frac{240 \times 20^2}{6}} = 6.11(\text{MPa})$$

小于 9.68 MPa，满足要求。

(2)550 mm×1 600 mm 梁：

$$\sigma = \frac{M}{W} = \frac{Kql^2}{W} = \frac{0.121 \times 25.73 \times 200^2}{\frac{550 \times 20^2}{6}} = 3.4(\text{MPa})$$

小于 9.68 MPa，满足要求。

(3)300 mm×1 050 mm 梁：

$$\sigma = \frac{M}{W} = \frac{Kql^2}{W} = \frac{0.121 \times 9.5 \times 300^2}{\frac{300 \times 20^2}{6}} = 5.17(\text{MPa})$$

3)挠度验算

(1)240 mm×900 mm 梁：

$$\omega = \frac{Kql^4}{100EI} = \frac{0.967 \times 5.99 \times 350^4}{100 \times 4\ 680 \times \dfrac{240 \times 20^3}{12}} = 1.15(\mathrm{mm})$$

小于 $L/250 = 350/250 = 1.4(\mathrm{mm})$，满足要求。

(2)550 mm×1 600 mm 梁：

$$\omega = \frac{Kql^4}{100EI} = \frac{0.967 \times 27.05 \times 200^4}{100 \times 4\ 680 \times \dfrac{550 \times 20^3}{12}} = 0.68(\mathrm{mm})$$

小于 $L/250 = 300/250 = 1.2(\mathrm{mm})$，满足要求。

(3)300 mm×1 050 mm 梁：

$$\omega = \frac{Kql^4}{100EI} = \frac{0.967 \times 8.73 \times 300^4}{100 \times 4\ 680 \times \dfrac{300 \times 20^3}{12}} = 0.73(\mathrm{mm})$$

小于 $L/250 = 300/250 = 1.2(\mathrm{mm})$，满足要求。

2. 小楞验算(按简支梁计算)

1)荷载计算

荷载计算见表 3-11。

表 3-11　小楞验算时荷载计算

梁截面(mm×mm)	240×900	550×1 600	300×1 050
验算抗弯强度时 q(N/mm)	6.6×350÷240=9.6	25.73×200÷550=9.36	9.5×300÷300=9.5
验算挠度时 q(N/mm)	5.99×350÷240=8.74	27.05×200÷550=9.84	8.73×300÷300=8.73

2)抗弯强度验算

(1)240 mm×900 mm 梁：

$$\sigma = \frac{M}{W} = \frac{\dfrac{qbl}{8}\left(2 - \dfrac{b}{l}\right)}{W} = \frac{\dfrac{9.6 \times 240 \times 550}{8}\left(2 - \dfrac{240}{550}\right)}{\dfrac{60 \times 90^2}{6}} = 3.06(\mathrm{MPa})$$

小于 15 MPa，满足要求。

(2)550 mm×1 600 mm 梁：

$$\sigma = \frac{M}{W} = \frac{\dfrac{qbl}{8}\left(2 - \dfrac{b}{l}\right)}{W} = \frac{\dfrac{9.36 \times 550 \times 600}{8}\left(2 - \dfrac{550}{1\ 000}\right)}{\dfrac{60 \times 90^2}{6}} = 6.92(\mathrm{MPa})$$

小于 15 MPa，满足要求。

(3)300 mm×1 050 mm 梁：

$$\sigma = \frac{M}{W} = \frac{\dfrac{qbl}{8}\left(2 - \dfrac{b}{l}\right)}{W} = \frac{\dfrac{9.5 \times 300 \times 600}{8}\left(2 - \dfrac{300}{600}\right)}{\dfrac{60 \times 90^2}{6}} = 3.96(\mathrm{MPa})$$

小于15 MPa,满足要求。

3)挠度验算

(1)240 mm×900 mm梁:

$$\omega = \frac{qbl^3}{384EI}\left(8 - \frac{4b^2}{l^2} + \frac{b^3}{l^3}\right) = \frac{8.74 \times 240 \times 600^3}{384 \times 10\ 000 \times \frac{60 \times 90^3}{12}}\left(8 - \frac{4 \times 240^2}{600^2} + \frac{240^3}{600^3}\right) = 0.24(\text{mm})$$

小于$L/250 = 600/250 = 2.4$(mm),满足要求。

(2)550 mm×1 600 mm梁:

$$\omega = \frac{qbl^3}{384EI}\left(8 - \frac{4b^2}{l^2} + \frac{b^3}{l^3}\right) = \frac{9.84 \times 550 \times 600^3}{384 \times 10\ 000 \times \frac{60 \times 90^3}{12}}\left(8 - \frac{4 \times 550^2}{600^2} + \frac{550^3}{600^3}\right) = 0.45(\text{mm})$$

小于$L/250 = 600/250 = 2.4$(mm),满足要求。

(3)300 mm×1 050 mm梁:

$$\omega = \frac{qbl^3}{384EI}\left(8 - \frac{4b^2}{l^2} + \frac{b^3}{l^3}\right) = \frac{8.73 \times 300 \times 600^3}{384 \times 10\ 000 \times \frac{60 \times 90^3}{12}}\left(8 - \frac{4 \times 300^2}{600^2} + \frac{300^3}{600^3}\right) = 0.28(\text{mm})$$

小于$L/250 = 600/250 = 2.4$(mm),满足要求。

3. 钢管大楞验算(按四等跨连续梁计算)

钢管大楞跨度取600 mm计(梁高小于700 mm方为1 000 mm),方木小楞间距分别为350 mm、300 mm、200 mm,作用在钢管上的集中荷载间距均按330 mm作近似简化计算。

1)荷载计算

荷载计算见表3-12。

表3-12　钢管大楞验算时荷载计算

梁截面(mm×mm)	240×900	550×1 600	300×1 050
验算抗弯强度时F(N)	9.6×240÷2=1 152	9.36×550÷2=2 574	9.5×300÷2=1 425
验算挠度时F(N)	8.74×240÷2=1 049	9.84×550÷2=2 706	8.73×300÷2=1 310

2)抗弯强度验算

(1)240 mm×900 mm梁:

$$\sigma = \frac{M}{W} = \frac{KFl}{W} = \frac{0.321 \times 1\ 152 \times 600}{5\ 078} = 43.69(\text{MPa})$$

小于215 MPa,满足要求。

(2)550 mm×1 600 mm梁:

$$\sigma = \frac{M}{W} = \frac{KFl}{W} = \frac{0.321 \times 2\ 574 \times 600}{5\ 078} = 97.6(\text{MPa})$$

小于215 MPa,满足要求。

(3)300 mm×1 050 mm梁:

$$\sigma = \frac{M}{W} = \frac{KFl}{W} = \frac{0.321 \times 1\ 452 \times 600}{5\ 078} = 54.1(\text{MPa})$$

小于215 MPa,满足要求。

3)挠度验算

(1)240 mm×900 mm梁:

$$\omega = \frac{KFl^3}{100EI} = \frac{2.657 \times 1\ 049 \times 600^3}{100 \times 2.1 \times 10^5 \times 1.22 \times 10^5} = 0.235(\text{mm})$$

小于 $L/250 = 600/250 = 2.4$(mm),满足要求。

(2)550 mm×1 600 mm梁:

$$\omega = \frac{KFl^3}{100EI} = \frac{2.657 \times 2\ 706 \times 600^3}{100 \times 2.1 \times 10^5 \times 1.22 \times 10^5} = 0.61(\text{mm})$$

小于 $L/250 = 600/250 = 2.4$(mm),满足要求。

(3)300 mm×1 050 mm梁:

$$\omega = \frac{KFl^3}{100EI} = \frac{2.657 \times 1\ 310 \times 600^3}{100 \times 2.1 \times 10^5 \times 1.22 \times 10^5} = 0.29(\text{mm})$$

小于 $L/250 = 600/250 = 2.4$ mm,满足要求。

4.钢管立柱验算

按两端铰接受压构件计算,以连接方式为扣件搭接验算钢管立柱稳定性。水平杆步距为1 500 mm,钢管(Φ 48 mm×3.5 mm)立柱连接方式为扣件搭接时,立柱允许荷载 $[N] = 12.4$ kN;单个扣件抗滑力 $N_V = 8$ kN。取截面为550 mm×1 600 mm梁进行计算,由钢管大楞传给每根立柱的力 $N = 2\ 808 \times 2 = 5\ 616(\text{N}) = 5.616\ \text{kN} < [N] = 12.4$ kN,满足要求。考虑扣件抗滑力 $N_V = 8\ \text{kN} > N = 5.616$ kN,满足要求。

立杆稳定性计算:

水平杆步距为1 500 mm,则计算长度为 $l_0 = 1\ 500$ mm,钢管的回转半径为 $i = 15.8$ mm,则 $\lambda = l_0/i = 1\ 500/15.8 = 94.9$,经查表得 $\psi = 0.676$,按轴心受压简化计算,则 $\sigma = N/(\psi A) = 5.616 \times 10^3/(0.676 \times 489) = 16.99\ \text{N/mm}^2 < 205\ \text{N/mm}^2$,满足要求。

5.侧模验算

梁侧模立档采用60 mm×90 mm方木条立放,间距与小楞相同。即240 mm×900 mm梁:350 mm;550 mm×900 mm梁:200 mm;300 mm×1 050 mm梁:300 mm。

1)荷载计算

荷载计算见表3-13。

混凝土侧压力

$$F_1 = 0.22\gamma_c t_0 \beta_1 \beta v^{1/2}$$

$$F_2 = \gamma_c H$$

经计算且取较小值后得240 mm×900 mm梁的侧模荷载为19.2 kN/m²;550 mm×1 600 mm梁的侧模荷载为32.4 kN/m²;300 mm×1 050 mm梁的侧模荷载为19.2 kN/m²。

振捣时产生的荷载:4 kN/m²。

表 3-13 侧模验算时荷载计算

240 mm×900 mm 梁	$F_1=0.22\times 24\times \frac{200}{25+15}\times 1.2\times 1.2\times 2^{1/2}=53.75(\mathrm{kN/m^2})$
	$F_2=24\times(0.9-0.1)=19.2(\mathrm{kN/m^2})$
550 mm×1 600 mm 梁	$F_1=53.75\ \mathrm{kN/m^2}$
	$F_2=24\times(1.6-0.25)=32.4(\mathrm{kN/m^2})$
300 mm×1 050 mm 梁	$F_1=53.75\ \mathrm{kN/m^2}$
	$F_2=24\times(1.05-0.25)=19.2(\mathrm{kN/m^2})$

强度验算荷载设计值见表 3-14。

表 3-14 强度验算荷载设计值

240 mm×900 mm(300 mm×1 050 mm)梁	$F=19.2\times 1.2+4\times 1.4=28.64(\mathrm{kN/m^2})$
550 mm×1 600 mm 梁	$F=32.4\times 1.2+4\times 1.4=44.48(\mathrm{kN/m^2})$

挠度验算荷载设计值见表 3-15。

表 3-15 挠度验算荷载设计值

240 mm×900 mm(300 mm×1 050 mm)梁	$F=19.2\times 1.2=23.04(\mathrm{kN/m^2})$
550 mm×1 600 mm 梁	$F=32.4\times 1.2=38.88(\mathrm{kN/m^2})$

2)侧模面板验算(按四等连续跨计算)

a. 抗弯强度验算

取荷载折减系数为 0.9,转化为线荷载见表 3-16。

表 3-16 侧模面板抗弯强度验算时的线荷载

240 mm×900 mm 梁	$q=0.9\times 28.64\times 0.9=23.20(\mathrm{kN/m})$
550 mm×1 600 mm 梁	$q=0.9\times 44.48\times 1.6=64.05(\mathrm{kN/m})$
300 mm×1 050 mm 梁	$q=0.9\times 28.64\times 1.05=27.06(\mathrm{kN/m})$

(1)240 mm×900 mm 梁:

$$\sigma=\frac{M}{W}=\frac{Kql^2}{W}=\frac{0.121\times 23.2\times 350^2}{\frac{900\times 20^2}{6}}=5.73(\mathrm{MPa})$$

小于 9.68 MPa,满足要求。

(2)550 mm×1 600 mm 梁:

$$\sigma=\frac{M}{W}=\frac{Kql^2}{W}=\frac{0.121\times 64.05\times 200^2}{\frac{900\times 20^2}{6}}=5.17(\mathrm{MPa})$$

小于 9.68 MPa,满足要求。

(3)300 mm×1 050 mm 梁:

$$\sigma = \frac{M}{W} = \frac{Kql^2}{W} = \frac{0.121 \times 27.06 \times 300^2}{\frac{1\ 050 \times 20^2}{6}} = 4.21(\text{MPa})$$

小于9.68 MPa,满足要求。

b. 挠度验算

取荷载折减系数为0.9,转化为线荷载见表3-17。

表3-17 侧模面板挠度验算时的线荷载

240 mm×900 mm梁	$q=0.9\times23.04\times0.9=18.66(\text{kN/m})$
550 mm×1 600 mm梁	$q=0.9\times38.88\times1.6=55.99(\text{kN/m})$
300 mm×1 050 mm梁	$q=0.9\times23.04\times1.05=21.77(\text{kN/m})$

(1)240 mm×900 mm 梁:

$$\omega = \frac{Kql^4}{100EI} = \frac{0.967 \times 18.66 \times 350^4}{100 \times 4\ 680 \times \frac{900 \times 20^3}{12}} = 0.96(\text{mm})$$

小于$L/250=350/250=1.4(\text{mm})$,满足要求。

(2)550 mm×1 600 mm 梁

$$\omega = \frac{Kql^4}{100EI} = \frac{0.967 \times 55.99 \times 200^4}{100 \times 4\ 680 \times \frac{900 \times 20^3}{12}} = 0.31(\text{mm})$$

小于$L/250=200/250=0.8(\text{mm})$,满足要求。

(3)300mm×1 050mm 梁:

$$\omega = \frac{Kql^4}{100EI} = \frac{0.967 \times 21.77 \times 300^4}{100 \times 4\ 680 \times \frac{1\ 050 \times 20^3}{12}} = 0.52(\text{mm})$$

小于$L/250=300/250=1.2(\text{mm})$,满足要求。

3)立档验算(240 mm×900 mm 梁按简支梁计算,550 mm×1 600 mm 及 300 mm×1 050 mm 梁按三跨连续梁计算)

a. 抗弯强度验算

取荷载折减系数为0.9,转化为线荷载见表3-18。

表3-18 立档抗弯强度验算时线荷载

240 mm×900 mm梁	$q=0.9\times28.64\times0.35=9.02(\text{kN/m})$
550 mm×1 600 mm梁	$q=0.9\times44.48\times0.20=8(\text{kN/m})$
300 mm×1 050 mm梁	$q=0.9\times28.64\times0.30=7.73(\text{kN/m})$

(1)240 mm×900 mm 梁:

$$\sigma = \frac{M}{W} = \frac{1/8ql^2}{W} = \frac{1/8 \times 9.02 \times 780^2}{\frac{60 \times 90^2}{6}} = 8.47(\text{MPa})$$

小于 15 MPa,满足要求。

(2)550 mm×1 600 mm 梁:

$$\sigma = \frac{M}{W} = \frac{Kql^2}{W} = \frac{0.1 \times 8 \times 450^2}{\frac{60 \times 90^2}{6}} = 2(\text{MPa})$$

小于 15 MPa,满足要求。

(3)300 mm×1 050 mm 梁:

$$\sigma = \frac{M}{W} = \frac{Kql^2}{W} = \frac{0.1 \times 7.73 \times 450^2}{\frac{60 \times 90^2}{6}} = 1.93(\text{MPa})$$

小于 15 MPa,满足要求。

b. 挠度验算

取荷载折减系数为 0.9,转化为线荷载见表 3-19。

表 3-19 立档挠度验算时线荷载

240 mm×900 mm 梁	$q=0.9\times23.04\times0.35=7.26(\text{kN/m})$
550 mm×1 600 mm 梁	$q=0.9\times38.88\times0.20=7(\text{kN/m})$
300 mm×1 050 mm 梁	$q=0.9\times23.04\times0.30=6.22(\text{kN/m})$

(1)240 mm×900 mm 梁:

$$\omega = \frac{5ql^4}{384EI} = \frac{5 \times 7.26 \times 780^4}{384 \times 10\ 000 \times \frac{60 \times 90^3}{12}} = 0.96(\text{mm})$$

小于 $L/250=780/250=3.1(\text{mm})$,满足要求。

(2)550 mm×1 600 mm 梁:

$$\omega = \frac{5ql^4}{384EI} = \frac{5 \times 7 \times 450^4}{384 \times 10\ 000 \times \frac{60 \times 90^3}{12}} = 0.1(\text{mm})$$

小于 $L/250=450/250=1.8(\text{mm})$,满足要求。

(3)300 mm×1 050 mm 梁:

$$\omega = \frac{5ql^4}{384EI} = \frac{5 \times 6.22 \times (1\ 050 - 250)^4}{384 \times 10\ 000 \times \frac{60 \times 90^3}{12}} = 0.91(\text{mm})$$

小于 $L/250=800/250=3.2(\text{mm})$,满足要求。

4)外楞钢管验算(按四等连续跨计算)

240 mm×900 mm 的梁无外楞,直接用压脚方木和斜撑支撑,这里仅计算 300 mm×1 050 mm、550 mm×1 600 mm 梁的外楞。

a. 弯强度验算

作用在钢管上的集中荷载为:

(1)300 mm×1 050 mm 梁:

$$F' = 0.3 \times 0.45 \times F = 0.3 \times 0.45 \times 28.64 = 3.87(\text{kN})$$

(2)550 mm×1 600 mm 梁：

$$F' = 0.2 \times 0.45 \times F = 0.2 \times 0.45 \times 44.48 = 4(\text{kN})$$

计算外楞钢管的内力：

(1)300 mm×1 050 mm 梁：

$$\sigma = \frac{M}{W} = \frac{KF'l}{W} = \frac{0.21 \times 3.87 \times 450 \times 1\,000}{5\,078 \times 2} = 36(\text{MPa})$$

小于 215 MPa，满足要求。

(2)550 mm×1 600 mm 梁：

$$\sigma = \frac{M}{W} = \frac{KF'l}{W} = \frac{0.21 \times 4 \times 450 \times 1\,000}{5\,078 \times 2} = 37.2(\text{MPa})$$

小于 215 MPa，满足要求。

b. 挠度验算

作用在钢管上的集中荷载为：

(1)300 mm×1 050 mm 梁：

$$F' = 0.3 \times 0.45 \times F = 0.3 \times 0.45 \times 23.04 = 3.11(\text{kN})\text{，挠度为}$$

$$\omega = \frac{Kq'l^3}{100EI} = \frac{1.581 \times 3.11 \times 10^3 \times 600^3}{100 \times 2.06 \times 10^5 \times 1.22 \times 2 \times 10^5} = 0.21(\text{mm})$$

小于 $L/400 = 450/400 = 1.1(\text{mm})$，满足要求。

(2)550 mm×1 600 mm 梁

$$F' = 0.3 \times 0.45 \times F = 0.3 \times 0.45 \times 38.88 = 5.25(\text{kN})\text{，挠度为}$$

$$\omega = \frac{Kq'l^3}{100EI} = \frac{1.581 \times 5.25 \times 10^3 \times 600^3}{100 \times 2.06 \times 10^5 \times 1.22 \times 2 \times 10^5} = 0.36(\text{mm})$$

小于 $L/400 = 450/400 = 1.1(\text{mm})$，满足要求。

5）对拉螺杆及 3 形扣件验算（只计算 300 mm×1 050 mm 梁及 550 mm×1 600 mm 梁）

(1)300 mm×1 050 mm 梁：

$$N = Fab = 28.64 \times 0.45 \times 0.45 = 5.8(\text{kN})$$

(2)550 mm×1 600 mm 梁：

$$N = Fab = 44.48 \times 0.45 \times 0.45 = 9(\text{kN})$$

小于螺杆 $[N] = 12.9$ kN，小于 3 形扣件容许荷载 12 kN，满足要求。

梁支模见图 3-23。

3.4.5 模板工程实训项目 6

1. 实训内容。

模板设计实训。

2. 实训目标

掌握模板的结构设计方法。

3. 实训课时

4 课时。

4. 实训要求

提供模板结构设计及验算成果。

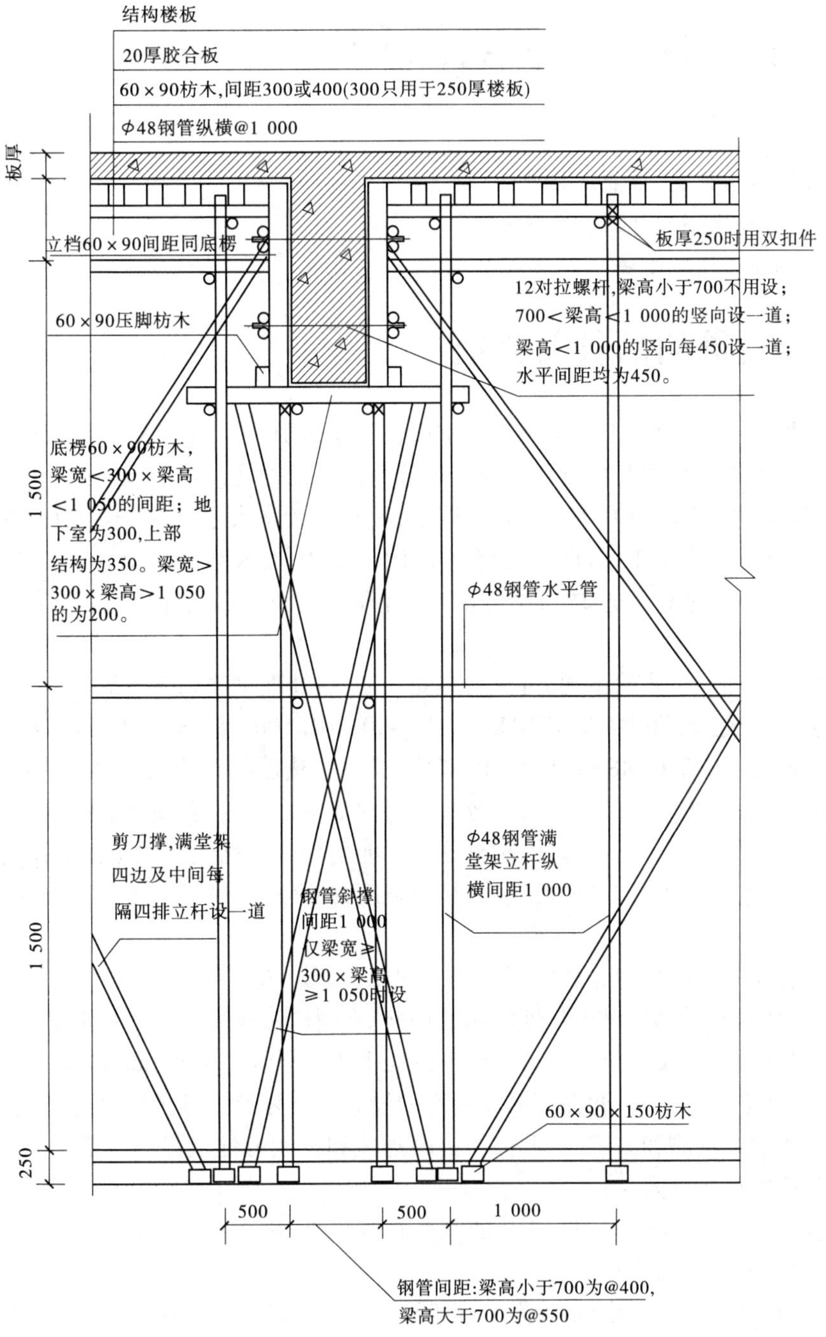

结构楼板
20厚胶合板
60×90枋木，间距300或400(300只用于250厚楼板)
ϕ48钢管纵横@1 000
板厚
立档60×90间距同底楞
板厚250时用双扣件
12对拉螺杆，梁高小于700不用设；700＜梁高≤1 000的竖向设一道；梁高＜1 000的竖向每450设一道；水平间距均为450。
60×90压脚枋木
底楞60×90枋木，梁宽＜300×梁高＜1 050的间距：地下室为300，上部结构为350。梁宽＞300×梁高＞1 050的为200。
1 500
ϕ48钢管水平管
剪刀撑，满堂架四边及中间每隔四排立杆设一道
钢管斜撑间距1 000仅梁宽≥300×梁高≥1 050时设
ϕ48钢管满堂架立杆纵横间距1 000
1 500
60×90×150枋木
250
500　500　1 000
钢管间距：梁高小于700为@400，梁高大于700为@550

图3-23　梁板支模施工示意图

学习项目 4 钢筋工程

【学习要点】

1. 了解钢筋的种类、性能及检测；
2. 掌握钢筋的配料、加工及代换；
3. 掌握钢筋的连接方法。

4.1 钢筋的品种与性能

钢筋的种类很多，建筑工程中常用的钢筋按化学成分可分为碳素钢钢筋和普通低合金钢钢筋。碳素钢钢筋按其含碳量多少又可分为低碳钢钢筋（含碳量小于 0.25%）、中碳钢钢筋（含碳量为 0.25% ~ 0.60%）和高碳钢钢筋（含碳量大于 0.60%，一般不宜用在建筑工程中）。普通低合金钢钢筋是在低碳钢和中碳钢中加入某些合金元素（如钛、钒、锰等，其含量一般不超过总量的 3%）冶炼而成，可提高钢筋的强度，改善其塑性、韧性和可焊性。

钢筋按生产加工工艺的不同，可分为热轧钢筋、热处理钢筋和钢丝等。热轧钢筋由冶金厂直接热轧制成，如 HPB300、HRB335、HRB400、HRB500 等。热处理钢筋是由特定强度的热轧钢筋如 40Si2Mn、48Si2Mn 和 45Si2Cr，通过加热后的正火、淬火和回火等调质工艺处理制成，经淬火和回火处理可有效改善钢材内部不稳定结构，使钢筋强度得到较大幅度的提高，但塑性有所降低，可焊性、机械连接性能均稍差。钢丝包括光面钢丝、螺旋勒钢丝、刻痕钢丝和钢绞线等。热处理钢筋及钢丝强度都比较高，一般用于预应力混凝土结构中。

钢筋按轧制外形可分为光面钢筋和变形钢筋（螺纹、人字纹及月牙纹）。为了增加钢筋与混凝土之间的黏结力，对于强度较高的钢筋，表面均做成带肋的变形钢筋。带肋钢筋的外形有月牙纹、人字纹、螺旋纹，目前生产的大多为月牙纹，其横肋高度向肋的两端逐渐降至零，且不与纵肋相连，横肋在钢筋横截面的投影呈月牙形。月牙纹钢筋与混凝土的黏结性能略低于螺纹钢筋和人字纹钢筋，但锚固延性和抗疲劳性能等高于螺纹钢筋和人字纹钢筋。钢筋的形式见图 4-1。

按供应方式，为便于运输，φ6 ~ 10 的钢筋卷成圆盘，称盘圆钢筋；大于 φ12 的钢筋轧成 6 ~ 12 m 长一根，称为直条钢筋。

按照我国《混凝土结构设计规范》（GB 50010—2010）的规定，在钢筋混凝土结构中所用的国产普通钢筋有以下四种级别：

（1）HPB300：符号Φ，即热轧光面钢筋（Hotrolled Plain Steel Bar）300 级。

（2）HRB335：符号Φ，即热轧带肋钢筋（Hotrolled Ribbed Steel Bar）335 级；HRBF335：

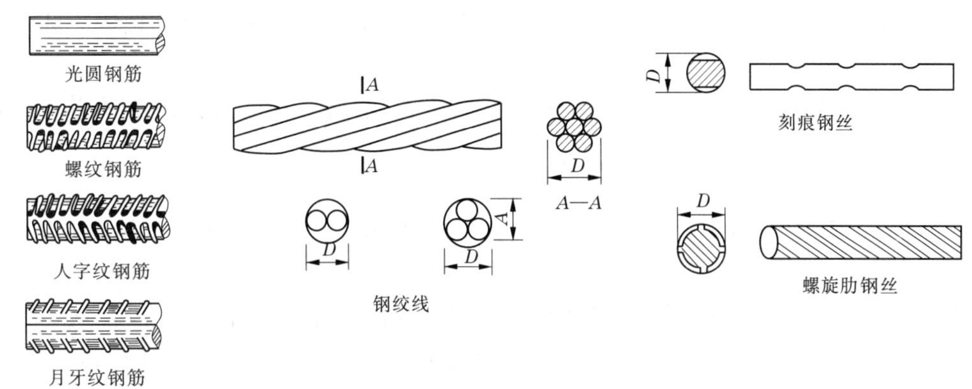

图 4-1 钢筋与钢丝的形式

符号Φ^F,即细晶粒热轧带肋钢筋(Fine Hotrolled Ribbed Steel Bar)。

(3)HRB400:符号Φ,即热轧带肋钢筋(Hotrolled Ribbed Steel Bar)400 级;HRBF400:符号Φ^F,即细晶粒热轧带肋钢筋(Fine Hotrolled Ribbed Steel Bar)400 级;RRB400:符号Φ^R,即余热处理带肋钢筋(Remained Heat Treatment Ribbed Steel Bar)400 级。

(4)HRB500:符号Φ,即热轧带肋钢筋(Hotrolled Ribbed Steel Bar)500 级;RRB500:符号Φ^F,即余热处理钢筋(Remained Heat Treatment Ribbed Steel bars)500 级。

建筑工程中使用的热轧钢筋主要的力学性能如表 4-1 所示。

表 4-1 热轧钢筋的力学性能

种类	符号	公称直径 d(mm)	屈服强度 f_{yk}(N/mm²)	抗拉强度 f_{st}(N/mm²)	极限应变 ε_{su}(%)
HPB300	Φ	6~22	300	420	不小于 10.0
HRB335、HRBF335	Φ、Φ^F	6~50	335	455	不小于 7.5
HRB400、HRBF400、RRB400	Φ、Φ^F、Φ^R	6~50	400	540	
HRB500、HRBF500	Φ、Φ^F	6~50	500	630	

4.2 钢筋的验收与存放

4.2.1 钢筋的质量验收

4.2.1.1 钢筋质量验收的一般规定

(1)浇筑混凝土之前,应进行钢筋隐蔽工程验收。隐蔽工程验收应包括下列主要内容:

①纵向受力钢筋的牌号、规格、数量、位置;

②钢筋的连接方式、接头位置、接头质量、接头面积百分率、搭接长度、锚固方式及锚固长度；

③箍筋、横向钢筋的牌号、规格、数量、间距、位置，箍筋弯钩的弯折角度及平直段长度；

④预埋件的规格、数量和位置。

(2)钢筋、成型钢筋进场检验，当满足下列条件之一时，其检验批容量可扩大一倍：

①获得认证的钢筋、成型钢筋；

②同一厂家、同一牌号、同一规格的钢筋，连续三批均一次检验合格；

③同一厂家、同一类型、同一钢筋来源的成型钢筋，连续三批均一次检验合格。

4.2.1.2 钢筋进场验收的主控项目

(1)钢筋进场时，应按国家现行标准《钢筋混凝土用钢第 1 部分：热轧光圆钢筋》(GB 1499.1)、《钢筋混凝土用钢第 2 部分：热轧带肋钢筋》(GB 1499.2)等抽取试件作屈服强度、抗拉强度、伸长率、弯曲性能和重量偏差检验，检验结果应符合相应标准的规定。

检查数量：按进场批次和产品的抽样检验方案确定。

检验方法：检查质量证明文件和抽样检验报告。

(2)成型钢筋进场时，应抽取试件作屈服强度、抗拉强度、伸长率和重量偏差检验，检验结果应符合国家现行相关标准的规定。对由热轧钢筋制成的成型钢筋，当有施工单位或监理单位的代表驻厂监督生产过程，并提供原材钢筋力学性能第三方检验报告时，可仅进行重量偏差检验。

检查数量：同一厂家、同一类型、同一钢筋来源的成型钢筋，不超过 30 t 为一批，每批中每种钢筋牌号、规格均应至少抽取 1 个钢筋试件，总数不应少于 3 个。

检验方法：检查质量证明文件和抽样检验报告。

(3)对按一、二、三级抗震等级设计的框架和斜撑构件(含梯段)中的纵向受力普通钢筋应采用 HRB335E、HRB400E、HRB500E、HRBF335E、HRBF400E 或 HRBF500E 钢筋，其强度和最大力下总伸长率的实测值应符合下列规定：①抗拉强度实测值与屈服强度实测值的比值不应小于 1.25；②屈服强度实测值与屈服强度标准值的比值不应大于 1.30；③最大力下总伸长率不应小于 9%。

检查数量：按进场的批次和产品的抽样检验方案确定。

检验方法：检查抽样检验报告。

4.2.1.3 钢筋进场验收的一般项目

(1)钢筋应平直、无损伤，表面不得有裂纹、油污、颗粒状或片状老锈。

检查数量：全数检查。

检验方法：观察。

(2)成型钢筋的外观质量和尺寸偏差应符合国家现行相关标准的规定。

检查数量：同一厂家、同一类型的成型钢筋，不超过 30 t 为一批，每批随机抽取 3 个成型钢筋试件。

检验方法：观察，尺量。

(3)钢筋机械连接套筒、钢筋锚固板以及预埋件等的外观质量应符合国家现行相关标准的规定。

检查数量：按国家现行相关标准的规定确定。

检验方法：检查产品质量证明文件；观察，尺量。

4.2.2　钢筋的存放

当钢筋运进施工现场后，必须严格分批分等级、牌号、直径、长度挂牌分别存放，并注明数量，不得混淆（见图 4-2、图 4-3）。钢筋应尽量堆入仓库或料棚内。条件不具备时，应选择地势较高、土质坚实、较为平坦的露天场地存放。在仓库或场地周围挖排水沟，以利排水。堆放时钢筋下面要加垫木，离地不宜少于 200 mm，以防钢筋锈蚀和污染。钢筋成品要分工程名称和构件名称，按号码顺序堆放。同一项工程与同一构件的钢筋要存放在一起，按号挂牌排列，牌上注明构件名称、部位、钢筋型式、尺寸、钢号、直径、根数，不能将几项工程的钢筋混放在一起。同时不要和产生有害气体的车间靠近，以免污染和腐蚀钢筋。

图 4-2　钢筋的出厂标牌

图 4-3　钢筋挂牌分类堆放

4.2.3　钢筋工程实训项目 1

1. 实训内容

(1) 钢筋品种的识别；

(2) 钢筋的进场验收；

(3) 钢筋的堆放。

2. 实训目标

(1) 正确识别建筑工程中广泛使用的 4 个强度级别的钢筋；

(2) 掌握进场钢筋的验收内容、验收方法，能够正确地进行钢筋标牌和外观检查，并按有关规定取样进行机械性能检验；

(3) 了解钢筋堆放的要求，能正确地贮存和堆放钢筋。

3. 实训课时

2 课时。

4. 实训要求

提交实训报告一份。

4.3 钢筋的配料与代换

4.3.1 钢筋的配料

钢筋配料是根据构件配筋图,先绘出各种形状和规格的单根钢筋简图并加以编号,然后分别计算钢筋下料长度和根数,填写配料单,申请加工。

4.3.1.1 钢筋下料长度计算

钢筋因弯曲或弯钩会使其长度变化,在配料中不能直接根据图纸中尺寸下料;必须了解对混凝土保护层、钢筋弯曲、弯钩等规定,再根据图中尺寸计算其下料长度(见图4-4、图4-5)。各种钢筋下料长度计算如下:

直钢筋下料长度 = 构件长度 - 保护层厚度 + 弯钩增加长度

弯起钢筋下料长度 = 直段长度 + 斜段长度 - 弯曲调整值 + 弯钩增加长度

箍筋下料长度 = 箍筋周长 + 箍筋调整值

上述钢筋需要搭接的话,还应增加钢筋搭接长度。

图4-4 工人在控制弯起钢筋的下料

图4-5 验收箍筋的外包尺寸

1. 弯曲调整值

钢筋弯曲后的特点:一是在弯曲处内皮收缩、外皮延伸、轴线长度不变;二是在弯曲处形成圆弧。钢筋的量度方法是沿直线量外包尺寸(见图4-6)。因此,弯起钢筋的量度尺寸大于下料尺寸,两者之间的差值称为弯曲调整值。弯曲调整值,根据理论推算并结合实践经验,列于表4-2。

表4-2 钢筋弯曲调整值

钢筋弯曲角度(°)	30	45	60	90	135
钢筋弯曲调整值	$0.35d$	$0.5d$	$0.85d$	$2d$	$2.5d$

注:d 为钢筋直径。

2. 弯钩增加长度

钢筋的弯钩形式有三种:半圆弯钩、直弯钩及斜弯钩(见图4-7)。半圆弯钩是最常用的一种弯钩。直弯钩只用在柱钢筋的下部、箍筋和附加钢筋中。斜弯钩只用在直径较小的钢筋中。

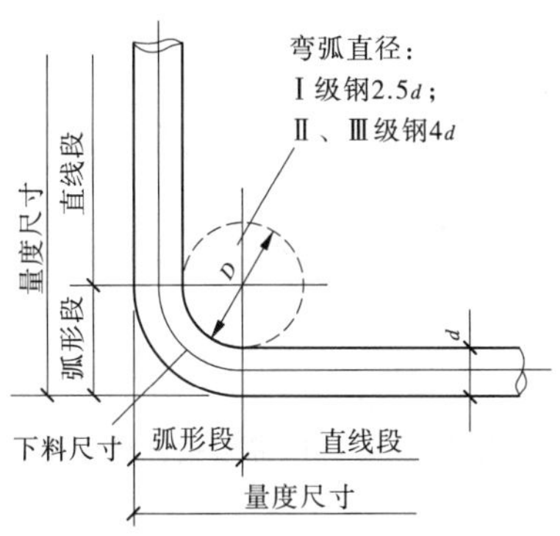

图 4-6　钢筋弯曲时的量度方法

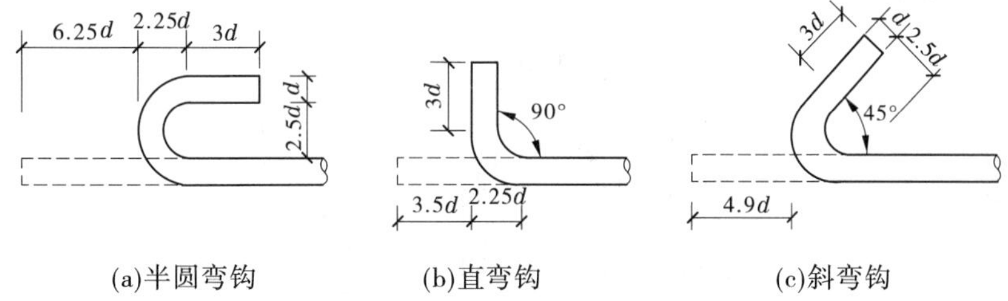

图 4-7　钢筋弯钩计算简图

光圆钢筋的弯钩增加长度，按图 4-7 所示的简图（弯心直径为 $2.5d$、平直部分为 $3d$）计算：对半圆弯钩为 $6.25d$，对直弯钩为 $3.5d$，对斜弯钩为 $4.9d$。

在生产实践中，由于实际弯心直径与理论弯心直径有时不一致，钢筋粗细和机具条件不同等而影响平直部分的长短（手工弯钩时平直部分可适当加长，机械弯钩时可适当缩短），因此在实际配料计算时，对弯钩增加长度常根据具体条件，采用经验数据，见表 4-3。

表 4-3　半圆弯钩增加长度参考表（用机械弯）

钢筋直径（mm）	≤6	8 ~ 10	12 ~ 18	20 ~ 28	32 ~ 36
一个弯钩长度（mm）	40	$6d$	$5.5d$	$5d$	$4.5d$

3. 弯起钢筋斜长

弯起钢筋斜长系数见表 4-4。弯起钢筋斜长计算简图，见图 4-8。

表 4-4　弯起钢筋斜长系数

弯起角度	$\alpha = 30°$	$\alpha = 45°$	$\alpha = 60°$
斜边长度 s	$2h_0$	$1.41h_0$	$1.15h_0$
底边长度 l	$1.732h_0$	h_0	$0.575h_0$
增加长度 $s-l$	$0.268h_0$	$0.41h_0$	$0.575h_0$

注：h_0 为弯起高度。

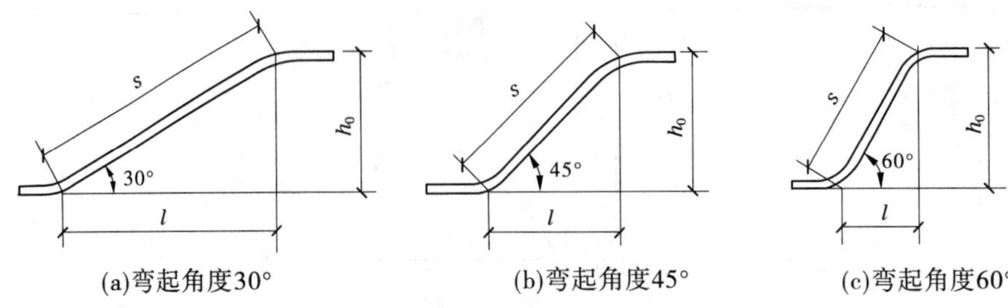

(a)弯起角度30°　(b)弯起角度45°　(c)弯起角度60°

图 4-8　弯起钢筋斜长计算简图

4. 箍筋调整值

箍筋调整值,即为弯钩增加长度和弯曲调整值两项之差或和,根据箍筋量外包尺寸或内皮尺寸确定见图 4-9 与表 4-5。

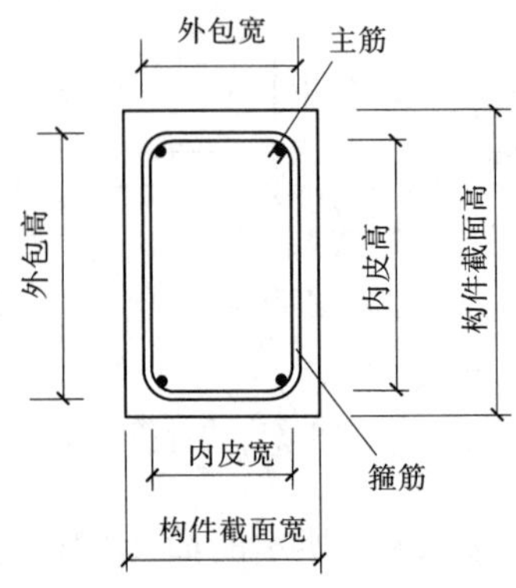

图 4-9　箍筋量度方法

表 4-5　箍筋调整值

箍筋量度方法	箍筋直径(mm)			
	4～5	6	8	10～12
量外包尺寸	40	50	60	70
量内皮尺寸	80	100	120	150～170

4.3.1.2　**配料计算的注意事项**

(1)在设计图纸中,钢筋配置的细节问题没有注明时,一般可按构造要求处理。

(2)配料计算时,要考虑钢筋的形状和尺寸在满足设计要求的前提下要有利于加工安装。

(3)配料时,还要考虑施工需要的附加钢筋。例如,后张预应力构件预留孔道定位用的钢筋井字架,基础双层钢筋网中保证上层钢筋网位置用的钢筋撑脚,墙板双层钢筋网中固定钢筋间距用的钢筋撑铁,柱钢筋骨架增加四面斜筋撑等。

4.3.1.3 配料计算实例

【例4-1】 某建筑物简支梁配筋如图4-10所示,试计算钢筋下料长度。钢筋保护层取25 mm。混凝土强度等级为C25(梁编号为L_1共10根)。求各种钢筋下料长度。

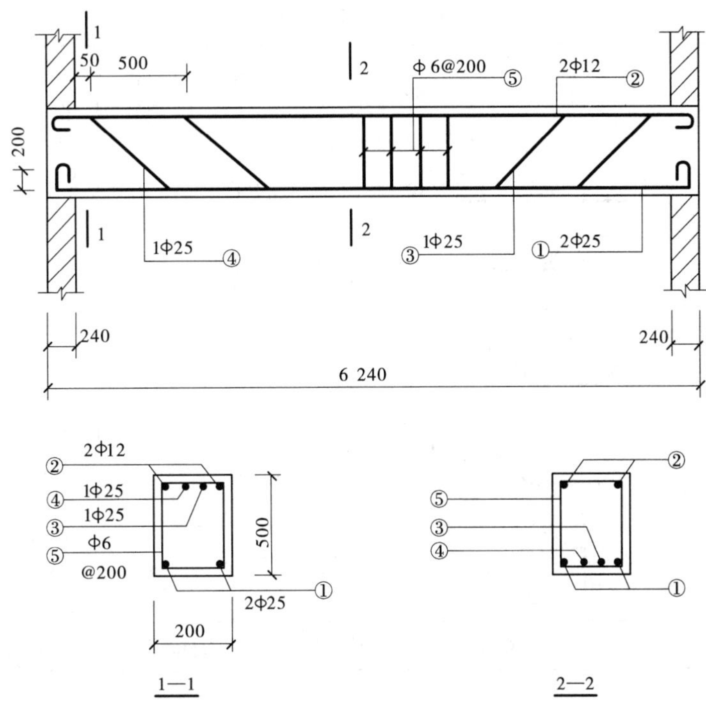

图4-10 某建筑物简支梁配筋图

解:①号钢筋下料长度

$(6\ 240+2\times200-2\times25)-2\times2\times25+2\times6.25\times25=6\ 802(\mathrm{mm})$

②号钢筋下料长度

$6\ 240-2\times25+2\times6.25\times12=6\ 340(\mathrm{mm})$

③号弯起钢筋下料长度

上直段钢筋长度$240+50+500-25=765(\mathrm{mm})$

斜段钢筋长度$(500-2\times25)\times1.414=636(\mathrm{mm})$

中间直段长度$6\ 240-2\times(240+50+500+450)=3\ 760(\mathrm{mm})$

下料长度$(765+636)\times2+3\ 760-4\times0.5\times25+2\times6.25\times25=6\ 824(\mathrm{mm})$

④号钢筋下料长度计算为6 824 mm。

⑤号箍筋下料长度

宽度$200-2\times25+2\times6=162(\mathrm{mm})$

高度$500-2\times25+2\times6=462(\mathrm{mm})$

下料长度$(162+462)\times2+50=1\ 298(\mathrm{mm})$

4.3.1.4 配料单与料牌

钢筋配料计算完毕,填写配料单,见表4-6。

列入加工计划的配料单，将每一编号的钢筋制作一块料牌，作为钢筋加工的依据与钢筋安装的标志。

钢筋配料单和料牌应严格校核，必须准确无误，以免返工浪费。

表 4-6　钢筋配料单

构件名称	钢筋编号	简图	钢号	直径（mm）	下料长度（mm）	单根根数	合计根数	质量（kg）
L₁梁（共10根）	①	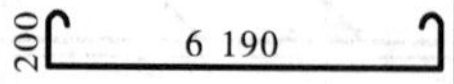200 6 190	Φ	25	6 802	2	20	523.75
	②	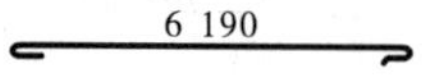6 190	Φ	12	6 340	2	20	112.60
	③	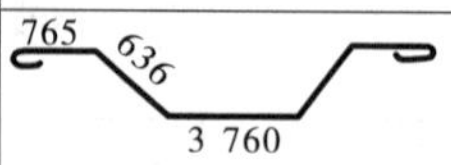765 636 3 760	Φ	25	6 824	1	10	262.72
	④	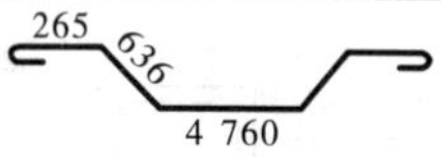265 636 4 760	Φ	25	6 824	1	10	262.72
	⑤	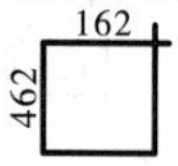162 462	Φ	6	1 298	32	320	91.78
	合计	Φ 6：91.78 kg；Φ 12：112.60 kg；Φ 25：1 049.19 kg						

4.3.2　钢筋的代换

4.3.2.1　代换原则

当施工中遇有钢筋的品种或规格与设计要求不符时，一般可按等强度原则进行代换，即满足下式要求：

$$A_{s1}f_{y1} = A_{s2}f_{y2} \tag{4-1}$$

式中　A_{s1}、A_{s2}——代换前后钢筋面积；

f_{y1}、f_{y2}——代换前后钢筋的强度，见表 4-7。

表 4-7　热轧钢筋强度设计值　（单位：N/mm²）

钢筋种类		符号	抗拉强度设计值 f_y	抗压强度设计值 f'_y
热轧钢筋	HPB300	Φ	270	270
	HRB335	Φ̲	300	300
	HRB400	Φ̳	360	360
	RRB500	Φ̿	435	435

4.3.2.2　代换注意事项

钢筋代换时，必须充分了解设计意图和代换材料性能，并严格遵守现行混凝土结构设计规范的各项规定；凡重要结构中的钢筋代换，应征得设计单位同意；钢筋代换后其用量不宜大于原设计用量的5%，亦不低于2%。

(1)对抗裂性能要求高的构件，不宜用光面钢筋代换变形钢筋(光面钢筋与混凝土之间的黏结力差)；当构件受裂缝宽度控制时，如以小直径钢筋代换大直径钢筋，强度等级低的钢筋代替强度等级高的钢筋，则可不作裂缝宽度验算。

(2)钢筋代换时不宜改变构件的有效计算高度(h_0，单排筋改双排筋)。

(3)梁的纵向受力钢筋与弯起钢筋应分别代换，以保证正截面与斜截面强度。

(4)除满足强度外，还应满足规范规定的最小配筋率、钢筋间距、根数、最小钢筋直径及锚固长度等要求。

4.3.2.3 钢筋代换实例

【例4-2】 今有一块6 m宽的现浇混凝土楼板，原设计的底部纵向受力钢筋采用Φ12@150 mm，现拟改用Φ10钢筋，求代换后钢筋的间距。

解：查表，HRB400钢筋的强度设计值$f_{y1}=f_{y2}=360\ \text{kN/mm}^2$，查钢筋的面积表，Φ12@150的面积$A_{s1}=754\ \text{mm}^2$。

据式(4-1)，代换后钢筋的面积$A_{s2}=A_{s1}=754\ \text{mm}^2$，查钢筋面积表得代换后钢筋的间距为100 mm，即Φ10@100(实配面积$A_{s2}=785\ \text{mm}^2$)。

【例4-3】 今有一根400 mm宽的现浇混凝土梁，原设计的底部纵向受力钢筋采用HRB400级Φ22钢筋，共计9根，分两排布置，底排为7根，上排为2根。现拟改用HRB500级Φ25钢筋，求所需Φ25钢筋根数及其布置。

解：本题属于直径不同、强度等级不同的钢筋代换。

据式(4-1)：$A_{s1}=3\ 421\ \text{mm}^2$，$f_{y1}=360\ \text{kN/mm}^2$，$f_{y2}=435\ \text{kN/mm}^2$

$A_{s2}=\dfrac{3\ 421\times360}{435}=2\ 831\ \text{mm}^2$，查钢筋面积表选配6Φ25(实配面积$A_{s2}=2\ 945\ \text{mm}^2$)，一排布置即可。

一排布置，增大了代换钢筋的合力点至构件截面受压边缘的距离h_0，有利于提高构件的承载力。

4.3.3 钢筋工程实训项目2

1. 实训内容

钢筋的代换。

【训练样题】 某T型截面梁截面尺寸和设计配筋如图4-11所示。由于施工方HRB400钢筋直径16 mm和直径25 mm的库存较多，经与设计方沟通，拟用直径16 mm或25 mm的钢筋进行代换。请你提供3种代换方案。

2. 实训目标

能正确地进行钢筋的代换。

3. 实训课时

1课时。

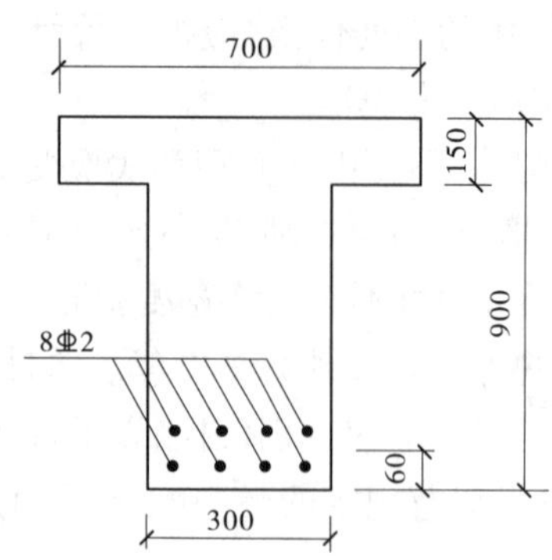

图 4-11　截面配筋图

4. 实训要求

提交代换计算书一份,并附截面钢筋布置图。

4.4　钢筋的加工

钢筋一般在钢筋加工厂或工地的钢筋加工棚加工,然后运至施工现场安装或绑扎。钢筋的加工主要包括调直、除锈、下料剪切、接长、弯曲等。

4.4.1　钢筋的调直

钢筋调直宜采用机械调直,调直机具有使钢筋调直、除锈和切断 3 项功能。盘卷钢筋调直后的断后伸长率、重量偏差要求应符合《混凝土结构工程施工质量验收规范》(GB 50204)中相关规定。

图 4-12 为利用钢筋调直机的工作图片,图 4-13 为盘圆钢筋调直开卷的图片。

图 4-12　钢筋调直切断机

图 4-13　盘圆钢筋调直时的开卷

4.4.2　钢筋的除锈

钢筋的除锈按使用机具可分为机械除锈和手工除锈。

4.4.2.1　机械除锈

机械除锈主要可以采用调直机除锈,也可以采用电动除锈机除锈。经机械调直的钢筋,一般不必再进行除锈,这对大量钢筋的除锈较为经济省工。电动除锈机除锈,对钢筋的局部除锈较为方便。

电动机除锈应注意：

(1)要及时清扫铁锈、铁屑。

(2)除锈时若发现钢筋表面有严重麻坑、斑点并伤及断面，应及时向有关人员提出，以确定是否将其降级使用或剔除不用。

(3)严禁将两头已弯钩成形的钢筋在除锈机中除锈；弯度太大的钢筋应基本调直后再进行除锈。

(4)除锈时，操作人员要扎紧袖口，戴好口罩、手套，戴好防护眼镜。

4.4.2.2 手工除锈

手工除锈的方法有钢丝刷、砂轮除锈，喷砂及酸洗除锈。由于费工费料，现已很少采用。

4.4.3 钢筋的切断

钢筋下料时必须按下料长度进行剪切。钢筋切断常用的工具有钢筋切断机(也可以是集调直、切断于一体，见图4-14)或手动切断器(见图4-15)。切断时根据下料长度，统一排料；先断长料，后断短料；减少短头，减少损耗。

(1)钢筋切断机可切断直径40 mm以下的钢筋。

(2)手动切断器一般只用于切断直径小于12 mm的钢筋。

(3)直径大于40 mm的钢筋需要氧乙炔焰、电弧切割，也可用砂轮切割机切割。

图4-14 钢筋切断机断料

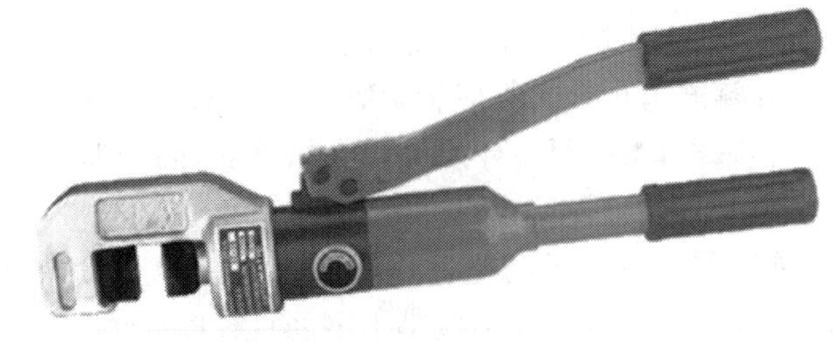

图4-15 手动切断器

4.4.4 钢筋的弯曲

钢筋切断后，要根据图纸要求弯曲成一定的形式。根据弯曲设备的特点及工地习惯进行画线，以便弯曲成所规定(外包)尺寸。当弯曲形状比较复杂的钢筋时，可先放出实样，再进行弯曲。

钢筋弯曲宜采用弯曲机(见图4-16)，弯曲机可弯直径6～40 mm的钢筋。直径小于25 mm的钢筋当无弯曲机时，也可采用板钩弯曲。目前钢筋弯曲机着重承担弯曲粗钢筋，弯曲箍筋有专用弯箍机。

图 4-16　弯起钢筋加工

4.4.5　钢筋加工的质量验收

4.4.5.1　钢筋加工质量验收的主控项目

(1)钢筋弯折的弯弧内直径应符合下列规定:

①光圆钢筋,不应小于钢筋直径的 2.5 倍;

②335 MPa 级、400 MPa 级带肋钢筋,不应小于钢筋直径的 4 倍;

③500 MPa 级带肋钢筋,当直径为 28 mm 以下时不应小于钢筋直径的 6 倍,当直径为 28 mm 及以上时不应小于钢筋直径的 7 倍;

④箍筋弯折处尚不应小于纵向受力钢筋的直径。

检查数量:按每工作班同一类型钢筋、同一加工设备抽查不应少于 3 件。

检验方法:尺量。

(2)纵向受力钢筋弯折后平直段长度应符合设计要求。光圆钢筋末端作 180°弯钩时,弯钩的平直段长度不应小于钢筋直径的 3 倍。

检查数量:按每工作班同一类型钢筋、同一加工设备抽查不应少于 3 件。

检验方法:尺量。

(3)箍筋、拉筋的末端应按设计要求做弯钩,并应符合下列规定:

①对一般结构构件,箍筋弯钩的弯折角度不应小于 90°,弯折后平直段长度不应小于箍筋直径的 5 倍;对有抗震设防要求或设计有专门要求的结构构件,箍筋弯钩的弯折角度不应小于 135°,弯折后平直段长度不应小于箍筋直径的 10 倍。

②圆形箍筋的搭接长度不应小于其受拉锚固长度,且两末端弯钩的弯折角度不应小于 135°,弯折后平直段长度对一般结构构件不应小于箍筋直径的 5 倍,对有抗震设防要求的结构构件不应小于箍筋直径的 10 倍。

③梁、柱复合箍筋中的单肢箍筋两端弯钩的弯折角度均不应小于 135°,弯折后平直段长度应符合本条第 1 款对箍筋的有关规定。

检查数量:按每工作班同一类型钢筋、同一加工设备抽查不应少于 3 件。

检验方法:尺量。

(4)盘卷钢筋调直后应进行力学性能和重量偏差检验,其强度应符合国家现行有关标准的规定,其断后伸长率、重量偏差应符合表4-8的规定。采用无延伸功能的机械设备调直的钢筋,可不进行本条规定的检验。

表4-8 盘卷钢筋调直后的断后伸长率、重量偏差要求

钢筋牌号	断后伸长率 A(%)	重量偏差(%)	
		直径6~12 mm	直径14~16 mm
HPB300	≥21	≥-10	—
HRB335、HRBF335	≥16	≥-8	≥-6
HRB400、HRBF400	≥15		
RRB400	≥13		
HRB500、HRBF500	≥14		

注:断后伸长率 A 的量测标距为5倍钢筋直径。

检查数量:同一加工设备、同一牌号、同一规格的调直钢筋,重量不大于30 t为一批,每批见证抽取3个试件。

检验方法:对3个试件先进行重量偏差检验,再取其中2个试件进行力学性能检验。

4.4.5.2 钢筋加工质量验收的一般项目

钢筋加工的形状、尺寸应符合设计要求,其偏差应符合表4-9的规定。

表4-9 钢筋加工的允许偏差

项目	允许偏差
受力钢筋顺长度方向全长的净尺寸	±10
弯起钢筋的弯折位置	±20
箍筋内净尺寸	±5

检查数量:按每工作班同一类型钢筋、同一加工设备抽查不应少于3件。

检验方法:尺量。

4.4.6 钢筋工程实训项目3

1. 实训内容

钢筋的加工,包括钢筋的调直、钢筋的除锈、钢筋的切断及钢筋的弯曲。

2. 实训目标

(1)熟悉钢筋调直切断机的操作要点,初步具备使用钢筋调直切断机进行钢筋调直、除锈及切断的基本技能;

(2)掌握钢筋弯曲机的操作要点,能利用钢筋弯曲机按要求弯曲钢筋。

3. 实训课时

4课时。

4. 实训要求

提交实训报告一份。

4.5 钢筋的连接

钢筋连接有三种常用的方法:焊接连接、机械连接和绑扎连接。焊接连接的方法较多,成本较低,质量可靠,宜优先选用。机械连接,设备简单,节约能源,不受气候影响,可全天候施工,连接可靠,技术易于掌握,适用范围广,尤其适用于焊接有困难的现场,但费用较高。

钢筋连接的一般原则:钢筋接头宜设置在受力较小处,同一根钢筋不宜设置 2 个以上接头,同一构件中的纵向受力钢筋接头宜相互错开。此外,直径大于 12 mm 以上的钢筋,应优先采用焊接接头或机械连接接头;轴心受拉和小偏心受拉构件的纵向受力钢筋、直径 $d>28$ mm 的受拉钢筋、直径 $d>32$ mm 的受压钢筋不得采用绑扎搭接接头;直接承受动力荷载的构件,纵向受力钢筋不得采用绑扎搭接接头。

4.5.1 钢筋绑扎连接

钢筋搭接处,应在中心及两端用 20 ~ 22 号铁丝扎牢。纵向受拉钢筋绑扎搭接接头的搭接长度按下式计算:

$$l_l = \zeta l_a$$

式中 l_l ——纵向受拉钢筋的搭接长度;

l_a ——纵向受拉钢筋的锚固长度;

ζ——纵向受拉钢筋搭接长度修正系数,见表 4-10。

表 4-10 纵向受拉钢筋搭接长度修正系数 ζ

纵向钢筋搭接接头面积百分率(%)	≤25	50	100
ζ	1.2	1.4	1.6

在任何情况下,纵向受拉钢筋绑扎搭接接头的搭接长度均不应小于 300 mm。若构件中的纵向受压钢筋采用搭接连接时,其受压搭接长度不应小于纵向受拉钢筋搭接长度的 0.7 倍,且在任何情况下不应小于 200 mm。

《混凝土结构工程施工规范》(GB 50666—2011)规定,位于同一连接区段内,纵向钢筋搭接接头面积百分率应符合设计要求;当设计无具体要求时,应符合下列规定:

(1)对梁类、板类及墙类构件,不宜大于 25%,基础筏板不宜超过 50%。

(2)对柱类构件,不宜大于 50%。

(3)当工程中确有必要增大接头面积百分率时,对梁类构件,不宜大于 50%,对板类、墙类及柱类构件,可根据实际情况放宽,纵向受压钢筋塔接接头面积百分率,不宜大于 50%。

纵向受力钢筋绑扎搭接接头连接区段的长度应为 1.3 l_l,凡搭接接头中点位于该连接区段长度内的搭接接头均应属于同一连接区段。同一连接区段内,纵向受力钢筋接头面积百分率为该区段内有接头的纵向受力钢筋截面面积与全部纵向受力钢筋截面面积的比值(见图 4-17)。

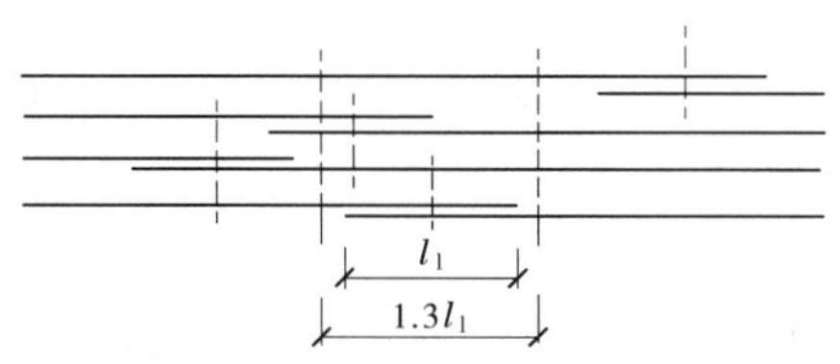

图4-17　同一连接区段内的纵向受拉钢筋绑扎搭接接头

《混凝土结构工程施工规范》(GB 50666—2011)还规定,同一构件中相邻纵向受力钢筋搭接位置宜相互错开,且两搭接接头的中心距应大于1.3 l_l,否则认为两搭接接头属于同一搭接范围。

4.5.2　钢筋焊接

钢筋焊接常用的焊接方法有闪光对焊、电弧焊、电渣压力焊和点焊等。

4.5.2.1　焊接施工的一般规定

(1)从事钢筋焊接施工的焊工属于特种作业人员,必须持有焊工考试合格证,才能按照合格证规定的范围上岗操作,这一点在我国多个相关规范或规程中都作为强制性条款做出了明确规定。

(2)在工程开工正式焊接之前,参与该项施焊的焊工应进行现场条件下的焊接工艺试验,并经试验合格后,方可正式生产。试验结果应符合质量检验与验收时的要求。

(3)钢筋焊接施工之前,应清除钢筋、钢板焊接部位以及钢筋与电极接触处表面上的锈斑、油污、杂物等;当钢筋端部有弯折、扭曲时,应予以矫直或切除。

(4)焊剂应存放在干燥的库房内,若受潮时,在使用前应经250~350 ℃烘焙2 h。使用中回收的焊剂应清除熔渣和杂物,并应与新焊剂混合均匀后使用。

(5)两根同牌号、不同直径的钢筋可进行闪光对焊、电渣压力焊或气压焊,闪光对焊时其径差不得超过4 mm,电渣压力焊或气压焊时,其径差不得超过7 mm。

(6)钢筋焊接工艺参数可在大、小直径之间偏大选用,两根钢筋的轴线应在同一直线上。

(7)带肋钢筋进行闪光对焊、电弧焊、电渣压力焊和气压焊时,宜将纵肋对纵肋安放和焊接。

(8)在环境温度低于-5 ℃条件下施焊,闪光对焊宜采用预热闪光焊或闪光-预热闪光焊。电弧焊宜增大焊接电流、减低焊接速度。环境温度低于-20 ℃时,不宜进行各种焊接。雨天、雪天不宜在现场进行施焊,必须施焊时,应采取有效遮蔽措施。焊后未冷却接头不得碰到冰雪。在现场进行闪光对焊或电弧焊,当超过四级风力时,应采取挡风措施;进行气压焊,当超过三级风力时,应采取挡风措施。

(9)妥善管理氧气、乙炔、液化石油气等易燃易爆品,制定并实施各项安全技术措施,防止烧伤、触电、火灾、爆炸以及烧坏焊接设备事故的发生。

4.5.2.2　闪光对焊

闪光对焊广泛用于钢筋纵向连接及预应力钢筋与螺丝端杆的焊接。对焊具有成本低、质量好、功效高和对各种钢筋均能适用的特点,因而得到普遍应用。

钢筋闪光对焊的原理如图 4-18 所示，将两段钢筋在对焊机两电极中接触对接，通过低电压、强电流，接触点很快熔化并产生金属蒸气飞溅，形成闪光现象。闪光一开始就移动钢筋，形成连续闪光过程（见图 4-19）。待接头烧平、闪去杂质、氧化膜白热熔化时，即可进行加压顶锻并断电，使两根钢筋对焊成一体（见图 4-20）。在焊接过程中，由于闪光的作用，空气不能进入接头处，又通过挤压，把已熔化的氧化物全部挤出，因而接头质量得到保证。

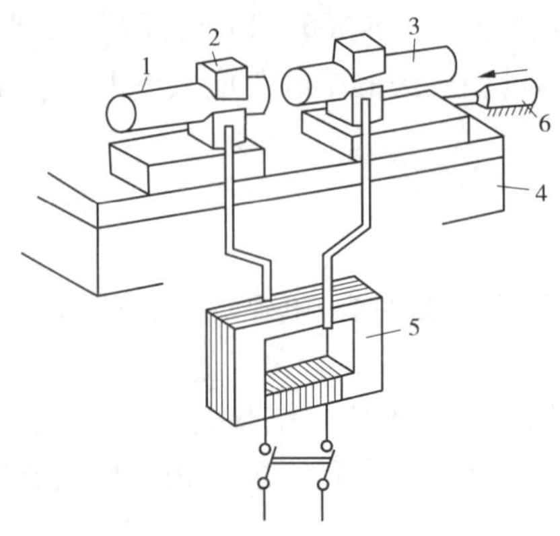

1—钢筋；2—固定电极；3—可动电机；4—机座；5—变压器；6—动压力机构

图 4-18　钢筋闪光对焊原理

图 4-19　钢筋对焊

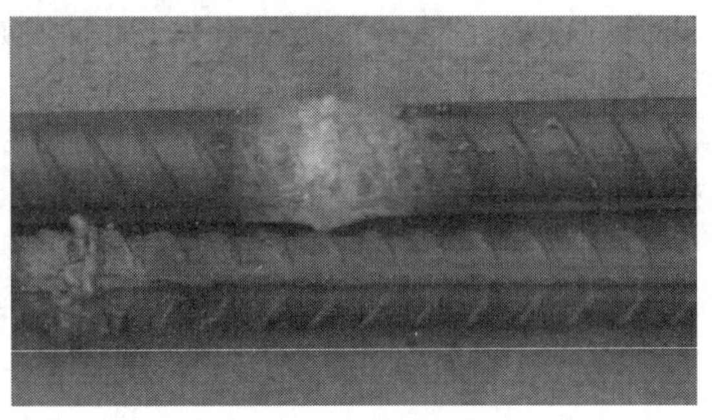

图 4-20　对焊接头近景

为保证焊接质量，对于较大直径的钢筋，宜采用“预热闪光焊”，通过增加一个预热时间，使大直径钢筋预热后再连续闪光烧化进行加压顶锻；对于端面不平整的大直径钢筋则宜采用“闪光→预热→闪光焊”，在预热闪光焊前再增加一次闪光过程，使预热均匀。具体规定见《钢筋焊接及验收规程》（JGJ 18—2012）中相应条款。

钢筋闪光对焊后，还应对接头进行外观检查并进行抗拉试验和冷弯试验：

（1）不同直径钢筋可以对焊，但其截面面积之比不得超过 1.5。

（2）所有对接头需进行外观检查。要求接头处表面无裂纹和明显烧伤；接头处有适当镦粗的均匀的毛刺；接头处的弯折角不得大于 30°；接头处的轴线偏移不大于 $0.1d$，且不大于 2 mm。外观检查不合格的接头，可将距接头左右各 15 mm 处切除重焊。

（3）进行机械性能试验。同一台班、同一焊工完成的 300 个同牌号、同直径接头为一批；当同一台班完成的接头数量较少，可在一周内累计计算，仍不足 300 个时应作为一批

计算。从每批接头中随机切取 6 个接头,其中 3 个做抗拉试件,3 个做弯曲试验。

4.5.2.3　电弧焊

电弧焊是电焊机送出低压强电流,使焊条与焊件之间产生高温电流,将焊条与焊件金属熔化,凝固后形成一条焊缝。电弧焊在现浇结构中的钢筋接长、装配式结构中的钢筋接头、钢筋与钢板的焊接中应用广泛。

钢筋焊接的接头形式主要有帮条焊、搭接焊、坡口焊等。

1. 帮条焊

帮条焊宜采用双面焊,不能双面焊时方可单面焊(见图 4-21)。帮条钢筋牌号与主筋相同时,帮条钢筋直径可与主筋相同或小一个规格;当帮条直径与主筋相同时,帮条牌号可与主筋相同或低一个牌号。帮条长度 l 应符合表 4-11 的要求。帮条焊时,两主筋端面的间隙为 2 ~ 5 mm。正式施焊前,帮条焊应在帮条和主筋之间用四点定位焊固定,施焊时,引弧应从帮条钢筋的一端开始,收弧时应在帮条钢筋端头上。

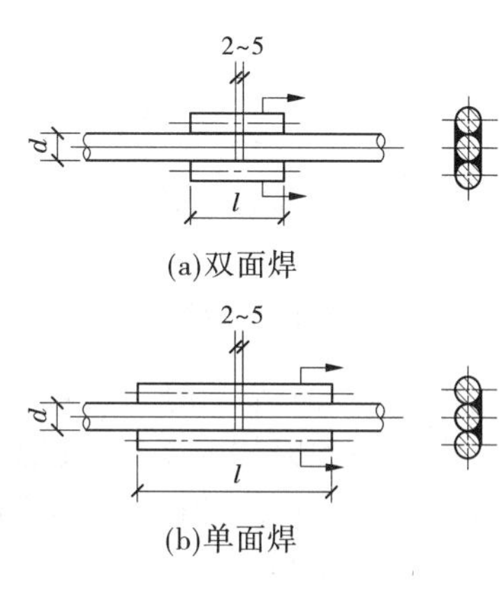

(a)双面焊　(b)单面焊

图 4-21　帮条焊

表 4-11　钢筋帮条长度

钢筋牌号	焊缝形式	帮条长度 l
HPB300	单面焊	$\geqslant 8d$
	双面焊	$\geqslant 4d$
HRB335　HRBF335 HRB400　HRBF400 HRB500　HRBF500 RRB500	单面焊	$\geqslant 10d$
	双面焊	$\geqslant 5d$

注: 表中 d 为主筋直径(mm)。

2. 搭接焊

搭接焊宜采用双面焊,不能双面焊时方可单面焊(见图 4-22)。搭接焊前,先将钢筋端部按搭接长度预弯,保证被焊的两钢筋的轴线在同一直线上。搭接焊的搭接长度 l 与帮条长度相同。施焊前,两主筋之间用两点定位焊固定,定位焊缝应距搭接端部 20 mm 以上。施焊时,引弧应从搭接钢筋的一端开始,收弧应在搭接钢筋端头上。

帮条焊和搭接焊的焊缝长度不应小于帮条或搭接长度,焊缝厚度 $s \geqslant 0.3d$;焊缝宽度 $b \geqslant 0.7d$,见图 4-23。

3. 坡口焊

坡口焊施工前在焊接钢筋端部切口形成坡口。坡口面应平顺,凹凸不平度不超过 1.5 mm。切口边缘不得有裂纹、钝边和缺棱。坡口平焊时,V 形坡口角度为 55° ~ 65°;立焊时,坡口角度为 45° ~ 55°,其中下钢筋为 0° ~ 10°,上钢筋为 35° ~ 45°。钢筋根部间距,

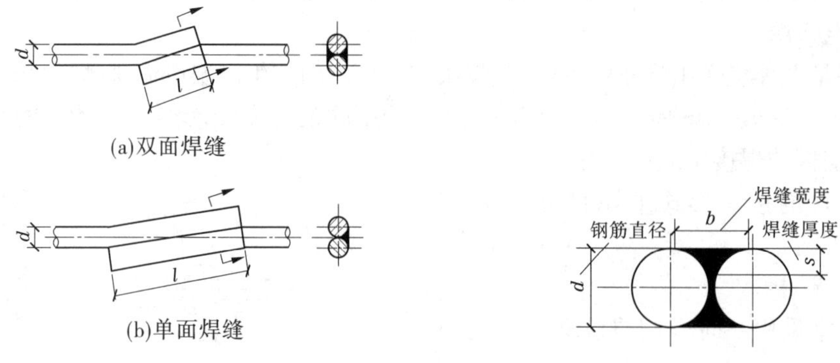

(a)双面焊缝

(b)单面焊缝

图 4-22 搭接焊

图 4-23 焊缝尺寸

平焊时为 4 ~6 mm,立焊时为 3 ~5 mm,最大间隙均不宜超过 10 mm。加强焊缝的宽度应超过 V 形坡口的边缘 2 ~3 mm,其高度也为 2 ~3 mm。钢垫板厚度宜为 4 ~6 mm,长度宜为 40 ~60 mm。坡口平焊时,垫板宽度应为钢筋直径加 10 mm,立焊时,垫板宽度宜等于钢筋直径(见图 4-24)。

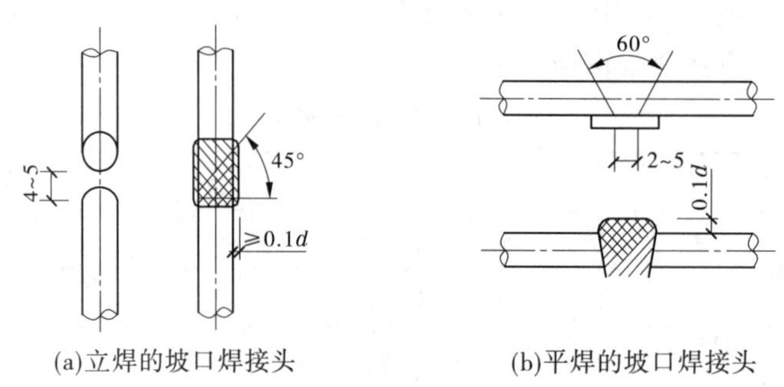

(a)立焊的坡口焊接头

(b)平焊的坡口焊接头

图 4-24 钢筋电弧焊的接头方式

焊条的种类很多,钢筋焊接应根据钢材等级和焊接接头形式选择焊条。焊接接头除进行外观检查外,亦需抽样作拉伸试验。如对焊接质量有怀疑,还可进行非破损检验(X 射线、γ 射线和超声波探伤等)。

4.5.2.4 电渣压力焊

电渣压力焊用于现浇混凝土结构中竖向或斜向(倾斜度在 4∶1范围内)钢筋的连接,不得用于梁、板等构件中水平钢筋的连接。有自动与手工电渣压力焊两种施工方式。与电弧焊比较,电渣压力焊工效高、成本低,在土木工程施工中应用较普遍。

电渣压力焊是利用电流通过渣池产生的电阻热将钢筋端部熔化,然后施加压力使钢筋焊接在一起,其原理如图 4-25 所示。

电渣压力焊施工时先将钢筋端部约 120 mm 范围内的铁锈除尽,将固定夹具夹牢在下部钢筋上,并将上部钢筋扶直对中夹牢于活动夹具中,再装上药盒并装满焊药,接通电源,用手柄使电弧引弧。稳定一定时间,使之形成渣池并使钢筋熔化(稳弧),使熔化量达到一定数量时断电并用力迅速顶锻,以排除夹渣和气泡,形成接头,使之饱满、均匀、无裂纹。

施工时应注意:①电渣压力焊焊机容量应根据所焊钢筋直径选定,接线端应连接紧密,确保良好导电。②焊接夹具应具有足够刚度,夹具型式、型号应与焊接钢筋配套,上下钳口应同心,在最大允许荷载下应移动灵活,操作便利,电压表、时间显示器应配备齐全。③钢筋一经夹紧,钢筋应同心,且不得晃动。④引燃电弧后,应先进行电弧过程,然后,加快上钢筋下送速度,使上钢筋端面插入液态渣池约2 mm,转变为电渣的过程,最后在断电的同时,迅速下压上钢筋,挤出熔化金属和熔渣。⑤接头焊毕,应稍作停歇,方可回收焊剂和卸下焊接夹具;敲去渣壳后,四周焊包凸出钢筋表面的高度,当钢筋直径为25 mm及以下时不得小于4 mm;当钢筋直径为28 mm及以上时不得小于6 mm。⑥不同直径钢筋焊接时,钢筋直径相差不宜超过7 mm,上下两钢筋轴线应在同一直线上,焊接接头上下钢筋轴线偏差不得超过2 mm。

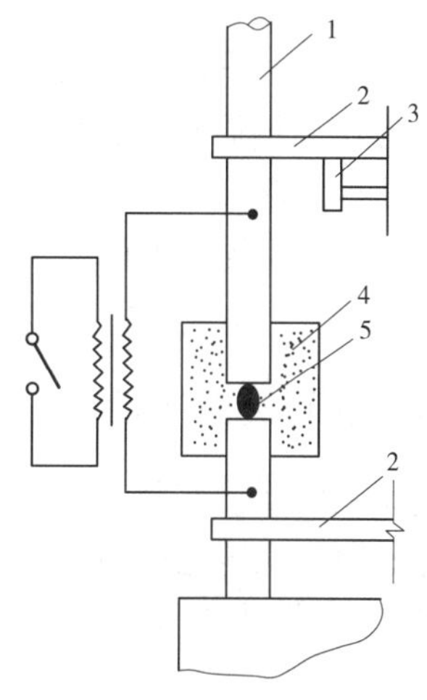

1—钢筋;2—夹钳;3—凸轮;
4—焊剂;5—铁丝团环球或导电焊剂

图4-25　电渣压力焊原理示意图

电渣压力焊的接头,还应按规程规定的方法进行外观检查和抽取试件进行拉伸试验。

(1)取样数量:从同一楼层中以300个同类型接头为一批(不足300时仍为一批),切三个接头进行拉伸试验。

(2)外观检查:电渣压力焊接头应逐个进行,要求接头焊包均匀、突出部分高出钢筋表面4 mm,不得有裂纹和明显的烧伤缺陷;接头处钢筋轴线偏离不超过0.1d,且不大于2 mm;接头处的弯折角不得大于30°。

图4-26为外观合格的电渣压力焊接头,图4-27为不合格的电渣压力焊接头。

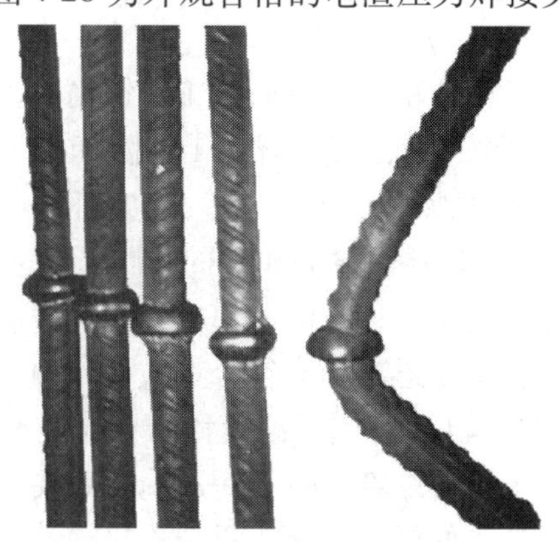

图4-26　合格的电渣压力焊接头

图4-27　不合格的电渣压力焊接头

4.5.2.5　电阻点焊

电阻点焊主要用于钢筋的交叉连接,如用来焊接钢筋网片、钢筋骨架等。

电阻焊的工作原理如图4-28所示,当钢筋交叉点焊时,由于接触点只有一点,且接触电阻较大,在通电的瞬间电流产生的全部热量都集中在一点上,因而使金属受热而熔化,同时在电极加压下使焊点金属得到焊合。

焊点应有一定的压入深度。点焊热轧钢筋时,压入深度为较小钢筋直径的 30% ~45%;点焊冷拔低碳钢丝时,压入深度为较小钢筋直径的 30% ~35%。

焊点同样需要按规程要求进行外观检查和强度试验。

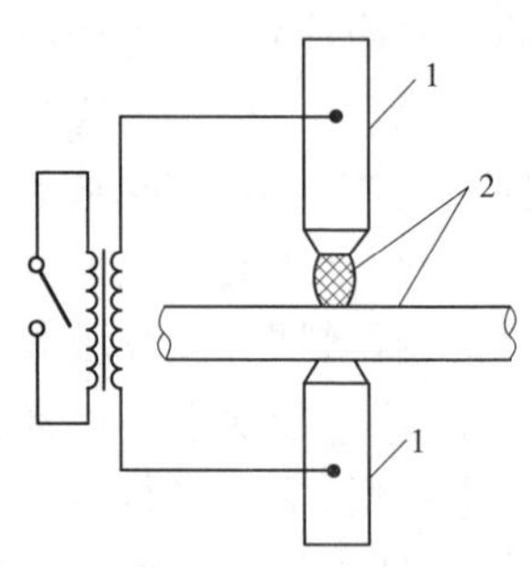

1—电极;2—钢丝

图 4-28　点焊机工作原理示意图

4.5.3　钢筋机械连接

钢筋机械连接有挤压连接和锥螺纹连接,是近年来大直径钢筋现场连接的主要方法,具有操作简单、连接速度快、无明火作业、不污染环境、可全天候施工等特点。

4.5.3.1　钢筋挤压连接

钢筋挤压连接亦称钢筋套筒冷压连接。目前我国应用的钢筋挤压连接技术有钢筋径向挤压和钢筋轴向挤压两种,轴向挤压连接现场施工不方便且接头质量不够稳定,没有得到推广;而径向挤压连接技术,连接接头得到了大面积推广使用。现在工程中使用的套筒挤压连接接头,都是径向挤压连接。

径向挤压连接是将需要连接的变形钢筋插入特制钢套筒内,利用挤压机使钢套筒产生塑性变形,使它紧紧咬住变形钢筋以实现连接,如图 4-29 所示。挤压连接适用于竖向、横向及其他方向的较大直径变形钢筋的连接。钢筋径向挤压连接是利用挤压机径向挤压钢套筒,使套筒产生塑性变形,套筒内壁变形嵌入钢筋变形处,由此产生抗剪力来传递钢筋连接处的轴向力。

径向挤压连接适用于直径 20 ~40 mm 的带肋钢筋的连接,特别适用于对接头可靠性和塑性要求较高的场合。

钢筋挤压连接的工艺流程为:钢套筒、钢筋挤压部位检查、清理、矫正→钢筋端头压接标志→钢筋插入钢套筒→挤压→检查验收。施工时按下列工艺操作:①清除钢筋端头的锈污、泥沙等杂物;钢筋端头呈马蹄形,有飞边、弯折或纵肋尺寸超大者,应先矫正或砂轮修磨。②在钢筋端头作定位标记和检查标记,用红色油漆画 3 mm 宽的线作标记。定位标记的位置为套筒长度的一半减去 5 mm,检查标记与定位标记间距 30 mm。③挤压操作时采用的挤压力,压痕处外径或挤压后的套筒长度、挤压道次均应符合型式检验确定的技术参数。④按钢筋定位标记将钢筋插入套筒。压钳就位时,应对准套筒压痕定位标志线并垂直于被压钢筋的横肋。⑤挤压应从套筒中央逐道向端部进行。每次施压时要严格控制压力。认真检查压痕深度,深度不够的要补压,超深的要切除接头重新连接。⑥为加快施工进度,先在地面上挤压一端套筒,再在施工作业区按工艺要求挤压另一端。⑦要注意钢筋插入套筒的长度,检查定位标记线,防止压空。注意套筒内不得有沙子等杂物。

钢筋径向挤压连接需按规程规定的方法进行外观检查和抽取试件进行拉伸试验。外观质量检查应符合下列要求:①压痕道数应符合型式检验确定的道数,压痕处的套筒外径应符合型式检验确定的外径范围,接头处弯折小于 1:14(或 4°),挤压后的套筒不得有肉

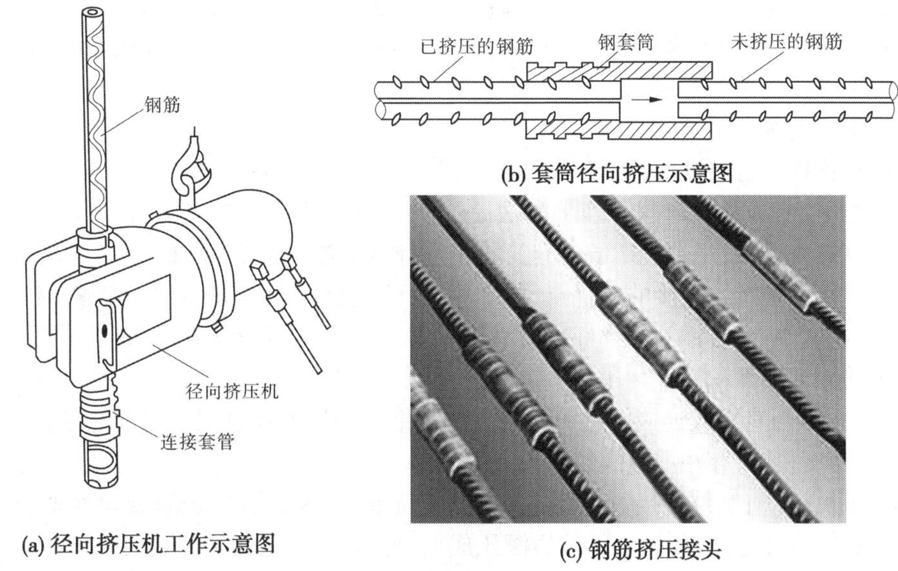

(a) 径向挤压机工作示意图

(b) 套筒径向挤压示意图

(c) 钢筋挤压接头

图 4-29 套筒挤压连接

眼可见的裂缝。接头外观检查数量应不少于验收批接头数量的 10%。②挤压接头的单向拉伸试验按验收批进行:500 个同等级、同规格接头为一批,且同批接头分布不多于三个楼层。每批接头,均按设计要求的接头性能等级,在成品中随机切取 3 个接头做单向拉伸试验。

4.5.3.2 钢筋螺纹套筒连接

螺纹套筒连接是将两根待接钢筋的端部和套管预先加工成螺纹,然后利用力矩扳手将两根钢筋端部旋入套筒形成机械式钢筋接头。螺纹套筒连接能在现场连接 ϕ14 ~ 40 mm 的同径、异径的竖向、水平或任何倾角的钢筋,它连接速度快、对中性好、工艺简单、安全可靠、节约钢材和能源,可全天候施工。可用于一、二级抗震设防的工业与民用建筑的梁、板、柱、墙、基础的施工。但不得用于预应力钢筋或承受反复动荷载及高应力疲劳荷载的结构。

螺纹套筒连接分锥形螺纹连接和直螺纹连接两种。

1. 锥形螺纹连接

锥形螺纹连接的钢套筒内壁在工厂专用机床上加工有锥螺纹,钢筋的对接端头亦在钢筋套丝机上加工有与套筒相对应的锥螺纹。连接时,经对螺纹检查无油污和损伤后,先用手旋入钢筋,然后用扭矩扳手紧固至规定的扭矩即完成连接(见图 4-30)。

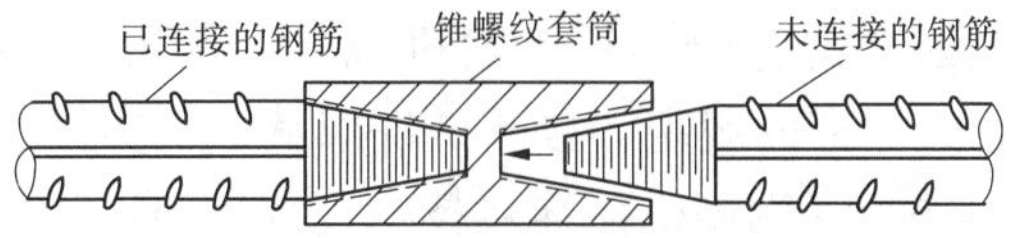

图 4-30 钢筋锥螺纹套管连接示意图

锥螺纹套筒连接存在螺距单一的缺陷，且因为加工螺纹削弱了母材的横截面积，降低了接头强度，通常只能到达母材实际抗拉强度的85% ~95%。目前，锥螺纹套筒连接已逐渐被直螺纹连接接头所取代。

2. 直螺纹连接

直螺纹连接是目前推广的新工艺技术。具体又可分为3种连接工艺：

(1)镦粗直螺纹连接。这种连接方法是先将钢筋端部用冷镦机镦粗，再用直螺纹套丝机切削直螺纹，然后用带直螺纹的套筒将钢筋拧紧的连接方法，见图4-31。这种连接技术不仅具有钢筋锥螺纹连接的的优点，成本相近，而且套筒短，一般螺纹扣数少，不需力矩扳手，连接速度快；而且钢筋端部经冷镦后不仅直径增大，使套丝后丝扣底部横截面面积不小于钢筋原截面面积。

(2)直接滚压直螺纹连接。这种连接方法是把带肋钢筋放进滚压机通过滚丝轮滚压成型，螺纹精度稍差，存在虚假螺纹现象。

(3)剥肋滚压直螺纹连接。这种连接方法是先将钢筋接头纵、横肋剥切处理，使钢筋滚丝前的柱体直径达到同一尺寸，然后滚压成型，见图4-32。它集剥肋、滚压于一体，成型螺纹精度高，滚丝轮寿命长，是目前直螺纹套筒连接的主流技术。

对于剥肋滚压直螺纹连接，其主要的施工工艺流程为：钢筋断料→剥肋滚压螺纹→丝头检验→套丝保护→连接套筒检验→现场连接→接头检验。连接时，先取下连接端的塑料保护帽，检查丝扣是否完好无损，规格与套筒是否一致；确认无误后，把拧上连接套一头钢筋拧到被连接钢筋上，并用力矩扳手按规定的力矩值，拧紧钢筋接头，当听到扳手发出"咔哒"声时，表明钢筋接头已被拧紧，作好标记，以防钢筋接头漏拧。

图4-31　锥螺纹接头

图4-32　钢筋螺纹剥肋滚压中

各种直螺纹连接的质量验收标准详见相关技术规程及标准。

4.5.4　钢筋连接的质量验收

4.5.4.1　钢筋连接质量验收的主控项目

(1)钢筋采用机械连接或焊接连接时，钢筋机械连接接头、焊接接头的力学性能、弯曲性能应符合国家现行相关标准的规定。接头试件应从工程实体中截取。

检查数量：按现行行业标准《钢筋机械连接技术规程》(JGJ 107)和《钢筋焊接及验收规程》(JGJ 18)的规定确定。

检验方法：检查质量证明文件和抽样检验报告。

(2)螺纹接头应检验拧紧扭矩值，挤压接头应量测压痕直径，检验结果应符合现行行业标准《钢筋机械连接技术规程》(JGJ 107)的相关规定。

检查数量:按现行行业标准《钢筋机械连接技术规程》(JGJ 107)的规定确定。

检验方法:采用专用扭力扳手或专用量规检查。

4.5.4.2 钢筋连接质量验收的一般项目

(1)钢筋接头的位置应符合设计和施工方案要求。有抗震设防要求的结构中,梁端、柱端箍筋加密区范围内不应进行钢筋搭接。接头末端至钢筋弯起点的距离不应小于钢筋直径的10倍。

检查数量:全数检查。

检验方法:观察,尺量。

(2)钢筋接头的位置应符合设计和施工方案要求。有抗震设防要求的结构中,梁端、柱端箍筋加密区范围内不应进行钢筋搭接。接头末端至钢筋弯起点距离不应小于钢筋直径的10倍。

检查数量:全数检查。

检验方法:观察,尺量。

(3)钢筋机械连接接头、焊接接头的外观质量应符合现行行业标准《钢筋机械连接技术规程》(JGJ 107)和《钢筋焊接及验收规程》(JGJ 18)的规定。

检查数量:按现行行业标准《钢筋机械连接技术规程》(JGJ 107)和《钢筋焊接及验收规程》(JGJ 18)的规定确定。

检验方法:观察,尺量。

(4)当纵向受力钢筋采用机械连接接头或焊接接头时,同一连接区段内纵向受力钢筋的接头面积百分率应符合设计要求;当设计无具体要求时,应符合下列规定:①受拉接头,不宜大于50%;受压接头,可不受限制;②直接承受动力荷载的结构构件中,不宜采用焊接;当采用机械连接时,不应超过50%。

检查数量:在同一检验批内,对梁、柱和独立基础,应抽查构件数量的10%,且不应少于3件;对墙和板,应按有代表性的自然间抽查10%,且不应少于3间;对大空间结构,墙可按相邻轴线间高度5 m左右划分检查面,板可按纵横轴线划分检查面,抽查10%,且均不应少于3面。

检验方法:观察,尺量。

(5)当纵向受力钢筋采用绑扎搭接接头时,接头的设置应符合下列规定:①接头的横向净间距不应小于钢筋直径,且不应小于25 mm。②同一连接区段内,纵向受拉钢筋的接头面积百分率应符合设计要求;当设计无具体要求时,应符合下列规定:梁类、板类及墙类构件,不宜超过25%;基础筏板,不宜超过50%;柱类构件,不宜超过50%;当工程中确有必要增大接头面积百分率时,对梁类构件不应大于50%。

检查数量:在同一检验批内,对梁、柱和独立基础,应抽查构件数量的10%,且不应少于3件;对墙和板,应按有代表性的自然间抽查10%,且不应少于3间;对大空间结构,墙可按相邻轴线间高度5 m左右划分检查面,板可按纵横轴线划分检查面,抽查10%,且均不应少于3面。

检验方法:观察,尺量。

(6)梁、柱类构件的纵向受力钢筋搭接长度范围内箍筋的设置应符合设计要求;当设计无具体要求时,应符合下列规定:①箍筋直径不应小于搭接钢筋较大直径的1/4;②受拉搭接区段的箍筋间距不应大于搭接钢筋较小直径的5倍,且不应大于100 mm;③受压搭接区段的箍筋间距不应大于搭接钢筋较小直径的10倍,且不应大于200 mm;④当柱中纵向受力钢筋直径大于25 mm时,应在搭接接头两个端面外100 mm范围内各设置二个箍筋,其间距宜为50 mm。

检查数量:在同一检验批内,应抽查构件数量的10%,且不应少于3件。

检验方法:观察,尺量。

4.5.5 钢筋工程实训项目4

1. 实训内容

钢筋的连接,包括钢筋的绑扎连接、钢筋的焊接连接及钢筋的机械连接。

2. 实训目标

(1)熟悉钢筋的绑扎连接、钢筋的焊接连接及钢筋的机械连接的工艺流程;

(2)了解钢筋的绑扎连接、钢筋的焊接连接及钢筋的机械连接的质量验收标准。

3. 实训课时

4课时。

4. 实训要求

提交实训报告一份。

4.6 钢筋的安装

钢筋的安装包括钢筋的现场绑扎、钢筋网与钢筋骨架的安装。

4.6.1 钢筋的现场绑扎

4.6.1.1 钢筋绑扎前的施工准备

钢筋绑扎、安装前,要核对成品钢筋与料单、图纸是否相符,核对钢筋配料单和钢筋加工牌,要确定钢筋保护层厚度,研究与有关工种的配合,确定绑扎先后顺序及方法。

4.6.1.2 钢筋绑扎的相关规定

钢筋连接方式应根据设计要求和施工条件选用。施工时除要满足前述相关要求外,还需注意以下规定。

(1)钢筋机械连接应符合现行行业标准《钢筋机械连接通用技术规程》(JGJ 107)的有关规定。机械连接接头的混凝土保护层厚度宜符合现行国家标准《混凝土结构设计规范》(GB 50010)中受力钢筋最小保护层厚度的规定,且不得小于15 mm;接头之间的横向净距不宜小于25 mm。

(2)钢筋焊接连接应符合现行行业标准《钢筋焊接及验收规程》(JGJ 18)的有关规定。

(3)当纵向受力钢筋采用机械连接接头或焊接接头时,设置在同一构件内的接头宜相互错开。每层柱第一个钢筋接头位置距楼地面高度不宜小于500 mm、柱高的1/6及柱截面长边(或直径)的较大值;连续梁、板的上部钢筋接头位置宜设置在跨中1/3跨度范围内,下部钢筋接头位置宜设置在梁端1/3跨度范围内。纵向受力钢筋机械连接接头及焊接接头连接区段的长度应为35d(d为纵向受力钢筋的较大直径)且不应小于500 mm,凡接头中点位于该连接区段长度内的接头均应属于同一连接区段。同一连接区段内,纵向受力钢筋接头面积百分率为该区段内有接头的纵向受力钢筋截面面积与全部纵向受力钢筋截面面积的比值。同一连接区段内,纵向受力钢筋的接头面积百分率应符合下列规定:①在受拉区不宜超过50%,但装配式混凝土结构构件连接处可根据实际情况适当放宽;受压接头可不受限制。②接头不宜设置在有抗震要求的框架梁端、柱端的箍筋加密区;当无法避开时,对等强度高质量机械连接接头,不应超过50%。③直接承受动力荷载的结构构件中,不宜采用焊接接头;当采用机械连接接头时,不应超过50%。

(4)在梁、柱类构件的纵向受力钢筋搭接长度范围内,应按设计要求配置箍筋。当设计无具体要求时,应符合下列规定:①箍筋直径不应小于搭接钢筋较大直径的0.25倍;②受拉搭接区段,箍筋间距不应大于搭接钢筋较小直径的5倍,且不应大于100 mm;③受压搭接区段,箍筋间距不应大于搭接钢筋较小直径的10倍,且不应大于200 mm;④当柱中纵向受力钢筋直径大于25 mm时,应在搭接接头两个端面外100 mm范围内各设置二个箍筋,其间距宜为50 mm。

(5)钢筋绑扎的细部构造应符合下列规定:①钢筋的绑扎搭接接头应在接头中心和两端用铁丝扎牢;②墙、柱、梁钢筋骨架中各垂直面钢筋网交叉点应全部扎牢,板上部钢筋网的交叉点应全部扎牢,底部钢筋网除边缘部分外可间隔交错扎牢;③梁、柱的箍筋弯钩及焊接封闭箍筋的对焊点应沿纵向受力钢筋方向错开设置,构件同一表面,焊接封闭箍筋的对焊接头面积百分率不宜超过50%;④填充墙构造柱纵向钢筋宜与框架梁钢筋共同绑扎;⑤梁及柱中箍筋、墙中水平分布钢筋及暗柱箍筋、板中钢筋距构件边缘的距离宜为50 mm。

(6)构件交接处的钢筋位置应符合设计要求。当设计无要求时,应优先保证主要受力构件和构件中主要受力方向的钢筋位置。框架节点处梁纵向受力钢筋宜置于柱纵向钢筋内侧;次梁钢筋宜放在主梁钢筋内侧;剪力墙中水平分布钢筋宜放在外部,并在墙边弯折锚固。

(7)钢筋安装应采用定位件固定钢筋的位置,并宜采用专用定位件。定位件应具有足够的承载力、刚度、稳定性和耐久性。定位件的数量、间距和固定方式应能保证钢筋的位置偏差符合国家现行有关标准的规定。混凝土框架梁、柱保护层内,不宜采用金属定位件。

(8)钢筋安装过程中,设计未允许的部位不宜焊接。如因施工操作原因需对钢筋进行焊接时,焊接质量应符合现行行业标准《钢筋焊接及验收规程》(JGJ 18)的有关规定。

(9)采用复合箍筋时,箍筋外围应封闭。梁类构件复合箍筋内部宜选用封闭箍筋,单数肢也可采用拉筋;柱类构件复合箍筋内部可部分采用拉筋。当拉筋设置在复合箍筋内部不对称的一边时,沿纵向受力钢筋方向的相邻复合箍筋应交错布置。

(10)应特别注意板上部的负筋,一要保证其绑扎位置准确,二要防止施工人员的踩

踏，尤其是雨篷、挑檐、阳台等悬臂板，防止其拆模后断裂跨塌。

(11)钢筋安装应采取可靠措施防止钢筋受模板、模具内表面的脱模剂污染。

4.6.2 钢筋网与钢筋骨架的安装

4.6.2.1 钢筋安装质量验收的主控项目

钢筋网与钢筋骨架的安装是指组装的成品运输至安装地点进行现场拼装的一种施工方法。这种方法施工速度快，受外界干扰因素较少。其施工工艺包括钢筋网与钢筋骨架的制作、运输、安装。一般钢筋网片的分块面积以 6 ~ 20 m^2 为宜，钢筋骨架的分段长度宜为 6 ~ 12 m。

为防止钢筋网与钢筋骨架在运输和安装的过程中发生歪斜变形，应采取临时加固措施。

钢筋安装或现场绑扎应与模板安装相配合。柱钢筋现场绑扎时，一般在模板安装前进行，柱钢筋采用预制安装时，可先安装钢筋骨架，然后安装柱模板，或先安装三面模板，待钢筋骨架安装后，再钉第四面模板。梁的钢筋一般在梁模板安装后，再安装或绑扎；断面高度较大(>600 mm)，或跨度较大、钢筋较密的大梁，可留一面侧模，待钢筋安装或绑扎完后再钉。楼板钢筋绑扎应在楼板模板安装后进行，并应按设计先画线，然后摆料、绑扎。

钢筋在混凝土中的保护层厚度，工地常用预制水泥垫块(限制和淘汰)、塑料卡(推荐使用，见图 4-33)垫在钢筋与模板之间进行控制，垫块应布置成梅花形，其相互间距不大于 1 m，上下双层钢筋之间的尺寸可用绑扎短钢筋来控制，见图 4-34 和图 4-35。

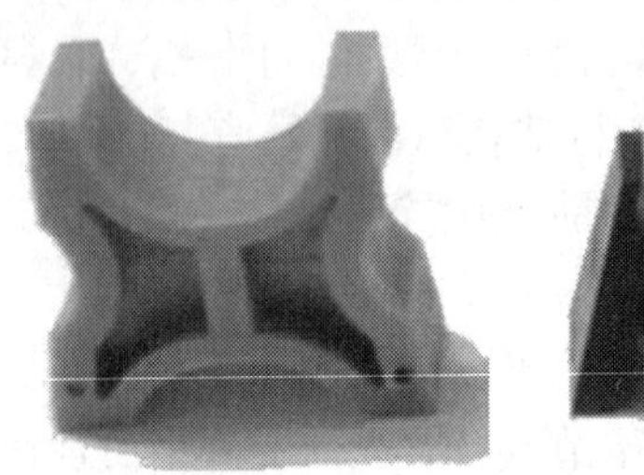
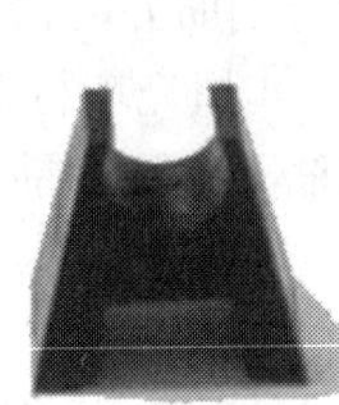

图 4-33　塑料卡及塑料垫块

图 4-34　塑料环圈控制柱钢筋的混凝土保护层厚度

图 4-35　塑料垫块控制楼板钢筋的混凝土保护层厚度

梁板钢筋绑扎时,应防止水电管线将钢筋抬起或压下(见图 4-36)。

图 4-36　楼板中水电管线的预留预埋

板、次梁与主梁交叉处,板的钢筋在上,次梁钢筋居中,主梁钢筋在下;当有圈梁、垫梁时,主梁钢筋在上(见图 4-37)。

图 4-37　板、次梁与主梁交接处钢筋的布置

4.6.2.2　钢筋安装质量验收的一般项目

钢筋安装偏差及检验方法应符合表 4-12 的规定。

梁板类构件上部受力钢筋保护层厚度的合格点率应达到 90% 及以上,且不得有超过表中数值 1.5 倍的尺寸偏差。

检查数量:在同一检验批内,对梁、柱和独立基础,应抽查构件数量的 10%,且不应少于 3 件;对墙和板,应按有代表性的自然间抽查 10%,且不应少于 3 间;对大空间结构,墙可按相邻轴线间高度 5 m 左右划分检查面,板可按纵、横轴线划分检查面,抽查 10%,且均不应少于 3 面。

表 4-12 钢筋安装位置的允许偏差和检验方法

<table>
<tr><th colspan="3">项目</th><th>允许偏差(mm)</th><th>检验方法</th></tr>
<tr><td rowspan="2">绑扎钢筋网</td><td colspan="2">长、宽</td><td>±10</td><td>钢尺检查</td></tr>
<tr><td colspan="2">网眼尺寸</td><td>±20</td><td>钢尺连续3挡,取其最大值</td></tr>
<tr><td rowspan="2">绑扎钢筋骨架</td><td colspan="2">长</td><td>±10</td><td>钢尺检查</td></tr>
<tr><td colspan="2">宽、高</td><td>±5</td><td>钢尺检查</td></tr>
<tr><td rowspan="5">受力钢筋</td><td colspan="2">间距</td><td>±10</td><td rowspan="2">钢尺量两端、中间各取一点取其最大值</td></tr>
<tr><td colspan="2">排距</td><td>±5</td></tr>
<tr><td rowspan="3">保护层厚度</td><td>基础</td><td>±10</td><td>钢尺检查</td></tr>
<tr><td>柱、梁</td><td>±5</td><td>钢尺检查</td></tr>
<tr><td>板、墙、壳</td><td>±3</td><td>钢尺检查</td></tr>
<tr><td colspan="3">绑扎钢筋、横向钢筋间距</td><td>±20</td><td>钢尺连续3挡,取其最大值</td></tr>
<tr><td colspan="3">钢筋弯起点位置</td><td>±20</td><td>钢尺检查</td></tr>
<tr><td rowspan="2">预埋件</td><td colspan="2">中心线位置</td><td>5</td><td>钢尺检查</td></tr>
<tr><td colspan="2">水平高差</td><td>+3.0</td><td>钢尺和塞尺检查</td></tr>
</table>

4.6.3 钢筋工程实训项目5

1. 实训内容

钢筋绑扎仿真实训。

2. 实训目标

(1)熟悉钢筋现场绑扎的施工准备内容;

(2)了解钢筋绑扎的相关规定。

3. 实训课时

4课时。

4. 实训要求

提交实训报告一份。

学习项目5 混凝土工程

【学习要点】

掌握混凝土强度的确定,混凝土的施工配料、搅拌运输、浇筑成型、养护、质量检查及修补。

混凝土是指由胶结料、骨料、水和外加剂等按一定比例拌和而成的混合物,经养护硬化后所形成的一种人造石材。混凝土的抗压能力大,抗拉能力却很低(约为抗压能力的1/10),受压时易产生断裂现象。为了弥补这一缺陷,在结构受拉区配上抗拉能力很强的钢筋与混凝土共同工作,各自发挥其受力特性,从而使构件既能受压,亦能受拉,这种配有钢筋的混凝土称为钢筋混凝土。无筋或不配置受力钢筋的混凝土称为素混凝土。工程中,钢筋混凝土应用较多。

钢筋和混凝土这两种不同性质的材料之所以能共同工作,主要是由于混凝土硬化后紧紧握裹钢筋,钢筋又受混凝土保护而不致锈蚀,而钢筋与混凝土的线膨胀系数又接近,当外界温度变化时,不会因膨胀不均而破坏两者的黏结。

钢筋混凝土结构工程具有耐久性、耐火性、整体性、可塑性好,节约钢材,可就地取材等优点,在工程建设中应用极为广泛。但钢筋混凝土结构工程也存在自重大、抗裂性差、现场浇筑受气候影响等缺点。不过,随着科学技术的发展,新材料、新技术、新工艺不断出现,上述一些缺点正逐步得到改善。如预应力混凝土工艺技术的不断发展和广泛应用,提高了钢筋混凝土构件的刚度、抗裂性和耐久性,减小了构件的截面和自重,节约了材料,更加拓宽了钢筋混凝土结构的应用领域。

钢筋混凝土工程主要由模板、钢筋和混凝土等三个分项工程组成,三个分项工程之间既相对独立又相互联系,其施工工艺流程如图5-1所示。

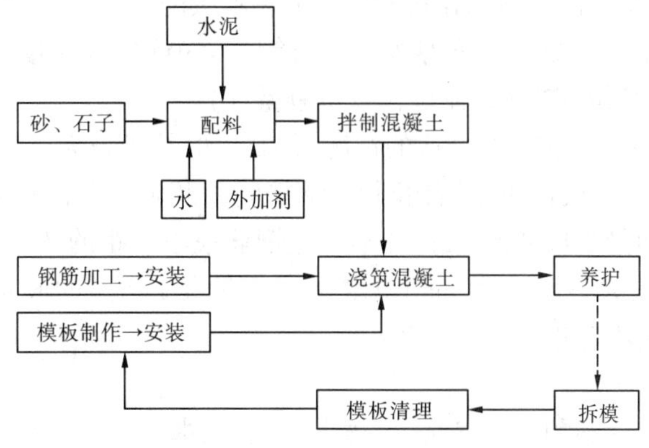

图5-1 钢筋混凝土结构工程施工工艺流程

本项目重点介绍混凝土分项工程中关于混凝土的制备、运输、浇筑、养护及质量检查等相关知识。

5.1 混凝土配料

5.1.1 混凝土的原材料

5.1.1.1 水泥

水泥的品种和成分不同,其凝结时间、早期强度、水化热和吸水性等性能也不相同,应按适用范围选用。在普通气候环境或干燥环境下的混凝土、严寒地区的露天混凝土应优先选用普通硅酸盐水泥;高强混凝土(大于C40)、要求快硬的混凝土、有耐磨要求的混凝土应优先选用硅酸盐水泥(高强,早强);高温环境或水下混凝土应优先选用矿渣硅酸盐水泥(抗侵蚀,抗渗漏);厚大体积的混凝土应优先选用粉煤灰硅酸盐水泥或矿渣硅酸盐水泥(低热);有抗渗要求的混凝土应优先选用普通硅酸盐水泥或火山灰质硅酸盐水泥。

水泥进场应对其品种、级别、包装、出厂日期等进行检查,并对强度、安定性等指标进行复检,其质量必须符合国家标准。

入库的水泥应按品种、标号、出厂日期分别堆放并挂牌标识;做到先进先用,不同品种的水泥不得混掺使用。安定性不合格的水泥不能使用。钢筋混凝土结构、预应力混凝土结构中,严禁使用含氯化物的水泥。

5.1.1.2 砂

混凝土用砂以细度模数为2.5~3.5的中粗砂最为合适,当混凝土强度等级高于或等于C30时(或有抗冻、抗渗要求),含泥量不大于3%;当混凝土强度等级低于C30时,含泥量不大于5%。

5.1.1.3 石子

常用石子有卵石和碎石。卵石混凝土水泥用量少,强度偏低;碎石混凝土水泥用量大,强度较高。

(1)石子的级配:石子的级配越好,其空隙率及总表面积越小,不仅节约水泥,混凝土的和易性、密实性和强度也较高。碎石和卵石的颗粒级配应优先采用连续级配。

(2)石子的含泥量:混凝土强度等级高于或等于C30时,含泥量≤1.0%;混凝土强度等级低于C30时,含泥量≤2.0%(泥块含量按重量计)。

(3)石子的最大粒径:在级配合适的情况下,石子的粒径越大,对节约水泥、提高混凝土强度和密实性都有好处,但由于结构断面、钢筋间距及施工条件的限制,石子的最大粒径不得超过结构截面最小尺寸的1/4,且不超过钢筋最小净距的3/4;对混凝土实心板不超过板厚的1/3,且最大不超过40 mm(机拌);任何情况下石子的最大粒径机械拌制不超过150 mm,人工拌制不超过80 mm。

5.1.1.4 水

饮用水都可用来拌制和养护混凝土,污水、工艺废水不得用于混凝土中,海水不得用来拌制配筋结构的混凝土。

5.1.1.5 外加剂

外加剂能改善混凝土的性能，提高其经济效果，以适应新结构、新技术的需要，其已经成为混凝土的第五组分，主要有：

(1)减水剂：一种表面活性材料，能显著减少拌和用水量，降低水灰比，改善和易性，增加流动性，节约水泥，有利于混凝土强度的增长及物理性能的改善，尤其适合大体积混凝土、防水混凝土、泵送混凝土等。

(2)早强剂：加速混凝土的硬化过程，提高早期强度，加快工程进度。三乙醇胺及其复合早强剂的应用较为普遍。有的早强剂(氯盐)对钢筋有锈蚀作用，在配筋结构中使用时其掺量不大于水泥重量的1%，并禁止用于预应力结构和大体积混凝土。

(3)速凝剂：加速水泥的凝结硬化，用于快速施工、堵漏、喷射混凝土等。

(4)缓凝剂：延长混凝土从塑性状态转化到固体状态所需的时间，并对后期强度无影响。主要用于大体积混凝土、气候炎热地区的混凝土工程和长距离输送的混凝土。

(5)膨胀剂：使混凝土在水化过程中产生一定的体积膨胀。膨胀剂可配制补偿收缩混凝土、填充用膨胀混凝土、自应力混凝土。

(6)防水剂：配制防水混凝土的方法之一。用水玻璃配制的混凝土不但能防水，还有很大的黏结力和速凝作用，用于修补工程和堵塞漏水很有效果。

(7)防冻剂：配制防水混凝土的方法之一。用水玻璃配制的混凝土不但能防水，还有很大的黏结力和速凝作用，用于修补工程和堵塞漏水很有效果。

(8)加气剂：又称之为引气剂，在混凝土中掺入加气剂，能产生大量微小、密闭的气泡，既改善混凝土的和易性、减小用水量，提高抗渗、抗冻性能，又能减轻自重，增加保温隔热性能，是现代建筑常用的隔热、隔声墙体材料。

混凝土外加剂应检查产品合格证、出厂检验报告，并按进场的批次和产品抽样检验方案复检，其质量和应用技术应符合现行国家标准与技术规程。

5.1.1.6 外掺料

采用硅酸盐水泥或普通硅酸盐水泥拌制混凝土时，为节约水泥和改善混凝土的工作性能，可掺用一定数量的混合材料即外掺料，外掺料一般为当地的工业废料或廉价的地方材料，常见的有粉煤灰、火山灰等。掺入适量粉煤灰既可节约水泥、改善和易性，还可降低水化热，改善混凝土的耐高温、抗腐蚀等方面的性能。掺入适量火山灰既可替代部分水泥，又可提高混凝土抗海水、硫酸盐等侵蚀的能力。

外掺料质量应符合国家现行标准的规定，其掺量应经试验确定。

5.1.2 混凝土的配合比

混凝土是由水泥、砂、石子等原材料加水拌制而成的，各种原材料所占比例的不同会直接对混凝土的各种性能产生影响。混凝土中各种材料所占的比例称之为混凝土的配合比，混凝土配合比应保证结构设计对混凝土强度等级及施工对混凝土和易性的要求；应符合合理使用材料、节约水泥的原则；必要时，还应符合耐腐蚀性、抗冻性和抗渗性等要求。

配合比可分为实验室配合比和施工配合比，前者是根据完全干燥的砂、石骨料按《普通混凝土配合比设计规程》(JGJ 55—2011)计算得到的，而后者则是根据实际使用的砂、石骨料中的含水量按实验室配合比换算得到的。

下面介绍一下混凝土施工配合比的换算方法。

如前所述,实际施工过程中所用砂、石两种材料不可避免地含有一些水分,露天堆放的情况下其含水量还会随气候变化而变化,配料时必须把这部分材料所含水量考虑进去,才能保证混凝土配合比的准确,从而保证混凝土的质量。因此,在施工时应及时测量砂、石的含水率,并将混凝土的实验室配合比换算成考虑了砂石含水率条件下的施工配合比。

若混凝土的实验室配合比为水泥∶砂∶石子∶水=1∶s∶g∶w,而现场测出砂的含水率为W_s,石的含水率为W_g,则换算后的施工配合比为:

$$1:s(1+W_s):g(1+W_g):[w-s\cdot W_s-g\cdot W_g]$$

【例 5-1】 已知某混凝土的实验室配合比为 280∶820∶1 100∶199(每立方米混凝土材料用量),现测出砂的含水率为 3.5%,石的含水率为 1.2%,试计算混凝土的施工配合比;若搅拌机的出料容积为 400 L,求每搅拌一罐混凝土所需各种材料的用量。

解:混凝土的实验室配合比折算为 1∶s∶g∶w=1∶2.93∶3.93∶0.71,将原材料的含水率考虑进去后计算出施工配合比为 1∶3.03∶3.98∶0.56。

搅拌一罐混凝土的水泥用量为:280×0.4=112(kg);

搅拌一罐混凝土的砂用量为:112×3.03=339(kg);

搅拌一罐混凝土的石用量为:112×3.98=446(kg);

搅拌一罐混凝土的水用量为:112×0.56=63(kg)。

5.2　混凝土的搅拌

为了获得质量优良的混凝土拌合物,除正确选择搅拌机外,还必须正确确定搅拌制度,即搅拌时间、投料顺序和装料容量等。

5.2.1　搅拌机转速

混凝土搅拌机根据其工作原理可分为自落式和强制式两种,见图 5-2 和图 5-3。自落式混凝土搅拌机的拌筒内壁有径向布置的搅拌叶片,工作时借助安装在拌筒内的搅拌叶片绕其水平轴回转,加入拌筒内的物料被叶片提升到一定高度后,在自重作用下下落,通过如此反复的运动,达到均匀搅拌的效果。强制式混凝土搅拌机生产历史相对来说短一些,但是发展速度很快。强制式搅拌机工作时,其罐体不动,通过搅拌臂带动搅拌叶片对罐体内的物料进行强制导向搅拌,搅拌作用比自落式的强烈一些。

对自落式搅拌机,转速过高,混凝土拌合料会在离心力的作用下吸附于筒壁不能自由下落;而转速太低,既不能充分拌和,也会降低生产率。为此,搅拌机的转速 n 应控制在下式范围内:

$$n\leqslant\frac{13}{\sqrt{R}}\sim\frac{16}{\sqrt{R}}\quad(\text{r/min})$$

式中　R——搅拌筒半径,m。

对于强制式搅拌机,虽然不受重力和离心力的影响,但其转速亦不能过大,否则将会加速机械的磨损，同时也易使混凝土拌合物产生分层离析的现象。因此，强制式搅拌机的转速一般为 30 r/min。

图 5-2　自落式搅拌机

图 5-3　强制式搅拌机

5.2.2　混凝土搅拌时间

搅拌时间是指从原材料全部投入搅拌筒时起，到开始卸料时为止所经历的时间，它与搅拌机类型、容量、混凝土材料及配合比有关。搅拌时间过短，不能使混凝土搅拌均匀；搅拌时间过长，既不经济又易使混凝土产生分层离析现象。为保证混凝土的拌和质量，规范中规定了混凝土的搅拌最短时间，见表 5-1。

表 5-1　混凝土的搅拌最短时间　（单位：s）

混凝土坍落度(mm)	搅拌机机型	搅拌机出料容量(L)		
		<250	250~500	>500
≤30	强制式	60	90	120
	自落式	90	120	150
>30	强制式	60	60	90
	自落式	90	90	120

注：当掺有外加剂时，搅拌时间应当适当延长；全轻混凝土、砂轻混凝土搅拌时间应延长 60~90 s。

5.2.3　投料顺序

投料顺序应从提高搅拌质量、减少叶片和衬板的磨损、减少拌合物与搅拌筒的黏结、节约水泥、改善工作环境等方面综合考虑确定。常用的有一次投料法和两次投料法。一次投料法是在料斗中先装石子，再加水泥和砂，在一次投入搅拌机的同时加水。投料时，砂压住水泥，不致产生水泥飞扬，也不易粘在料斗和搅拌筒上。

二次投料法是分两次加水，两次搅拌。用这种工艺进行搅拌时，先将全部的石子、砂和 70%的拌和水倒入搅拌机，拌和 15 s 使骨料湿润，再倒入全部水泥进行造壳搅拌 30 s 左右，然后加入 30%的拌和水，再进行糊化搅拌 60 s 左右即完成。与普通搅拌工艺相比，用裹砂石法搅拌工艺可使混凝土强度提高 10%~20%或节约水泥 5%~10%。推广这种新工艺有巨大的经济效益。

5.2.4 装料容量

装料容量是将搅拌前各种材料的体积累积起来的容量，又称干料容量。为保证混凝土得到充分拌和，装料容量为搅拌筒几何容量的1/3~1/2，而搅拌好的出料容量为装料容量的0.55~0.75（又称出料系数）。搅拌机不宜超载，若装料超过装料容量的10%，就会影响混凝土拌合物的均匀性；装料过少又不能充分发挥搅拌机的效能。

需要说明的是，当混凝土需要量较大时，可在施工现场设置混凝土搅拌站或订购商品混凝土搅拌站供应的商品（预拌）混凝土。大规模混凝土搅拌站采用自动上料系统，各种材料单独自动称量配料，卸入锥形料斗后进入搅拌机，粉煤灰、外加剂自动添加，如图5-4所示。具有机械化程度高、配料称量准确、节约材料、保证及时供应、能确保配制混凝土的强度等优点。使用商品（预拌）混凝土是混凝土生产的方向，国内一些大城市在一定范围内已规定必须采用商品混凝土，不得现场拌制。

图5-4 混凝土搅拌站

5.3 混凝土的运输

5.3.1 混凝土运输的要求

混凝土自搅拌机中卸出后，应及时运至浇筑地点，为保证混凝土的质量，对混凝土运输的基本要求如下：

（1）在运输过程中应保持混凝土的均匀性，避免分层离析、泌水、砂浆流失和塌落度变化等现象发生。

匀质的混凝土拌合物为介于固体和液体之间的弹塑性体，其中的骨料，在内摩阻力、黏着力和重力共同作用下处于平衡状态。在运输过程中，由于运输的颠簸振动作用，黏着力和内摩阻力下降，重骨料在自重作用下向下沉落，水泥浆上浮，形成分层离析现象。这对混凝土质量是有害的。为此，应尽可能使运输道路平坦，车辆行驶要平稳，以减少运输时的颠簸。如已产生离析,在浇筑前要进行二次搅拌。

(2)应使混凝土在初凝之前浇筑完毕。应以最少的转运次数和最短的时间将混凝土从搅拌地点运至浇筑现场。混凝土从搅拌机卸出到浇筑完毕的延续时间不宜超过表5-2的规定。

表5-2 混凝土从搅拌机中卸出到浇筑完毕的延续时间 (单位:min)

混凝土强度等级	气温	
	≤25 ℃	>25 ℃
≤C30	120	90
>C30	90	60

(3)保证混凝土的浇筑量尤其是在不允许留施工缝的情况下,混凝土运输必须保证浇筑工作能连续进行。为此,应按混凝土最大浇筑量和运距来选择运输机具。一般运输机具的容积是搅拌机出料容积的倍数。

5.3.2 运输机具

混凝土运输分水平和垂直运输两种情况。

5.3.2.1 水平运输机具

水平运输机具主要有手推车(见图5-5)、液压翻斗车(见图5-6)、自卸汽车、混凝土搅拌运输车(见图5-7)和皮带运输机。

图5-5 双轮手推车

图5-6 液压翻斗车

图5-7 混凝土搅拌运输车

混凝土搅拌运输车为长距离运输混凝土的有效工具。在运输过程中,车载搅拌筒可以慢速转动进行拌和,以防止混凝土离析。当运输距离较远时,可将干料装入搅拌筒,在到达使用地点前加水搅拌,到达工地反转卸料。

皮带运输机可综合进行水平、垂直运输,常配以能旋转的振动溜槽,其运输连续,速度快,多用于浇筑大坝、桥墩等大体积混凝土。

5.3.2.2 垂直运输机具

常用垂直运输机具有井架物料提升机和塔式起重机。塔式起重机均配有料斗,可直接把混凝土卸入模板中而不需要倒运,如图5-8和图5-9所示。

5.3.2.3 混凝土泵运输

混凝土泵是一种有效的混凝土运输和浇筑工具,它以泵为动力,沿管道输送混凝土,可以一次完成水平和垂直运输,将混凝土直接输送到浇筑地点。在大体积混凝土和高层建筑施工中皆已普遍应用。混凝土输送泵可分为拖式泵(固定式泵,见图 5-10)和车载泵(移动式泵,见图 5-11)两大类。

图 5-8　井架物料提升机

图 5-9　吊斗进行混凝土垂直运输

图 5-10　拖式泵

图 5-11　车载泵

混凝土拖式输送泵,亦称固定泵,最大水平输送距离 1 500 m,垂直高度可超过 400 m,适合高层建(构)筑物的混凝土水平及垂直输送。世界第一高楼"迪拜塔"不但高度惊人,高强混凝土也达惊人的 33 万 m^3,最大泵送高度达史无前例的 570 m。

车载式混凝土输送泵转场方便快捷,占地面积小,能有效减轻施工人员的劳动强度,提高生产效率。尤其适合设备租赁企业使用。

混凝土输送管用钢管制成,直径一般为 110 mm、125 mm、150 mm,标准管长 3 m,也有 2 m、1 m 的配管,弯头有 90°、45°、30°、15°等不同角度的弯管(见图 5-12)。管径的选择应根据混凝土骨料的最大粒径、输送距离、输送高度及其他施工条件决定。

泵送混凝土时,应保证混凝土的供应能满足混凝土泵连续工作。输送管线宜直、转弯宜缓、接头要严密;泵送前先用适量的水泥砂浆润湿管道内壁,在泵送结束或预计泵送间隙时间超过 45 min 时,及时把残留在混凝土缸体和输送管内的混凝土清洗干净。

5.3.2.4　混凝土泵车

混凝土泵车是在载重汽车底盘上进行改造而成的,它是在底盘上安装有运动和动力传动装置、泵送和搅拌装置、布料装置以及其他一些辅助装置。混凝土泵车的动力通过动力分动箱将发动机的动力传送给液压泵组或者后桥，液压泵推动活塞带动混凝土泵工作。然后利用泵车上的布料杆和输送管，将混凝土输送到一定的高度和距离。混凝土泵车均装有 3~5 节折叠式全回转布料臂，液压操作（见图 5-13）。目前常用的汽车泵中，臂长 30~40 m 者居多，少量臂长则可逾 70 m。

图 5-12　混凝土泵送管

图 5-13　混凝土泵车

图 5-14 为我国生产的混凝土泵车在上海环球金融中心地下室工程中浇筑混凝土。

图 5-14　上海环球金融中心地下室工程浇筑混凝土

5.4 混凝土的浇筑与振捣

混凝土浇筑要保证混凝土的均匀性和密实性,要保证结构的整体性、尺寸准确,钢筋、预埋件的位置正确,新旧混凝土结合良好。

5.4.1 混凝土浇筑前的准备工作

(1)检查模板及其支架,应确保标高、位置尺寸正确,强度、刚度及严密性满足要求,模板中的垃圾应清除干净。

(2)检查钢筋及预埋件的级别、直径、数量、排放位置及保护层厚度是否满足设计和规范要求,并做好隐蔽工程验收记录。

(3)做好施工组织和技术、安全交底工作。

5.4.2 混凝土浇筑

5.4.2.1 混凝土浇筑的一般要求

(1)混凝土浇筑前不应发生初凝和离析现象。混凝土运至现场后,其坍落度应满足表 5-3 的要求。

表 5-3 混凝土浇筑时的坍落度

序号	结构种类	坍落度(mm)
1	基础或地面等的垫层、无配筋的大体积结构(挡土墙、基础等)或配筋稀疏的结构	10~30
2	板、梁和大型及中型截面的柱子等	30 ~ 50
3	配筋密列的结构(薄壁、斗仓、筒仓、细柱等)	50 ~70
4	配筋特密的结构	70~90

(2)控制混凝土自由倾落高度以防混凝土发生离析。混凝土倾倒高度一般不宜超过 2 m,竖向结构(如墙、柱)不宜超过 3 m,否则应采用串筒、溜槽或震动串筒下料。溜槽与串筒如图 5-15 所示。

(3)浇筑竖向结构混凝土前,应先在底部填筑一层 50~100 mm 厚与混凝土成分相同的水泥砂浆(接浆处理),然后再浇筑混凝土。

(4)为了使混凝土振捣密实,必须分层浇筑,每层浇筑厚度与振捣方法和结构配筋有关,混凝土浇筑层厚度见表 5-4。

(5)混凝土应连续浇筑。当必须间歇时,应在下层混凝土初凝前,将上层混凝土浇筑完毕,否则应留置施工缝。

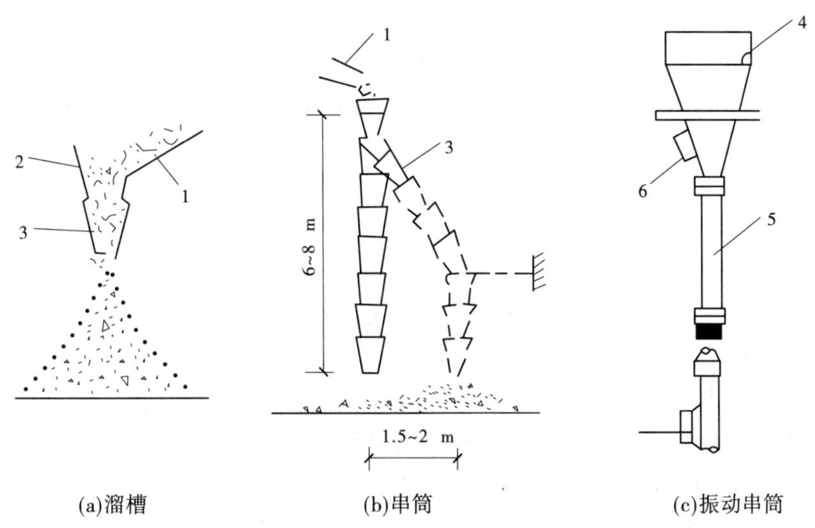

(a)溜槽　(b)串筒　(c)振动串筒

1—溜槽；2—挡板；3—串筒；4—漏斗；5—节管；6—振动器

图 5-15 溜槽与串筒

表 5-4 混凝土浇筑层厚度

<table>
<tr><th>项次</th><th colspan="2">捣实混凝土的方法</th><th>浇筑层的厚度(mm)</th></tr>
<tr><td>1</td><td colspan="2">插入式振捣</td><td>振捣器作用长度的 1.25 倍</td></tr>
<tr><td>2</td><td colspan="2">表面振动</td><td>200</td></tr>
<tr><td rowspan="3">3</td><td rowspan="3">人工捣固</td><td>在基础、无筋梁或配筋稀疏的结构中</td><td>250</td></tr>
<tr><td>在梁、墙板、柱结构中</td><td>200</td></tr>
<tr><td>在配筋密集的结构中</td><td>150</td></tr>
<tr><td rowspan="2">4</td><td rowspan="2">轻骨料混凝土</td><td>插入式振捣器</td><td>300</td></tr>
<tr><td>表面振动(振动时需加荷)</td><td>200</td></tr>
</table>

5.4.2.2 施工缝

如果由于技术或施工组织上的原因,不能对混凝土结构一次连续浇筑完毕,而必须停歇较长的时间,其停歇时间已超过混凝土的初凝时间,致使混凝土已初凝,当继续浇混凝土时形成了接缝,即为施工缝。施工缝并不是一种真实存在的“缝”,它只是后浇筑混凝土超过初凝时间而与先浇筑的混凝土之间存在的一个结合面。

后浇带是在建筑施工中为防止现浇钢筋混凝土结构由于温度变化、收缩不均可能产生的有害裂缝,按照设计或施工规范要求,在基础底板、墙、梁相应位置留设临时施工缝,将结构暂时划分为若干部分,经过构件内部收缩,在若干时间后再浇捣该施工缝混凝土,将结构连成整体。

施工缝和后浇带的留设位置应在混凝土浇筑之前确定。施工缝和后浇带宜留设在结构受剪力较小且便于施工的位置。受力复杂的结构构件或有防水抗渗要求的结构构件，施工缝留设位置应经设计单位认可。

1.水平施工缝的留设位置

水平施工缝的留设位置应符合下列规定：

(1)柱、墙施工缝可留设在基础、楼层结构顶面，柱施工缝与结构上表面的距离宜为0~100 mm，墙施工缝与结构上表面的距离宜为0~300 mm。

(2)柱、墙施工缝也可留设在楼层结构底面，施工缝与结构下表面的距离宜为0~50 mm；当板下有梁托时，可留设在梁托下0~20 mm。

(3)高度较大的柱、墙、梁以及厚度较大的基础可根据施工需要在其中部留设水平施工缝；必要时，可对配筋进行调整，并应征得设计单位认可。

(4)特殊结构部位留设水平施工缝应征得设计单位同意。

2.垂直施工缝的留设位置

垂直施工缝的留设位置应符合下列规定：

(1)有主次梁的楼板施工缝应留设在次梁跨度中间的1/3范围内。

(2)单向板施工缝应留设在平行于板短边的任何位置。

(3)楼梯梯段施工缝宜设置在梯段板跨度端部的1/3范围内。

(4)墙的施工缝宜设置在门洞口过梁跨中1/3范围内，也可留设在纵横交接处。

(5)特殊结构部位留设垂直施工缝应征得设计单位同意。

图5-16为柱子施工缝留设位置示意图，图5-17为有主次梁的楼板施工缝留设位置示意图。

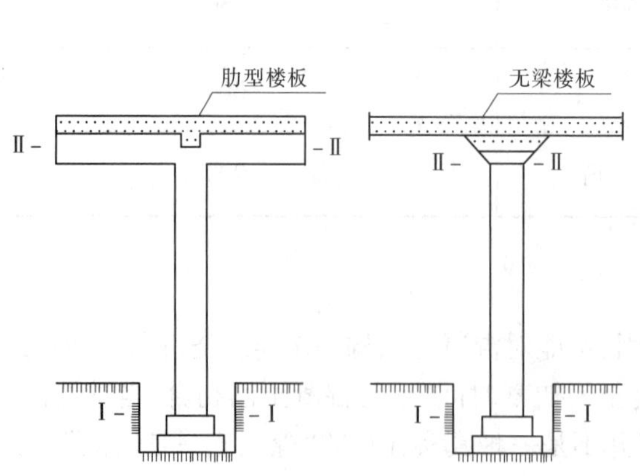

Ⅰ—Ⅰ、Ⅱ—Ⅱ为施工缝位置

图5-16　柱子的施工缝位置

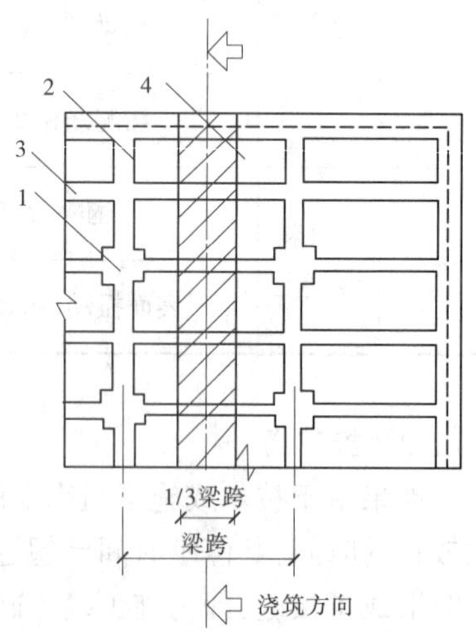

1—柱；2—主梁；3—次梁；4—楼板

图5-17　有主次梁楼盖的施工缝位置

3.施工缝的处理

施工缝处继续浇筑混凝土时，应待混凝土的抗压强度不小于 1.2 MPa 方可进行。浇筑混凝土之前，应除去施工缝表面的水泥薄膜、松动石子和软弱的混凝土层，并加以充分湿润和冲洗干净，不得有积水。浇筑时，施工缝处宜先铺水泥浆（水泥：水＝1：0.4），或与混凝土成分相同的水泥砂浆一层，厚度为 30～50 mm，以保证接缝的质量。浇筑过程中，施工缝应细致捣实，使其紧密结合。

5.4.2.3　后浇带

后浇带的留置位置应按设计要求和施工技术方案确定，在正常的施工条件下，后浇带的宽度一般为 800～1 000 mm，对于置于室内和土中的混凝土后浇带的设置距离为 30 m，露天时为 20 m。后浇带的保留时间一般以两个月为宜，至少保留 28 d 以上，再浇筑后浇混凝土。填充混凝土可采用微膨胀或无收缩水泥，也可采用普通水泥加入相应的外加剂拌制，并要求填筑混凝土的强度等级比原结构混凝土强度提高一级，并保持至少 15 d 的湿润养护。

后浇带的构造如图 5-18 所示。

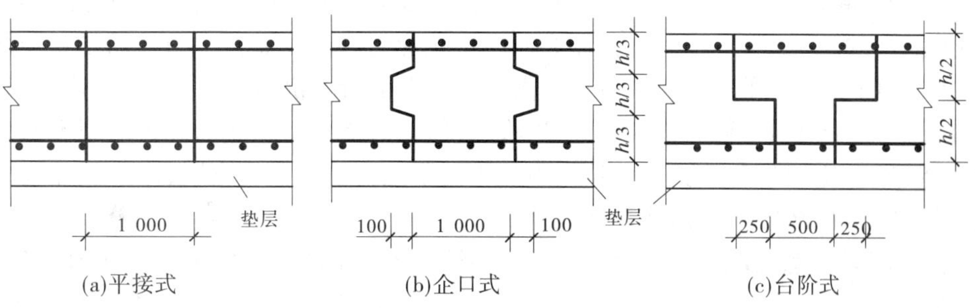

图 5-18　后浇带构造图

图 5-19 为一实际工程中楼面板后浇带留设的照片，图 5-20 为一实际工程中地下室后浇带留设的照片。

图 5-19　楼面板后浇带

图 5-20　地下室后浇带

5.4.2.4 混凝土浇筑方法

1.框架结构混凝土的浇筑

框架结构一般按结构层划分施工层和在各层划分施工段分别浇筑。一个施工段内每排柱子的浇筑应从两端同时开始向中间推进,不可从一端开始向另一端推进,预防柱子模板逐渐受推倾斜使误差积累难以纠正。每一施工层的梁、板、柱结构,先浇筑柱子。柱子开始浇筑时,底部应先浇筑一层厚 50~100 mm 与所浇筑混凝土内砂浆成分相同的水泥砂浆,然后浇筑混凝土到顶,停歇一段时间(1~1.5 h),待混凝土拌合物初步沉实,再浇筑梁板混凝土。梁板混凝土应同时浇筑,只有梁高 1 m 以上时,才可以将梁单独浇筑,此时的施工缝留在楼板板面下 20~30 mm 处。楼板混凝土的虚铺厚度应略大于板厚,用表面振动器振实,用铁插尺检查混凝土厚度,再用长的木抹子抹平。

2.大体积混凝土结构的浇筑

大体积混凝土如水电站大坝、桥梁墩台、大型设备基础或高层建筑的厚大基础底板等,其上有巨大的荷载,整体性、抗渗性要求高,往往不允许留施工缝,需要一次连续浇筑完毕。这种大体积混凝土结构浇筑后水泥的水化热量大,且由于体积大,水化热聚积在内部不易散发,混凝土内部温度显著升高,而大体积混凝土的表面散热较快,这样形成巨大的内外温差,致使内部产生压应力,而表面产生拉应力。由于混凝土的早期强度较低,在拉应力作用下混凝土的表面就产生许多微裂缝。在混凝土浇筑数日后,水化热已基本散失,在混凝土由高温向低温转化时会产生收缩,但这时受到基底或已浇筑混凝土的约束,接触处将产生很大的拉应力,如该拉应力超过混凝土的抗拉强度,就会产生收缩裂缝,甚至会贯穿整个混凝土块体,形成贯穿裂缝。

上述两种裂缝,尤其是后一种裂缝将影响结构的防水性和耐久性,严重时还将影响结构的承载能力。因此,在大体积混凝土施工中应当在减少水泥的水化热、控制混凝土的温升、延缓混凝土的降温速率、减少混凝土收缩、改善约束和完善构造设计等方面采取措施加以控制。可以采取的措施有:

(1)选用中低热的水泥品种如专用大坝水泥、矿渣硅酸盐水泥,减少放热量。

(2)掺加一定量的粉煤灰,以减少水泥用量,减少放热量。

(3)掺加减水剂,降低水灰比,降低水化热。

(4)采用粒径较大、级配良好的石子和中粗砂,必要时投以毛石,以减少拌和用水和水泥用量,吸收热量,降低水化热。

(5)采用拌和水中加冰块的方法降低混凝土出机温度和浇筑入模温度。

(6)预埋冷却水管,用循环水带出内部热量,进行人工导热。

(7)采用蓄水养护以及拆模后及时回填,用土体保温延缓降温速率。

(8)改善边界约束和加强构造设计以控制裂缝发展。

大体积混凝土浇筑前一定要认真做好施工组织设计。浇筑方案一般分为全面分层、分段分层和斜面分层三种(见图 5-21)。

(1)全面分层。这种浇筑方案是将整个结构分为若干层进行浇筑,即第一层全部浇筑完毕后,再浇筑第二层,如此逐层连续浇筑,直至结束。采用此方案,结构平面尺寸不宜过大,施工时从短边开始,沿长边进行。必要时亦可从中间向两端或从两端向中间同时进行。为保证结构的整体性,要求次层混凝土在前层混凝土初凝前浇筑完毕。

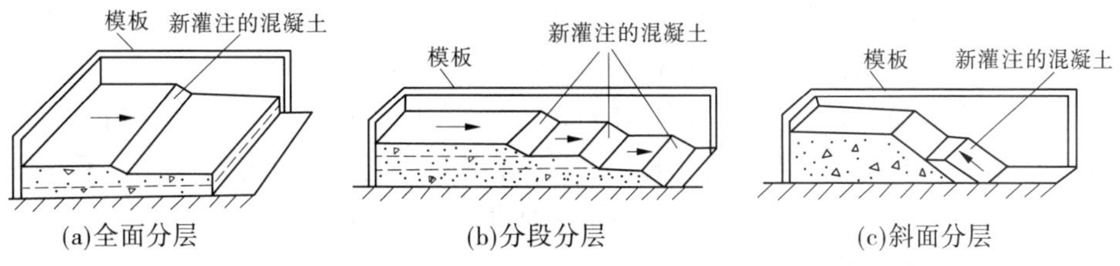

图 5-21　大体积混凝土浇筑方案

(2)分段分层。如采用全面分层浇筑方案、混凝土的浇筑强度太高,施工难以满足时,则可采用分段分层浇筑方案。它是将结构从平面上分成几个施工段,厚度上分成几个施工层,先浇筑第一段各层,然后浇筑第二段各层,如此逐段逐层连续浇筑,直至结束。施工时要求在第一段第一层末端混凝土初凝前,开始第二段第一浇筑层的施工,以保证混凝土接触结合良好。该方案适用于厚度不大而面积较大的结构。

(3)斜面分层。这种浇筑方法是分成若干层浇筑,但是每一层都不完全浇筑到头,下一层浇筑一部分后,回头浇筑上一层,逐步形成阶梯形浇筑层次,这种适合于面积和厚度都比较大的大体积混凝土浇筑。施工时,同样要求在下一段混凝土施工时上一段混凝土尚未初凝。混凝土的振捣需从下端开始,逐渐上移,以保证混凝土的施工质量。

大体积混凝土浇筑是一个比较复杂的过程,必须编制专项施工方案,经单位技术负责人组织技术、质量等部门审核同意签署意见并报总监签字后,才能进行施工。施工时要设置测温装置,加强观测,及时发现问题,采取措施确保浇筑质量。

3.水下浇筑混凝土

水下浇筑混凝土应用很广,如沉井封底、钻孔灌注桩浇筑、地下连续墙浇筑以及桥墩、水工和海工结构的施工等。水下浇筑混凝土多采用导管法施工(见图 5-22)。

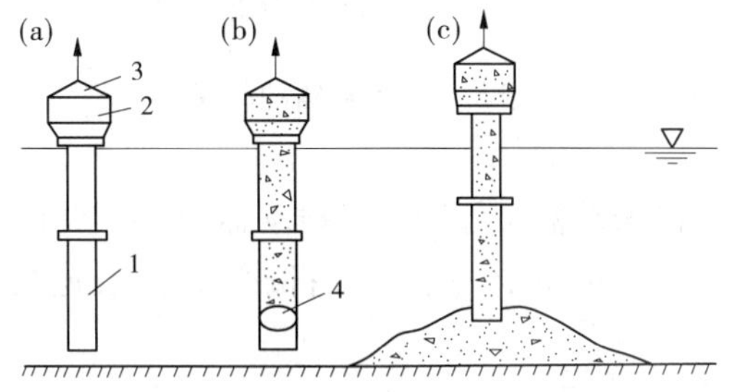

(a)组装设备;(b)导管内悬吊球塞,浇入混凝土;(c)不断浇入混凝土,提升导管

1—导管;2—承料漏斗;3—提升机具;4—球塞

图 5-22　导管法水下浇筑混凝土

导管直径 100~300 mm(至少为最大骨料粒径的 8 倍),每节长 3 m,用法兰密封连接,顶部有漏斗。导管用起重设备吊住可以升降。浇筑前,导管下口先用球塞(木、橡皮等)堵塞,球塞用铁丝吊住,然后在导管内灌注一定数量的混凝土,将导管插入水下使其下口距基底约 300 mm 处,剪断铁丝使混凝土冲口而出形成混凝土堆并封住管口,此后一面均

衡地浇筑混凝土，一面慢慢地提起导管，但导管下口必须始终保持在混凝土表面之下一定深度。这样与水接触的只是混凝土的表面层，新浇筑混凝土则与水隔绝，一直浇出水面后，凿去顶面与水接触的厚约 200 mm 疏松的混凝土即可。

在整个浇筑过程中，应避免在水平方向移动导管，以免造成管内进水事故。一根导管的有效工作直径为 5～6 m，当面积过大时，可用数根导管同时工作。如水下浇筑的混凝土体积过大，将导管法与混凝土泵结合使用可以取得较好的效果。

5.4.2.5 混凝土密实成形

混凝土浇入模板时由于骨料间的摩阻力和黏结力的作用，不能自动充满模板，其内部是疏松的，需经过振捣成形才能赋予混凝土制品或结构一定的外形、尺寸、强度、抗渗性及耐久性。

使混凝土拌合物密实成形的方法如下。

1.混凝土振动密实成形

混凝土振动密实的原理，在于振动机械将振动能量传递给混凝土拌合物，使其中所有的骨料颗粒都受到强迫振动，使拌合物中的黏结力和内摩阻力大大降低，骨料在自重作用下向新的稳定位置沉落，排除存在于拌合物中的气体，消除空隙，使骨料和水泥浆在模板中形成致密的结构。

振动机械按其工作方式分为内部振动器、表面振动器、外部振动器和振动台（见图 5-23）。

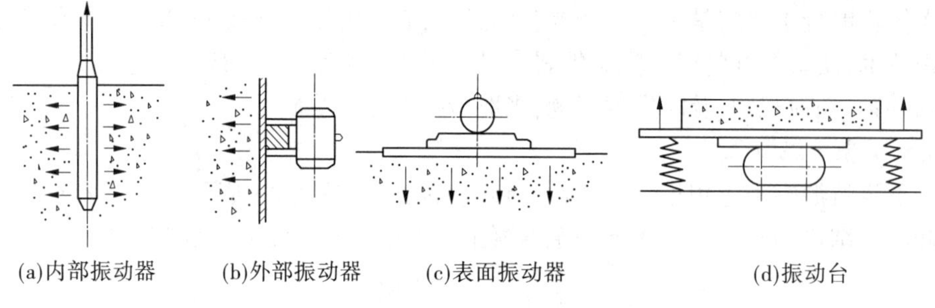

图 5-23　振动器的原理

（1）内部振动器。内部振动器又称插入式振动器，它由电机、软轴和振动棒三部分组成。其工作部分是一棒状空心圆柱体，内部装有偏心振子，在电机带动下高速转动而产生高频微幅的振动。

常用于振实梁、墙、柱和体积较大的混凝土。

插入式振捣器是建筑工地应用最多的一种振动器（见图 5-24），用其振捣混凝土时，应垂直插入，并插入下层尚未初凝的混凝土中 50～100 mm，以促使上下层混凝土结合成整体（见图 5-25）。插点应均匀，不要漏振。每一插点的振捣时间一般为 20～30 s，应振捣至表面呈现浮浆并不再沉落为止；操作时，要做到快插慢抽。采用插入式振动器捣实普通混凝土时的移动间距，不宜大于作用半径的 1.5 倍；振动器距模板不应大于振动器作用半径的 0.5 倍；插捣时应尽量避免碰撞钢筋、模板、预埋件等。插点的分布有行列式和交错式两种，见图 5-26。

图 5-24 插入式振动器

图 5-25 插入式振动器的使用

(2)表面振动器(见图 5-27)。表面振动器又称平板振动器,它由带偏心块的电机和平板组成。在混凝土表面进行振捣,适用于振捣面积大而厚度小的结构,如楼板、地坪或板形构件等薄型构件。在混凝土表面进行振捣,其有效作用深度一般为 200 mm。振捣时,其移动间距应能保证振动器的平板覆盖已振实部分的边缘,前后搁置搭接 30~50 mm。每一位置振动时间为 25~40 s,以混凝土表面出现浮浆为准。也可进行两遍振捣,第一遍和第二遍的方向要互相垂直,第一遍主要使混凝土密实,第二遍则使表面平整。

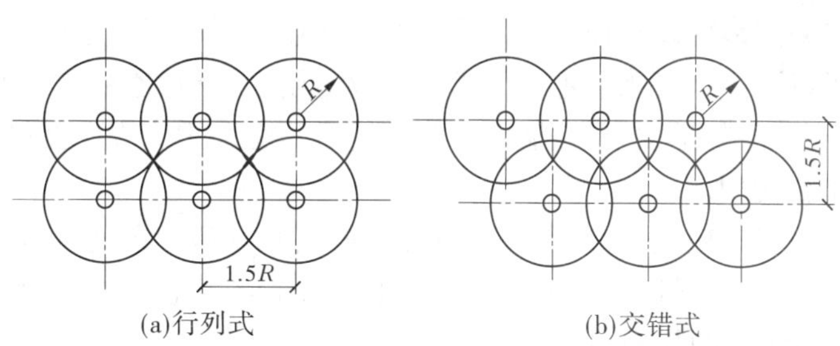

(a)行列式 (b)交错式

图 5-26 插点的分布

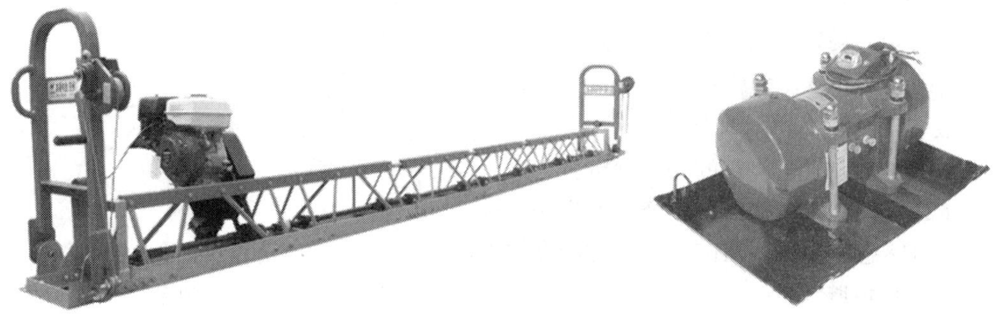

(a)混凝土平整机 (b)平板振动器

图 5-27 表面振动器

(3)外部振动器。外部振动器又称附着式振动器,它固定在模板外部,是通过模板将振动传给混凝土,因而模板应有足够的刚度。它宜用于振捣断面小且钢筋密的构件。

(4)振动台。振动台是混凝土预制厂中的固定生产设备,用于振实预制构件。

2.离心法成形

离心法成形就是将装有混凝土的钢制模板放在离心机上,使模板绕自身的纵轴线旋转,模板内的混凝土由于离心力作用而远离纵轴,均匀分布于模板内壁,并将混凝土中的部分水分挤出,使混凝土密实。

此法一般用于管道、电杆和管桩等具有圆形空腔构件的制作。

3.真空作业法成形

混凝土真空作业法是借助于真空负压,将水从刚浇筑成形的混凝土拌合物中吸出,同时使混凝土密实的一种成形方法。真空吸水设备主要由真空泵机组、真空吸盘、连接软管等组成,如图 5-28 所示。

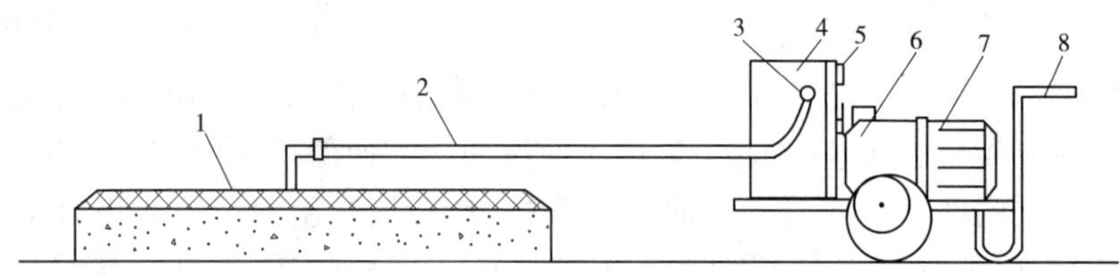

1—真空吸盘;2—软管;3—吸水进口;4—集水箱;5—真空表;6—真空泵;7—电动机;8—手推小车

图 5-28 真空吸水设备工作示意图

真空作业多采用表面真空作业法。表面真空作业法是在混凝土构件的上下表面或侧表面布置真空吸盘而进行吸水。上表面真空作业适用于楼板、道路和机场跑道等;下表面真空作业适用于薄壳、隧道顶板等;墙壁、水池、桥墩等宜采用侧表面真空作业。有时还可以将几种方法结合使用。

在放置真空吸盘前应先在混凝土上铺设过滤网,真空吸盘放置应注意其周边的密封是否严密,防止漏气,并保证两次抽吸区域中有 30 mm 的搭接。真空吸水后要进一步对混凝土表面研压抹光,保证表面的平整。

5.4.3 混凝土工程实训项目 1

1.实训内容

混凝土浇筑与振捣。

2.实训目标

(1)了解混凝土浇筑的相关规定;

(2)掌握框架结构混凝土浇筑的方法;

(3)熟悉常用振捣器的主要性能和振捣方法。

3.实训课时

4 课时。

4.实训要求

提交 1 份实训报告。

5.5 混凝土的养护

混凝土浇捣后之所以能逐渐凝结硬化，主要是因为水泥水化作用的结果，而水化作用则需要适当温度和湿度条件。如气候炎热，空气干燥，不及时进行养护，混凝土中水分蒸发过快，出现脱水现象，使已形成凝胶体的水泥颗粒不能充分水化，不能转化为稳定结晶，就会在混凝土表面出现片状或粉状剥落，影响混凝土的强度。因此，浇筑后的混凝土初期阶段的养护非常重要。混凝土浇筑完毕后12 h以内就应开始养护；干硬性混凝土和真空吸水混凝土应于混凝土浇筑完毕后立即进行养护。

养护方法有自然养护、加热养护等。

5.5.1 自然养护

自然养护是指在平均气温高于+5 ℃的条件下，在一定时间内使混凝土保持湿润状态的养护方法。

自然养护分洒水养护和薄膜养护两种。

洒水养护即用草帘等将混凝土覆盖，经常洒水使其保持湿润。对于地坪、楼屋面板等大面积结构可采用蓄水养护；对于贮水池一类工程可在拆除内模后采取注水养护；对于地下基础工程可采取覆土养护。养护时间长短取决于水泥品种，普通硅酸盐水泥和矿渣硅酸盐水泥拌制的混凝土不少于7 d；掺有缓凝剂和有抗渗要求的混凝土不少于14 d。

薄膜养护适用于不易洒水养护的高耸构筑物和大面积混凝土结构。它是将塑料薄膜覆盖在混凝土构件表面或通过在混凝土表面喷涂养生液待溶液挥发后形成的薄膜，将混凝土与空气隔绝，阻止其中水分蒸发以保证水化作用的正常进行。图5-29为实际工程中排桩的塑料薄膜保湿养护图片。

图5-29 排桩的塑料薄膜保湿养护

地下建筑或基础，可在其表面涂刷沥青乳液以防止混凝土内水分蒸发。

5.5.2 加热养护

加热养护是通过对混凝土加热来加速其强度的增长,加热养护的方法很多,常用的有蒸汽养护、热膜养护、太阳能养护等。图 5-30 为一蒸汽养护的图片。

图 5-30 蒸汽养护

5.6 混凝土的质量控制

5.6.1 混凝土的质量检查

5.6.1.1 混凝土外观质量检查

混凝土结构构件拆模后,应从外观上检查其表面有无麻面、蜂窝(见图 5-31)、孔洞、露筋(见图 5-32)、墙柱烂根(见图 5-33)、缺棱掉角或缝隙夹层等缺陷;检查周线位置和外形尺寸是否超过允许偏差值。

图 5-31 蜂窝

图 5-32 露筋

图 5-33 烂根

5.6.1.2　混凝土的强度检验

混凝土的强度检验主要是抗压强度检验。在混凝土工程施工时,按要求需要制作两种类型的试块,一种是标准条件养护试块(标养试块),另一种是同条件养护试块(同养试块)。标养试块需要在拌制的混凝土进场后按规定取样制作标准试块,并且需要在温度(20±3)℃、湿度为 90%以上的条件下养护(要在符合条件的养护室内进行),后者则是在混凝土构件浇注现场取样制作标准试块,并依据现场结构实体的养护条件进行养护(放在构件附近养护)。

两种试块所做的强度检验的作用也不同,标养试块用于混凝土强度等级的检测,所有试块结果出来后,要进行评定,评定结果必须合格,否则就要进行结构检测,是混凝土工程验收的控制性指标;同养试块则用于结构实体强度实测,为结构构件的拆模、出厂、吊装、张拉、放张提供混凝土实际强度的依据。

用于检查结构构件混凝土强度的标养试件,应在混凝土的浇筑地点随机抽取,其留置方式和取样数量应符合以下规定:

(1)每 100 盘且不超过 100 m^3的同配合比的混凝土,取样不得少于一次;

(2)每工作班的同一配合比的混凝土不足 100 盘时,取样不得少于一次;

(3)一次连续浇筑超过 1 000 m^3时,同一配合比的混凝土每 200 m^3取样不得少于一次;

(4)每一楼层、同一配合比的混凝土,取样不得少于一次;

(5)每次取样应至少留置一组(3 个)标准养护试件,同条件养护试件的留置组数应根据实际需要确定。

同条件养护试件的留置方式和取样数量,应符合下列要求:

(1)同条件养护试件所对应的结构构件或结构部位,应由监理(建设)、施工等各方共同选定;

(2)对混凝土结构工程中的各混凝土强度等级,均应留置同条件养护试件;

(3)同一强度等级的同条件养护试件,其留置的数量应根据混凝土工程量和重要性确定,不宜少于 10 组,且不应少于 3 组;

(4)同条件养护试件拆模后,应放置在靠近相应结构构件或结构部位的适当位置,并应采取相同的养护方法。

图 5-34 及图 5-35 为现场制作混凝土试块和进行标注的图片。

5.6.2　混凝土非破损检验

在不破坏混凝土结构和使用性能的情况下,利用动能、光、声、电、热、磁和射线等方法,测定有关混凝土性能方面的物理量,推定商品混凝土强度、缺陷等的测试方法,统称为混凝土非破损检测。

混凝土非破损检测方法可分为两大类:

(1)混凝土强度检测方法;

(2)混凝土内部缺陷等强度以外的检测方法。

图 5-34　混凝土试块的制作

图 5-35　混凝土试块的标注

强度检测可分为非破损检测和局部破损检测。前者如回弹法(见图 5-36)、超声法(见图 5-37 和图 5-38)等,后者主要是钻芯法(见图 5-39)、拔出法、贯入阻力法等。强度以外的非破损检测方法,主要有超声法、声发射法、电磁波法(雷达法)、电磁感应法、射线法、红外线法、电位法等。具体检验方法和标准参见有关技术规程。

图 5-36　回弹法检测

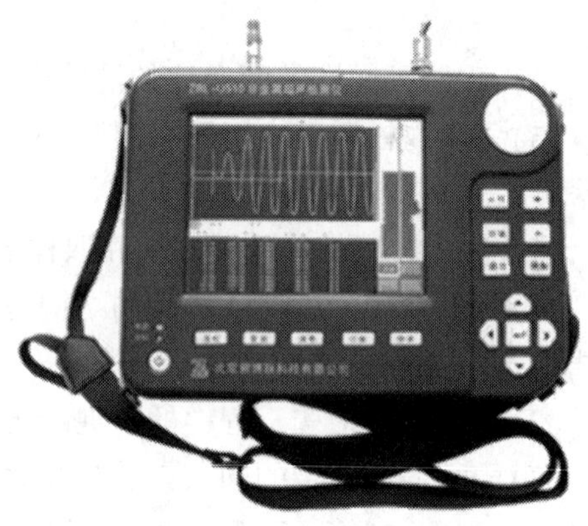

图 5-37　超声波回弹仪

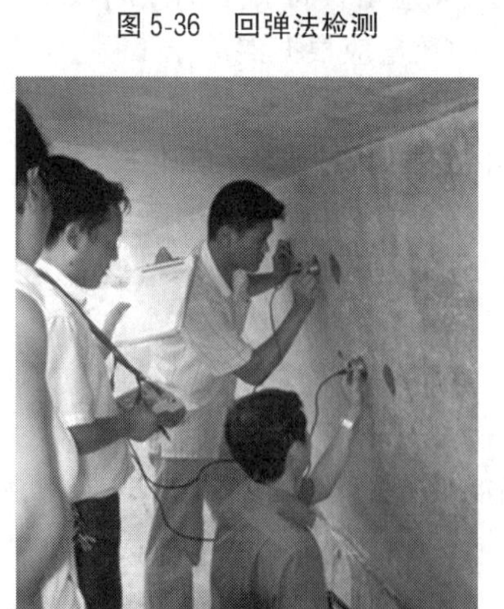

图 5-38　超声回弹检测

图 5-39　钻芯取样法检测

5.6.3　混凝土工程实训项目2

1.实训内容

混凝土工程质量检查。

2.实训目标

(1)了解混凝土常见的质量通病及控制措施;

(2)熟悉混凝土强度检查的方法和要求;

(3)熟悉无损伤检测仪器的操作方法和数据的采集分析。

3.实训课时

8课时。

4.实训要求

提交1份实训报告。

5.7　混凝土冬期施工

新浇混凝土中的水可分为两部分,一部分是与水泥颗粒起水化作用的水化水,另一部分是满足混凝土塌落度要求的自由水(自由水最终是要蒸发掉的)。水化作用的速度在一定湿度条件下取决于温度,温度愈高,强度增长也愈快,反之愈慢。当温度降至0 ℃以下时,水化作用基本停止。温度再降至-2～-4 ℃,混凝土内的自由水开始结冰,水结冰后体积增大8%～9%,在混凝土内部产生冻胀应力,使强度很低的水泥石结构内部产生微裂缝,同时削弱了混凝土与钢筋之间的黏结力,从而使混凝土强度降低。为此,《建筑工程冬期施工规程》(JGJ 104—2011)的规定,根据当地多年气象资料统计,当室外日平均气温连续5 d稳定低于5 ℃即进入冬期施工;当室外日平均气温连续5 d稳定高于5 ℃时解除冬期施工。进入冬期施工就应采取相应的技术措施进行混凝土施工,并应及时采取气温突然下降的防冻措施。

5.7.1　混凝土的受冻临界强度

受冻的混凝土在解冻后,其强度虽能继续增长,但已不能达到原设计的强度等级。试验证明,混凝土遭受冻结带来的危害,与遭冻的时间早晚、水灰比等有关。遭冻时间愈早,水灰比愈大,则强度损失愈多,反之,则损失少。

经过试验得知,混凝土经过预先养护达到某一强度值后再遭冻结,混凝土解冻后强度还能继续增长,能达到设计强度的95%以上,对结构强度影响不大。一般把遭冻结后其强度损失在5%以内的这一预养强度值定义为混凝土受冻临界强度。

混凝土受冻临界强度与水泥品种、混凝土强度等级有关。《建筑工程冬期施工规程》(JGJ 104—2011)规定:

(1)采用蓄热法、暖棚法、加热法等施工的普通混凝土,采用硅酸盐水泥、普通硅酸盐水泥配制时,其受冻临界强度不应小于设计混凝土强度等级值的30%;采用矿渣硅酸盐水泥、粉煤灰硅酸盐水泥、火山灰质硅酸盐水泥、复合硅酸盐水泥时,不应小于设计混凝土强度等级值的40%。

(2)当室外最低气温不低于-15 ℃时,采用综合蓄热法、负温养护法施工的混凝土受冻临界强度不应小于4.0 MPa;当室外最低气温不低于-30 ℃时,采用负温养护法施工的混凝土受冻临界强度不应小于5.0 MPa。

(3)对强度等级等于或高于C50的混凝土,不宜小于设计混凝土强度等级值的30%。

(4)对有抗渗要求的混凝土,不宜小于设计混凝土强度等级值的50%。

(5)对有抗冻耐久性要求的混凝土,不宜小于设计混凝土强度等级值的70%。

(6)当采用暖棚法施工的混凝土中掺入早强剂时,可按综合蓄热法受冻临界强度取值。

(7)当施工需要提高混凝土强度等级时,应按提高后的强度等级确定受冻临界强度。

混凝土冬期施工特别需要注意的就是要采取适当的方法,保证混凝土在冻结以前,至少应达到受冻临界强度。

5.7.2 混凝土冬期施工方法

混凝土冬期施工方法分为两类:混凝土养护期间不加热的方法和混凝土养护期间加热的方法。混凝土养护期间不加热的方法包括蓄热法和掺外加剂法;混凝土养护期间加热的方法包括电热法、蒸汽加热法和暖棚法。也可根据现场施工情况将上述两种方法结合使用。

5.7.2.1 蓄热法

蓄热法是利用加热原材料(水泥除外)或混凝土(热拌混凝土)所预加的热量及水泥水化热,再用适当的保温材料覆盖,延缓混凝土的冷却速度,使混凝土在正常温度条件下达到受冻临界强度的一种冬期施工方法。此法适用于室外最低温度不低于-15 ℃的地面以下工程或表面系数(指结构冷却的表面与全部体积的比值)不大于15的结构。蓄热法具有施工简单、节能和冬期施工费用低等特点,应优先采用。

蓄热法宜采用标号高、水化热大的硅酸盐水泥或普通硅酸盐水泥。原材料加热时因水的比热容大,故应首先加热水,如水加热至极限温度而热量尚嫌不足时,再考虑加热砂石。水加热极限温度一般不得超过80 ℃,如加热温度超过此值,则搅拌时应先与砂石拌和,然后加入水泥以防止水泥假凝。水泥不允许加热,可提前搬入搅拌机棚以保持室温。

蓄热法养护的三个基本要素是混凝土的入模温度、围护层的总传热系数和水泥水化热值。应通过热工计算调整以上三个要素,使混凝土冷却到0 ℃时,强度能达到临界强度的要求。

5.7.2.2 硫铝酸盐水泥混凝土负温施工

硫铝酸盐水泥混凝土可在不低于-25 ℃环境下施工,适用于下列工程:①工业与民用建筑工程的钢筋混凝土梁、柱、板、墙的现浇结构;②多层装配式结构的接头以及小截面和薄壁结构混凝土工程;③抢修、抢建工程及有硫酸盐腐蚀环境的混凝土工程。使用条件经常处于温度高于80 ℃的结构部位或有耐火要求的结构工程,不宜采用硫铝酸盐水泥混凝土施工。硫铝酸盐水泥混凝土冬期施工可选用$NaNO_2$防冻剂或$NaNO_2$与Li_2CO_3复合防冻剂,其掺量可按《建筑工程冬期施工规程》(JGJ 104)规定使用。

5.7.2.3 电热法

电热法是利用电流通过不良导体混凝土或电阻丝所发出的热量来养护混凝土。其方法分为电极法和电热器法两类。

电极法即在新浇的混凝土中,每隔一定间距(200~400 mm)插入电极(Φ6~Φ12短钢筋),接通电源,利用混凝土本身的电阻,变电能为热能进行加热。加热时要防止电极与构件内的钢筋接触而引起短路。

电热器法是利用电流通过电阻丝产生的热量进行加热养护。根据需要,电热器可制成多种形状,如加热楼板可用板状加热器,对用大模板施工的现浇墙板,则可用电热模板(大模板背面装电阻丝形成热夹层,其外用铁皮包矿渣棉封严)加热等。电热应采用交流电(因直流电会使混凝土内水分分解),电压为50~110 V,以免产生强烈的局部过热和混凝土脱水现象。当混凝土强度达到受冻临界强度时,即可停止电热。

电热法设备简单,施工方便有效,但耗电大、费用高,应慎重选用,并注意施工安全。

5.7.2.4 蒸汽加热法

蒸汽加热法是利用低压(不高于0.07 MPa)饱和蒸汽对新浇混凝土构件进行加热养护。此法除预制厂用的蒸汽养护窑外,在现浇结构中则有汽套法、毛细管法和构件内部通气法等。用蒸汽加热养护混凝土,当用普通硅酸盐水泥时温度不宜超过80 ℃,用矿渣硅酸盐水泥时可提高到85~95 ℃。养护时升温、降温速度亦有严格控制,并应设法排除冷凝水。

蒸汽加热法需锅炉等设备,消耗能源多、费用高,只有当采用其他方法达不到要求及具备蒸汽条件时,才能采用。

5.7.2.5 暖棚法

暖棚法是将被养护的混凝土或结构置于搭设的暖棚中,内部设置散热器、排管、电热器或火炉等加热棚内空气,使混凝土处于正温环境下养护的方法。

暖棚法施工适用于地下结构工程或混凝土量比较集中的结构工程。

暖棚法施工应符合下列要求:

(1)棚内各测点温度不得低于5 ℃,并应设专人检测混凝土及棚内温度。暖棚内测温点应选择具有代表性位置进行布置,在离地面50 cm高度处必须设点,每昼夜测温不应少于4次。

(2)养护期间应测量棚内湿度,混凝土不得有失水现象。当有失水现象时,应及时采取增湿措施或在混凝土表面洒水养护。

(3)暖棚的出入口应设专人管理,并应采取防止棚内温度下降或引起风口处混凝土受冻的措施。

(4)在混凝土养护期间应将烟或燃烧气体排至棚外,并应采取防止烟气中毒和防火措施。

5.8 混凝土工程施工质量验收

5.8.1 一般规定

(1)混凝土强度应按现行国家标准《混凝土强度检验评定标准》(GB/T 50107)的规定分批检验评定。划入同一检验批的混凝土,其施工持续时间不宜超过3个月。检验评定混凝土强度时,应采用28 d或设计规定龄期的标准养护试件。试件成型方法及标准养护条件应符合现行国家标准《普通混凝土力学性能试验方法标准》(GB/T 50081)的规定。采用蒸汽养护的构件,其试件应先随构件同条件养护,然后再置入标准养护条件下继续养护至28 d或设计规定龄期。

(2)当采用非标准尺寸试件时,应将其抗压强度乘以尺寸折算系数,折算成边长为150 mm的标准尺寸试件抗压强度。尺寸折算系数应按现行国家标准《混凝土强度检验评定标准》(GB/T 50107)采用。

(3)当混凝土试件强度评定不合格时,可采用非破损或局部破损的检测方法,并按国家现行有关标准的规定对结构构件中的混凝土强度进行推定,并应按《混凝土强度检验评定标准》(GB/T 50107)第10.2.2条的规定进行处理。

(4)混凝土有耐久性指标要求时,应按现行行业标准《混凝土耐久性检验评定标准》(JGJ/T 193)的规定检验评定。

(5)大批量、连续生产的同一配合比混凝土,混凝土生产单位应提供基本性能试验报告。

(6)预拌混凝土的原材料质量、制备等应符合现行国家标准《预拌混凝土》(GB/T 14902)的规定。

5.8.2 原材料

5.8.2.1 主控项目

(1)水泥进场时,应对其品种、代号、强度等级、包装或散装仓号、出厂日期等进行检查,并应对水泥的强度、安定性和凝结时间进行检验,检验结果应符合现行国家标准《通用硅酸盐水泥》(GB 175)的相关规定。

检查数量:按同一厂家、同一品种、同一代号、同一强度等级、同一批号且连续进场的水泥,袋装不超过200 t为一批,散装不超过500 t为一批,每批抽样数量不应少于一次。

检验方法:检查质量证明文件和抽样检验报告。

(2)混凝土外加剂进场时,应对其品种、性能、出厂日期等进行检查,并应对外加剂的相关性能指标进行检验,检验结果应符合现行国家标准《混凝土外加剂》(GB 8076)和《混凝土外加剂应用技术规范》(GB 50119)的规定。

检查数量:按同一厂家、同一品种、同一性能、同一批号且连续进场的混凝土外加剂,不超过50 t为一批,每批抽样数最不应少于一次。

检验方法:检查质量证明文件和抽样检验报告。

(3)水泥、外加剂进场检验,当满足下列条件之一时,其检验批容量可扩大一倍:①获得认证的产品;②同一厂家、同一品种、同一规格的产品,连续三次进场检验均一次检验合格。

5.8.2.2 一般项目

(1)混凝土用矿物掺合料进场时,应对其品种、性能、出厂日期等进行检查,并应对矿物掺合料的相关性能指标进行检验,检验结果应符合国家现行有关标准的规定。

检查数量:按同一厂家、同一品种、同一批号且连续进场的矿物掺合料,粉煤灰、矿渣粉、磷渣粉、钢铁渣粉和复合矿物掺合料不超过200 t为一批,沸石粉不超过120 t为一批,硅灰不超过30 t为一批,每批抽样数量不应少于一次。

检验方法:检查质量证明文件和抽样检验报告。

(2)混凝土原材料中的粗骨料、细骨料质量应符合现行行业标准《普通混凝土用砂、石质量及检验方法标准》(JGJ 52)的规定,使用经过净化处理的海砂应符合现行行业标准《海砂混凝土应用技术规范》(JCJ 206)的规定,再生混凝土骨料应符合现行国家标准《混凝土用再生粗骨料》(GB/T 25177)和《混凝土和砂浆用再生细骨料》(GB/T 25176)的规定。

检查数量:按现行行业标准《普通混凝土用砂、石质量及检验方法标准》(JGJ 52)的规定确定。

检验方法:检查抽样检验报告。

(3)混凝土拌制及养护用水应符合现行行业标准《混凝土用水标准》(JGJ 63)的规定。采用饮用水作为混凝土用水时,可不检验;采用中水、搅拌站清洗水、施工现场循环水等其他水源时,应对其成分进行检验。

检查数量:同一水源检查不应少于一次。

检验方法:检查水质检验报告。

5.8.3 混凝土拌合物

5.8.3.1 主控项目

(1)预拌混凝土进场时,其质量应符合现行国家标准《预拌混凝土》(GB/T 14902)的规定。

检查数量:全数检查。

检验方法:检查质量证明文件。

(2)混凝土拌合物不应离析。

检查数量:全数检查。

检验方法:观察。

(3)混凝土中氯离子含量和碱总含量应符合现行国家标准《混凝土结构设计规范》(GB 50010)的规定和设计要求。

检查数量:同一配合比的混凝土检查不应少于一次。

检验方法:检查原材料试验报告和氯离子、碱的总含量计算书。

(4)首次使用的混凝土配合比应进行开盘鉴定,其原材料、强度、凝结时间、稠度等应满足设计配合比的要求。

检查数量:同一配合比的混凝土检查不应少于一次。

检验方法:检查开盘鉴定资料和强度试验报告。

5.8.3.2　**一般项目**

(1)混凝土拌合物稠度应满足施工方案的要求。

检查数量:对同一配合比混凝土,取样应符合下列规定:①每拌制 100 盘且不超过 100 m^3时,取样不得少于一次;②每工作班拌制不足 100 盘时,取样不得少于一次;③每次连续浇筑超过 1 000 m^3时,每 200 m^3取样不得少于一次;④每一楼层取样不得少于一次。

检验方法:检查稠度抽样检验记录。

(2)混凝土有耐久性指标要求时,应在施工现场随机抽取试件进行耐久性检验,其检验结果应符合国家现行有关标准的规定和设计要求。

检查数量:同一配合比的混凝土,取样不应少于一次,留置试件数量应符合国家现行标准《普通混凝土长期性能和耐久性能试验方法标准》(GB/T 50082)和《混凝土耐久性检验评定标准》(JGJ/T 193)的规定。

检验方法:检查试件耐久性试验报告。

(3)混凝土有抗冻要求时,应在施工现场进行混凝土含气量检验,其检验结果应符合国家现行有关标准的规定和设计要求。

检查数量:同一配合比的混凝土,取样不应少于一次,取样数量应符合现行国家标准《普通混凝土拌合物性能试验方法标准》(GB/T 50080)的规定。

检验方法:检查混凝土含气量检验报告。

5.8.4　混凝土施工

5.8.4.1　**主控项目**

混凝土的强度等级必须符合设计要求。用于检验混凝土强度的试件应在浇筑地点随机抽取。

检查数量:对同一配合比混凝土,取样与试件留置应符合下列规定:①每拌制 100 盘且不超过 100 m^3时,取样不得少于一次;②每工作班拌制不足 100 盘时,取样不得少于一次;③连续浇筑超过 1 000 m^3时,每 200 m^3取样不得少于一次;④每一楼层取样不得少于一次;⑤每次取样应至少留置一组试件。

检验方法:检查施工记录及混凝土强度试验报告。

5.8.4.2　**一般项目**

(1)后浇带的留设位置应符合设计要求,后浇带和施工缝的留设及处理方法应符合施工方案要求。

检查数量:全数检查。

检验方法:观察。

(2)混凝土浇筑完毕后应及时进行养护,养护时间以及养护方法应符合施工方案要求。

检查数量:全数检查。

检验方法:观察,检查混凝土养护记录。

5.8.5 混凝土工程实训项目3

1.实训内容

混凝土工程质量验收。

2.实训目标

(1)了解混凝土常见的质量通病及控制措施;

(2)熟悉混凝土质量检查的方法和要求;

(3)熟悉无损伤检测仪器的操作方法和数据的采集分析。

3.实训课时

8课时。

4.实训要求

提交1份实训报告。

5.9 现浇混凝土结构质量验收

5.9.1 一般规定

现浇结构质量验收应符合下列规定:

(1)现浇结构质量验收应在拆模后、混凝土表面未作修整和装饰前进行,并应做出记录;

(2)已经隐蔽的不可直接观察和量测的内容,可检查隐蔽工程验收记录;

(3)修整或返工的结构构件或部位应有实施前后的文字及图像记录。

现浇结构的外观质量缺陷应由监理单位、施工单位等各方根据其对结构性能和使用功能影响的严重程度按表5-5确定。

表5-5 现浇结构外观质量缺陷

名称	现象	严重缺陷	一般缺陷
露筋	构件内钢筋未被混凝土包裹而外露	纵向受力钢筋有露筋	其他钢筋有少量露筋
蜂窝	混凝土表面缺少水泥砂浆而形成石子外露	构件主要受力部位有蜂窝	其他部位有少量蜂窝
孔洞	混凝土中孔穴深度和长度均超过保护层厚度	构件主要受力部位有孔洞	其他部位有少量孔洞
夹渣	混凝土中夹有杂物且深度超过保护层厚度	构件主要受力部位有夹渣	其他部位有少量夹渣

续表 5-5

名称	现象	严重缺陷	一般缺陷
疏松	混凝土中局部不密实	构件主要受力部位有疏松	其他部位有少量疏松
裂缝	缝隙从混凝土表面延伸至混凝土内部	构件主要受力部位有影响结构性能或使用功能的裂缝	其他部位有少量不影响结构性能或使用功能的裂缝
连接部位缺陷	构件连接处混凝土缺陷及连接钢筋、连接件松动	连接部位有影响结构传力性能的缺陷	连接部位有基本不影响结构传力性能的缺陷
外形缺陷	缺棱掉角、棱角不直、翘曲不平、飞边凸肋等	清水混凝土构件有影响使用功能或装饰效果的外形缺陷	其他混凝土构件有不影响使用功能的外形缺陷
外表缺陷	构件表面麻面、掉皮、起砂、沾污等	具有重要装饰效果的清水混凝土表面有外表缺陷	其他混凝土构件有不影响使用功能的外表缺陷

装配式结构现浇部分的外观质量、位置偏差、尺寸偏差验收应符合 5.9.2 及 5.9.3 节相关规定的要求;预制构件与现浇结构之间的结合面应符合设计要求。

5.9.2 外观质量

5.9.2.1 主控项目

现浇结构的外观质量不应有严重缺陷。对已经出现的严重缺陷,应由施工单位提出技术处理方案,并经监理单位认可后进行处理;对裂缝、连接部位出现的严重缺陷及其他影响结构安全的严重缺陷,技术处理方案尚应经设计单位认可。对经处理的部位应重新验收。

检查数量:全数检查。

检验方法:观察,检查处理记录。

5.9.2.2 一般项目

现浇结构的外观质量不应有一般缺陷。对已经出现的一般缺陷,应由施工单位按技术处理方案进行处理。对经处理的部位应重新验收。

检查数量:全数检查。

检验方法:观察,检查处理记录。

5.9.3 位置和尺寸偏差

5.9.3.1 主控项目

现浇结构不应有影响结构性能或使用功能的尺寸偏差;混凝土设备基础不应有影响结构性能和设备安装的尺寸偏差。对超过尺寸允许偏差且影响结构性能和安装、使用功能的部位,应由施工单位提出技术处理方案,经监理、设计单位认可后进行处理。对经处理的部位应重新验收。

检查数量：全数检查。

检验方法：量测，检查技术处理方案。

5.9.3.2 一般项目

现浇结构混凝土、混凝土设备基础拆模后的位置和尺寸偏差应符合表5-6和表5-7的规定。

表5-6 现浇结构位置和尺寸允许偏差及检验方法

<table>
<tr><th colspan="3">项目</th><th>允许偏差(mm)</th><th>检验方法</th></tr>
<tr><td rowspan="3">轴线位置</td><td colspan="2">基础</td><td>15</td><td>经纬仪及尺量检查</td></tr>
<tr><td colspan="2">独立基础</td><td>10</td><td>经纬仪及尺量检查</td></tr>
<tr><td colspan="2">墙、柱、梁</td><td>8</td><td>尺量检查</td></tr>
<tr><td rowspan="3">垂直度</td><td rowspan="2">层高</td><td>≤5 m</td><td>8</td><td>经纬仪或吊线、尺量检查</td></tr>
<tr><td>>5 m</td><td>10</td><td>经纬仪或吊线、尺量检查</td></tr>
<tr><td colspan="2">全高 H</td><td>H/1 000且≤30</td><td>经纬仪、尺量检查</td></tr>
<tr><td rowspan="2">标高</td><td colspan="2">层高</td><td>±10</td><td>水准仪或拉线、钢尺检查</td></tr>
<tr><td colspan="2">全高</td><td>±30</td><td>水准仪或拉线、钢尺检查</td></tr>
<tr><td colspan="3">截面尺寸</td><td>+8,-5</td><td>尺量检查</td></tr>
<tr><td rowspan="3">电梯井</td><td colspan="2">中心位置</td><td>10</td><td>尺量检查</td></tr>
<tr><td colspan="2">长、宽尺寸</td><td>+25,0</td><td>尺量检查</td></tr>
<tr><td colspan="2">井筒全高(H)垂直度</td><td>H/1 000且≤30</td><td>经纬仪、尺量检查</td></tr>
<tr><td colspan="3">表面平整度</td><td>8</td><td>2 m靠尺和塞尺检查</td></tr>
<tr><td rowspan="4">预埋设施中心线位置</td><td colspan="2">预埋件</td><td>10</td><td>尺量检查</td></tr>
<tr><td colspan="2">预埋螺栓</td><td>5</td><td>尺量检查</td></tr>
<tr><td colspan="2">预埋管</td><td>5</td><td>尺量检查</td></tr>
<tr><td colspan="2">其他</td><td>10</td><td>尺量检查</td></tr>
<tr><td colspan="3">预留洞中心线位置</td><td>15</td><td>尺量检查</td></tr>
</table>

注：检查轴线、中心线位置时，应沿纵、横两个方向测量，并取其中偏差的较大值。

检查数量：按楼层、结构缝或施工段分批检验。在同一检验批内，对梁、柱和独立基础，应抽查构件数量的10%，且不少于3件；对墙和板，应按有代表性的自然间抽查10%，且不少于3间；对大空间结构，墙可按相邻轴线间高度5 m左右划分检查面，板可按纵、横轴线划分检查面，抽查10%，且均不少于3面；对电梯井，应全数检查；对设备基础，应全数检查。

表 5-7　混凝土设备基础位置和尺寸允许偏差及检验方法

项目		允许偏差(mm)	检验方法
轴线位置		20	经纬仪及尺量检查
不同平面标高		0,-20	水准仪或拉线、尺量检查
平面外形尺寸		±20	尺量检查
凸台上平面外形尺寸		0,-20	尺量检查
凹槽尺寸		+20,0	尺量检查
平面水平度	每米	5	水平尺、塞尺检查
	全长	10	水准仪或拉线、尺量检查
垂直度	每米	5	经纬仪或吊线、尺量检查
	全高	10	经纬仪或吊线、尺量检查
预埋地脚螺栓	中心位置	2	尺量检查
	标高(顶部)	+20,0	水准仪或拉线、钢尺检查
	中心距	±2	尺量检查
	垂直度	5	吊线、尺量检查
预埋地脚螺栓孔	中心线位置	10	尺量检查
	断面尺寸	+20,0	尺量检查
	深度	+20,0	尺量检查
	垂直度	10	吊线、尺量检查
预埋活动地脚螺栓锚板	中心线位置	5	尺量检查
	标高	+20,0	水准仪或拉线、尺量检查
	带槽锚板平整度	5	钢尺、塞尺检查
	带螺纹孔锚板平整度	2	钢尺、塞尺检查

注:检查坐标、中心线位置时,应沿纵、横两个方向测量,并取其中偏差的较大值。

5.9.4　混凝土工程实训项目 4

1. 实训内容

现浇混凝土结构质量验收。

2. 实训目标

(1)了解现浇结构位置和尺寸允许偏差及检验方法;

(2)熟悉现浇混凝土结构检验批质量验收记录表的填写。

3. 实训课时

4 课时。

4. 实训要求

提交 1 份现浇混凝土结构检验批质量验收记录表。

学习项目 6　预应力混凝土工程

【学习要点】

1.掌握预应力混凝土的基本知识；

2.掌握先张法施工工艺，特别是张拉应力的控制和放张方法；

3.掌握后张法有黏结预应力混凝土施工方案。

6.1　预应力混凝土的概念

混凝土是一种抗压性能良好而抗拉性能较差的建筑材料，其抗拉极限应变为 1×10^{-4}～1.5×10^{-4}，从而导致混凝土构件在很小的拉应力作用下即会产生裂缝，因此普通的钢筋混凝土构件通常都是带裂缝工作的。若要使得混凝土受拉而不开裂，构件中受拉钢筋的应力最大只有 20～30 N/mm²，即使允许出现裂缝的构件，因受到裂缝宽度限制，受拉钢筋的抗拉强度也会难以充分发挥。

预应力混凝土是解决上述问题的有效方法。在结构构件受外力荷载作用前，先人为地对构件的受拉区施加压力，由此产生的预压力用以减小或抵消外荷载所引起的拉应力，达到限制或推迟受拉区混凝土开裂的目的，这种混凝土称之为预应力混凝土（见图 6-1）。

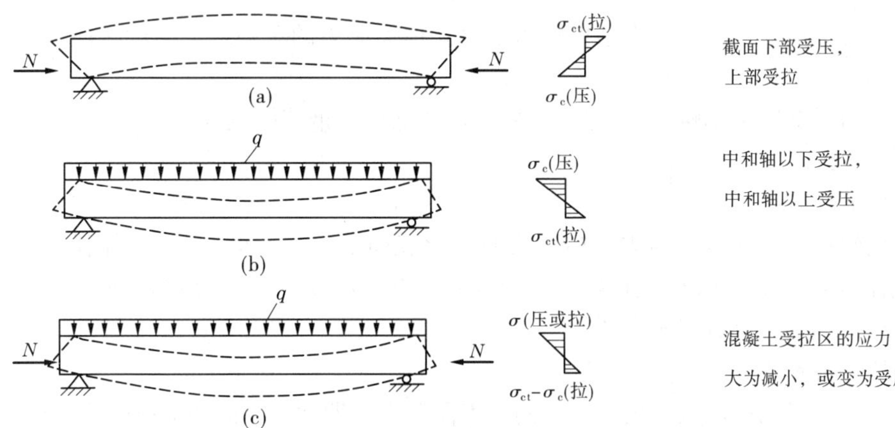

图 6-1　预应力混凝土原理

对混凝土构件受拉区施加的预压应力是通过张拉受拉区中的预应力钢筋，并利用预应力钢筋和混凝土间的黏结力或锚具，将预应力钢筋的弹性收缩力施加到混凝土构件上实现的。

按预应力大小不同，预应力混凝土分为全预应力混凝土和部分预应力混凝土。全预应力混凝土中,事先对构件所施加的预压应力能够完全抵消外荷载作用后构件所产生的拉应力,构件截面中不出现拉应力,也没有裂缝产生;部分预应力混凝土中事先对构件所施加的预压应力不能够完全抵消外荷载作用后构件所产生的拉应力,构件截面中出现拉应力,构件可能会出现裂缝。

按预应力建立的方法不同,预应力混凝土分为先张法预应力混凝土和后张法预应力混凝土。先张法预应力混凝土是先张拉钢筋,然后浇筑混凝土的一种施工方法;后张法则是先浇筑构件混凝土,后张拉其中钢筋的一种施工方法。

按预应力的黏结状态不同,预应力混凝土可分为有黏结预应力混凝土和无黏结预应力混凝土。有黏结预应力混凝土中使用的预应力筋与混凝土之间能够产生黏结力,施工时在结构或构件中需预留孔道,待混凝土硬化达到一定强度后,再穿入预应力筋并进行张拉;无黏结预应力混凝土中使用的预应力筋是一种带防腐隔离层和外护套的专用预应力筋,它与混凝土不直接接触而处于无黏结的状态。施工时不需要预留预应力筋孔道,可以直接埋入混凝土中施工。

预应力混凝土和普通混凝土比较,可有效地利用高强钢材,提高使用荷载下结构的抗裂性和刚度,减少结构构件的截面尺寸,具有自重轻、质量好、材料省、耐久性好的特点。但是预应力混凝土要增加预应力工序与增添专用设备,技术含量高,操作要求严,相应的费用也高。

6.2 预应力混凝土的材料及机具

6.2.1 预应力钢筋

预应力钢筋是指在预应力结构中用于建立预加应力的单根或成束的预应力钢丝、钢绞线或钢筋等。

预应力钢筋宜采用螺旋肋钢丝、刻痕钢丝和低松驰钢绞线,也可采用热处理钢筋。

6.2.1.1 钢丝

1.螺旋肋钢丝

螺旋肋钢丝是通过专用拔丝模冷拔使钢丝表面沿长度方向产生规则间隔肋条的钢丝。直径为4~9 mm,标准抗拉强度为1 570~1 770 N/mm^2。螺旋肋能增加与混凝土的握裹力,可用于先张法构件(见图6-2)。

2.刻痕钢丝

刻痕钢丝是用冷轧或冷拔方法使钢丝表面产生周期性变化的凹痕或凸纹的钢丝。直径为5 mm、7 mm,标准抗拉强度为1 570 N/mm^2。钢丝表面的凹痕或凸纹能增加与混凝土的握裹力,可用于先张法构件(见图6-3)。

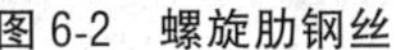
图 6-2　螺旋肋钢丝

图 6-3　刻痕钢丝

6.2.1.2　**预应力钢绞线**

钢绞线是由多根碳素钢丝在绞线机上成螺旋形绞合，并经低温回火消除应力制成。钢绞线的整根破断力大、柔性好，施工方便，具有广阔的发展前景，但价格比钢丝贵。钢绞线可分为光面钢绞线（见图 6-4）、无黏结钢绞线（见图 6-5）、模拔钢绞线、镀锌钢绞线、环氧涂层钢绞线和不锈钢钢绞线等。

图 6-4　光面钢绞线

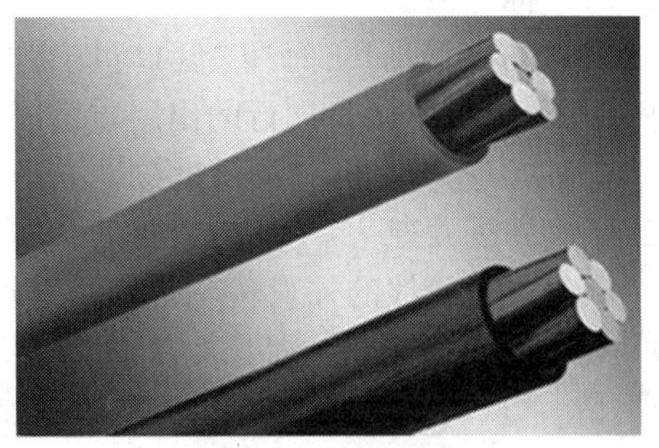
图 6-5　无黏结钢绞线

1. 光面预应力钢绞线

常用光面钢绞线的规格有 1×3 和 1×7 两种，直径为 8.6～15.2 mm，标准抗拉强度为 1 570～1 860 N/mm^2。后张法预应力均采用 1×7 钢绞线，1×3 钢绞线仅用于先张法构件。

2. 无黏结钢绞线

无黏结钢绞线是用防腐润滑油脂涂敷在钢绞线表面上、外包塑料护套制成，主要用于后张法中无黏结预应力筋，也可用于暴露或腐蚀环境中的体外索、拉索等。

6.2.1.3　**热处理钢筋**

热处理钢筋（见图 6-6）是由普通热轧中碳合金钢筋经淬火和回火调质热处理制成的。具有高强度、高韧性和高黏结力等优点，直径为 6～10 mm。成品钢筋为直径 2 m 的弹性盘卷，开盘后自行伸直，每盘长度为 100～120 m。热处理钢筋的螺纹外形，有带纵肋和无纵肋两种。

6.2.1.4　**精轧螺纹钢筋**

精轧螺纹钢筋（见图 6-7）是用热轧方法在钢筋表面上轧出不带肋的螺纹外形。钢筋的接长用连接螺纹套筒，端头锚固用螺母。精轧螺纹钢筋具有锚固简单、施工方便、无须焊接等优点。目前，国内生产的精轧螺纹钢筋品种有Φ 25 和Φ 32 两种，其屈服点分别为 750 MPa 和 900 MPa。

图 6-6　带纵肋的热处理钢筋

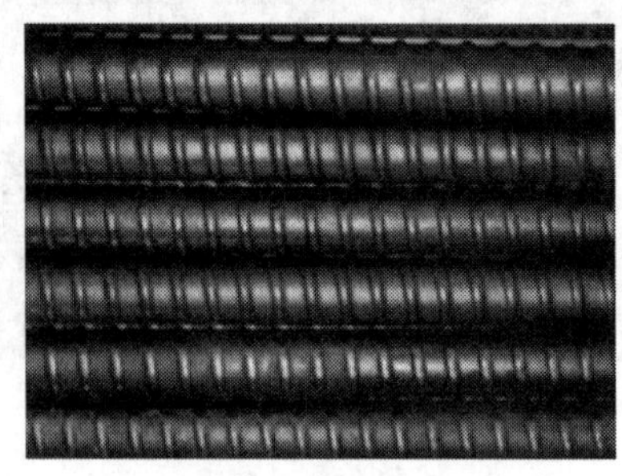

图 6-7　精轧螺纹钢筋

6.2.2　预应力钢筋的验收

预应力钢筋的验收包括标牌和外观检查,并按有关规定取样进行力学性能检验。

6.2.2.1　标牌检查

预应力钢筋出厂,每捆(盘)应挂有两个标牌(上注厂名、品名、规格、生产工艺及日期、批号等),并有随货同行的出厂质量证明书。每验收批由同一牌号、同一规格、同一生产工艺的预应力钢筋组成,每批数量不超过 60 t。

6.2.2.2　外观检查

钢丝和钢绞线的外观检查均应逐盘进行。钢丝表面不得有油污、氧化铁皮、裂纹或机械损伤。钢丝直径检查按 10%盘选取,但不少于 6 盘;钢绞线表面不得有油污、锈斑或机械损伤。镀锌、涂环氧钢绞线、无黏结钢绞线等涂层表面应均匀、光滑、无裂纹、无明显折皱。

无黏结预应力筋每验收批应抽取 3 个试件检验油脂重量和护套厚度。

精轧螺纹钢的外观检查应逐根进行。钢筋表面不得有锈蚀、油污、横向裂缝、结疤。

6.2.2.3　力学性能检验

在每批钢丝中任意选取 10%盘(不少于 6 盘),每盘在任意位置截取 2 根试件,1 根做拉伸试验,1 根做弯曲试验,如一项试验不合格,则该盘钢丝为不合格品;另从该批未经检验的钢丝盘中抽取双倍数量的试件进行检验,如仍有一项不合格,则该批钢丝判为不合格品;或逐盘检验取用合格品。

在每批钢绞线中任意选取 3 盘,每盘在任意位置截取一根试件做拉伸试验,如有某一项试验结果不合标准要求,则该不合格盘报废;另从未经检验过的钢绞线中抽取双倍数量的试件进行复检,如仍有一项不合格,则该批钢绞线判为不合格品。

6.2.2.4　运输及存放

预应力筋由于强度高、塑性差,在无应力状态下对腐蚀作用比普通钢筋敏感。预应力筋在运输或存放过程中如遭受雨淋、湿气或腐蚀介质的侵蚀,易发生锈蚀,不仅降低质量,钢筋表面还会出现腐蚀坑,有时甚至会造成钢筋脆断。

6.2.3　预应力锚固体系

预应力锚固体系包括锚具、夹具和连接器,如图 6-8 所示。锚固体系的种类很多,且配套化、系列化、工厂化生产，主要有 QM 系列、OVM 系列、HVM 系列、VLM 系列等。

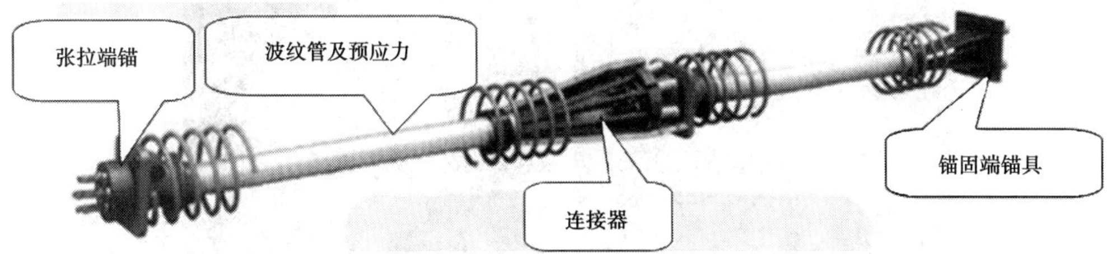

图 6-8　预应力锚固体系总成图

锚具——在后张法结构或构件中，用于保持预应力筋的拉力并将其传递到混凝土(或钢结构)上所用的夹持预应力筋的永久性锚固装置。后张法锚固体系包括锚具、锚垫板和螺旋筋。

夹具——在先张法构件施工时，用于保持预应力筋的拉力并将其固定在生产台座(或设备)上的临时性锚固装置；在后张法结构或构件施工时，在张拉千斤顶或设备上夹持预应力筋的临时性锚固装置(又称工具锚)。

连接器——用于连接预应力筋的装置。

各种锚具、夹具和连接器的代号见表 6-1。

表 6-1　锚具、夹具和连接器的代号

分类代号		锚具	夹具	连接器
夹片式	圆形	YJM	YJJ	YJL
	扁形	BJM		
支承式	镦头	DTM	DTJ	DTL
	螺母	LMM	LMJ	LML
锥塞式	钢质	GZM	—	—
	冷铸	LZM	—	—
	热铸	RZM	—	—
握裹式	挤压	JYM	JYJ	JYL
	压花	YHM	—	—

6.2.3.1　夹片式锚具

夹片式锚具分为单孔夹片锚具和多孔夹片锚具，由工作锚板、工作夹片、锚垫板、螺旋筋组成(见图 6-9)。可锚固预应力钢绞线，也可锚固 7 Φ 5、7 Φ 7 的预应力钢丝束，主要用作张拉端锚具。具有自动跟进、放张后自动锚固，锚固效率系数高、锚固性能好、安全可靠等特点。

图 6-10 及图 6-11 分别为 VLM 系列多孔夹片式锚具和单孔夹片式锚具，一般适用于后张法施工中的预应力混凝土构件、岩土锚固等。

图 6-12～图 6-14 为扁形张拉端锚具，这种锚具由扁形工作锚板、工作夹片、扁形锚垫板、扁形螺旋筋组成。扁锚的张拉端口扁小，钢绞线可逐根张拉，亦可整体张拉。适用于楼板、低高度箱梁及桥面横向预应力张拉。

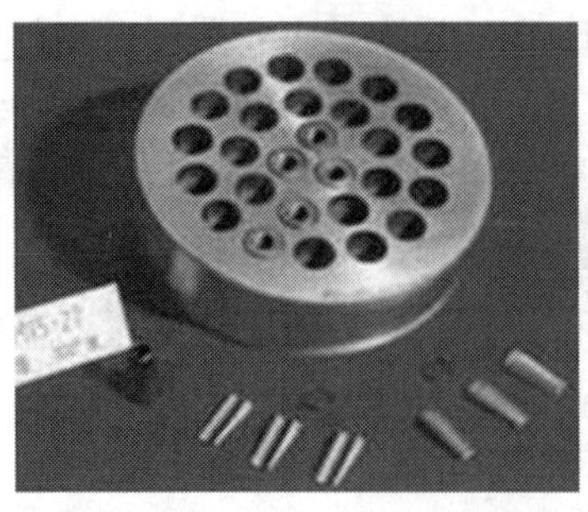

图 6-9　QM 夹片式锚具

图 6-10　VLM 多孔夹片式锚具

图 6-11　VLM 单孔夹片式锚具

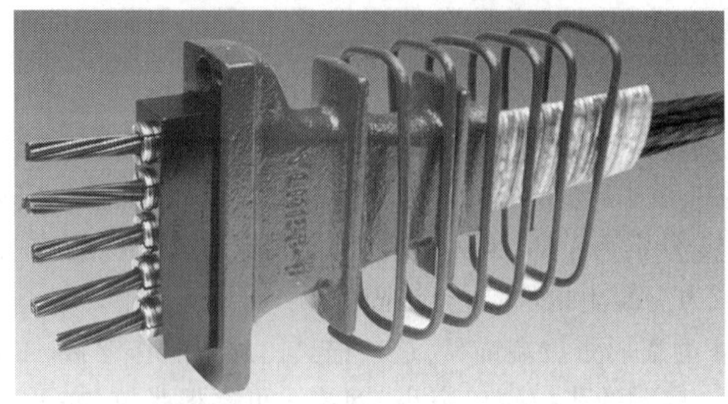

图 6-12　多孔夹片式扁锚

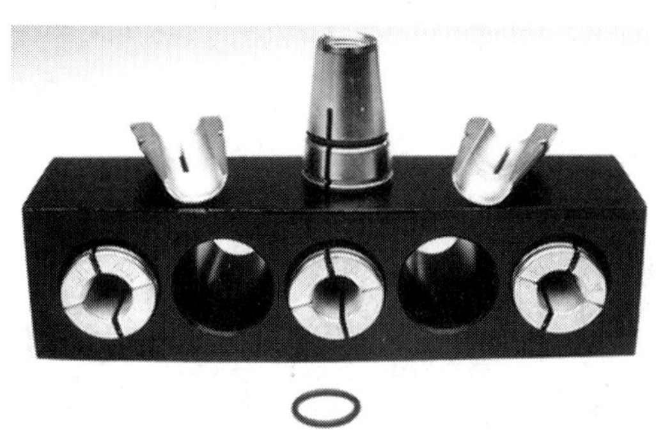
图6-13　锚板与夹片

图6-14　扁形锚具的实际应用

6.2.3.2　镦头锚具

镦头锚体系(见图6-15)可张拉Φ^P5、Φ^P7高强钢丝束,常用镦头锚分为A型和B型。A型由锚杯和螺母组成,用于张拉端;B型为锚板,用于固定端。预应力筋采用钢丝镦头机镦头成型(见图6-16和图6-17),配套张拉使用YDC系列穿心式千斤顶。镦头锚具主要用于后张法施工中。

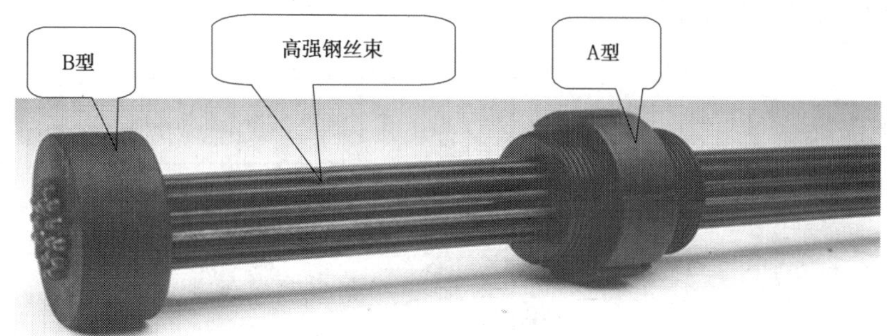

图6-15　镦头锚具与预应力钢丝束

图6-16　已镦好的钢丝

图6-17　LD型系列镦头机

6.2.3.3 精轧螺纹钢锚具、连接器

由螺母和垫板组成，可锚固Φ 25、Φ 32 高强精轧螺纹钢筋，主要用于先张法、后张法施工的预应力箱梁、纵向预应力及大型预应力屋架。连接器主要用于螺纹钢筋的接长（见图 6-18）。

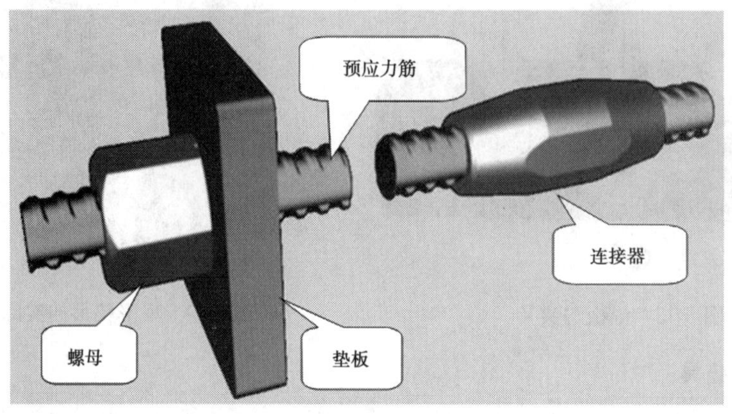

图 6-18 精轧螺纹钢锚具、连接器

6.2.3.4 螺丝端杆锚具

螺丝端杆锚具由螺丝端杆、螺母和垫板组成，可锚固冷拉Ⅱ、Ⅲ级钢筋，主要用于后张法施工的预应力板梁及大型屋架，见图 6-19 及图 6-20。

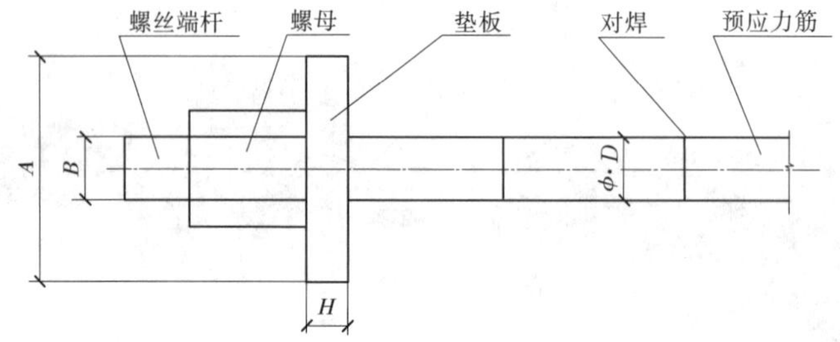

图 6-19 螺丝端杆锚具构造图

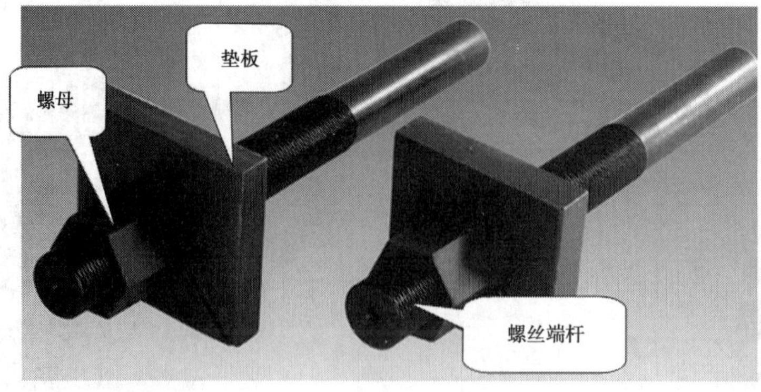

图 6-20 螺丝端杆锚具连接图

6.2.3.5 挤压式锚具(P 型)

P 型锚具由挤压头、螺旋筋、P 型锚板、约束圈组成(见图 6-21),它是在钢绞线端部安装钢丝衬圈和挤压套,利用挤压机将挤压套挤过模孔,使其产生塑性变形而握紧钢绞线,形成可靠锚固(见图 6-22)。挤压式锚具主要用于后张预应力构件的固定端对钢绞线的挤压锚固。

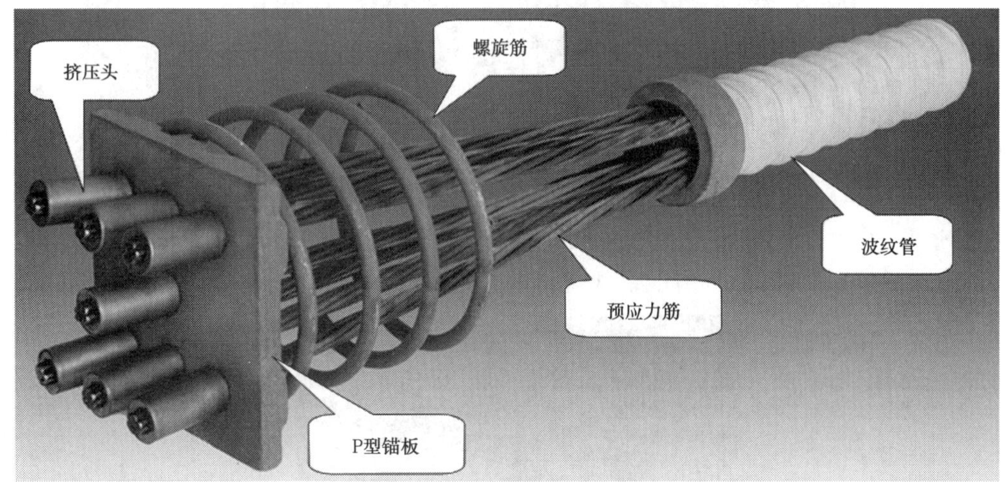

图 6-21 VLM 固定端 P 型锚具

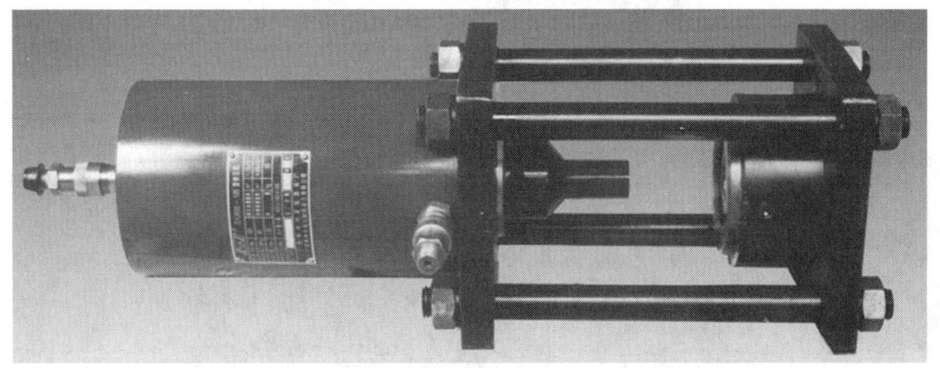

图 6-22 GYJ 挤压机

6.2.3.6 压花式锚具(H 型)

当需要把后张力传至混凝土时,可采用 H 型固定端锚具,它包括带梨形自锚头的一段钢绞线、支托梨形自锚头用的钢筋支架、螺旋筋、约束圈等,见图 6-23。钢绞线梨形自锚头采用专用的压花机挤压成型,见图 6-24。

6.2.3.7 钢质锥形锚具

钢质锥形锚具(又称弗氏锚具)由锚圈和锚塞组成,可锚固 6~30 $\Phi^{P}5$ 或 12~24 $\Phi^{P}7$ 的高强钢丝束,常用于后张法预应力混凝土结构和构件中,配套 YDZ 系列专用千斤顶张拉,见图 6-25 和图 6-26。

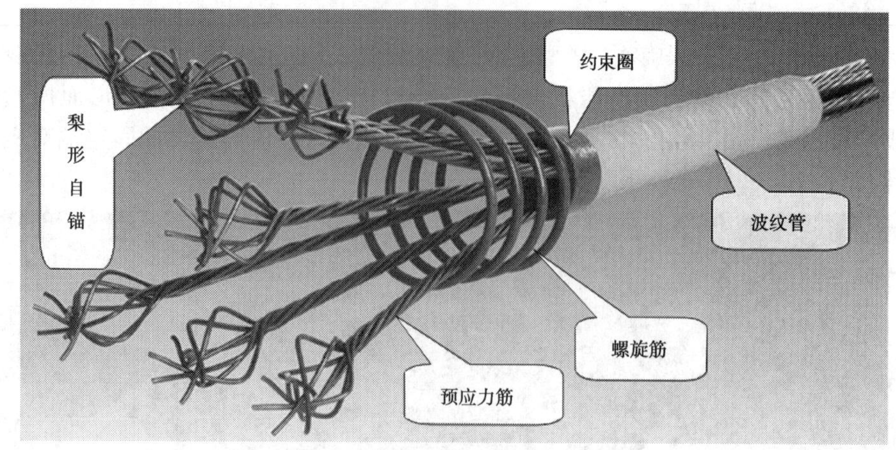

图 6-23　VLM15 型固定端 H 型锚具

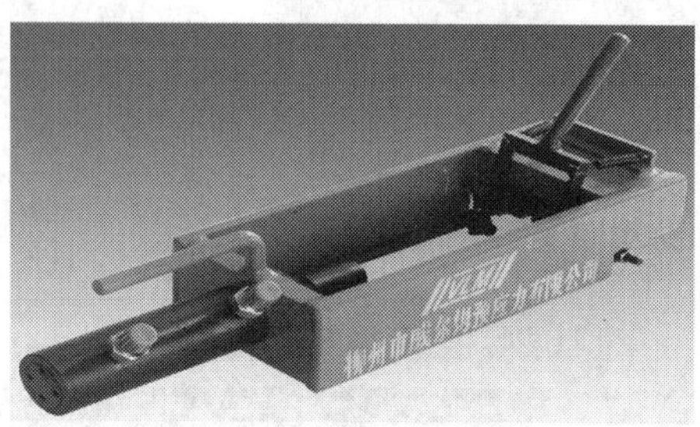

图 6-24　YH30 型压花机

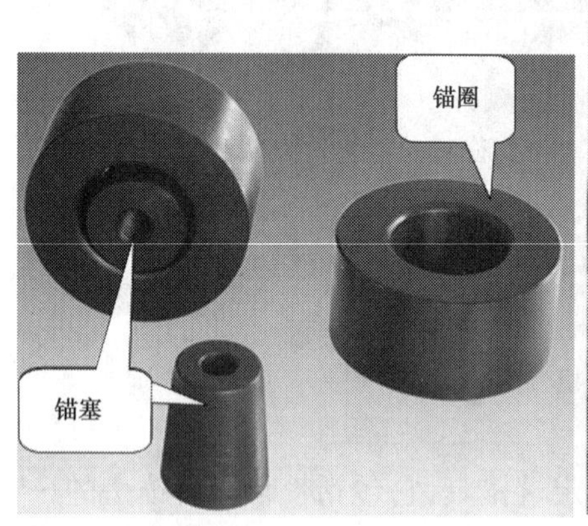

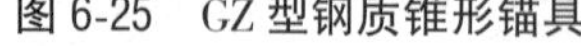

图 6-25　GZ 型钢质锥形锚具

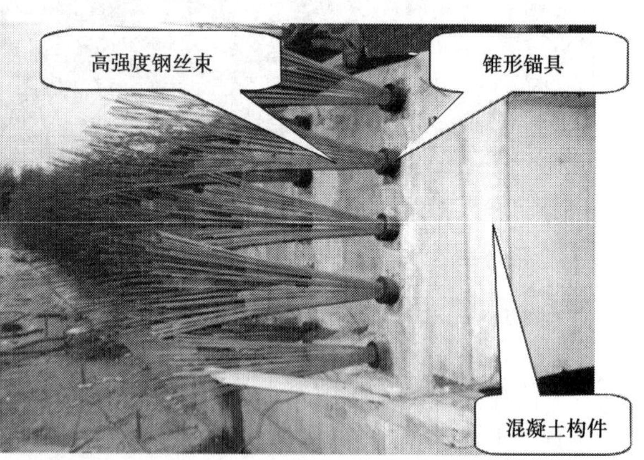

图 6-26　钢质锥形锚具施工

6.2.3.8　夹具

先张法中钢丝的夹具分两类：一类是将预应力筋锚固在台座上的锚固夹具；另一类是张拉时夹持预应力筋用的夹具。锚固夹具与张拉夹具都是重复使用的工具。

钢质的锥形夹具是常用的单根钢丝夹具，适用于锚固直径为 3～5 mm 的钢丝。它由套筒和销子组成，如图 6-27 所示，套筒为圆柱形，中间开圆锥形孔。

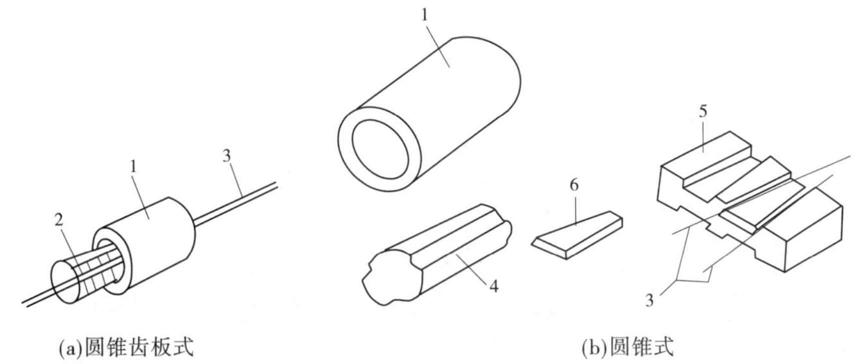

(a)圆锥齿板式 (b)圆锥式

1—套管;2—齿板;3—钢丝;4—锥塞;5—锚板;6—楔块

图 6-27 钢质锥形夹具

常用的张拉夹具有月牙形夹具、偏心式夹具、楔形夹具等,如图 6-28 所示,适用于张拉钢丝和直径 16 mm 以下的钢筋。

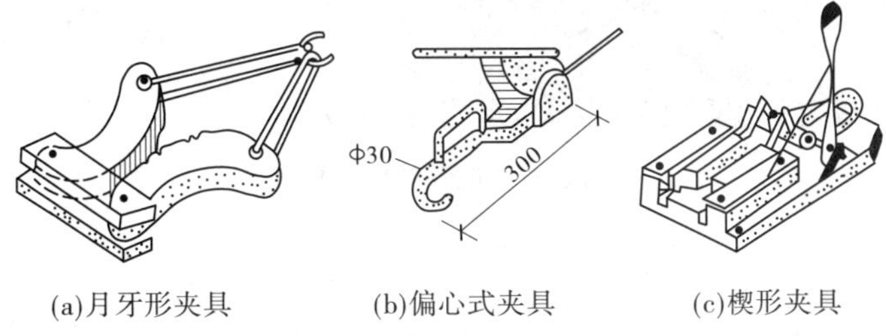

(a)月牙形夹具 (b)偏心式夹具 (c)楔形夹具

图 6-28 张拉夹具

在预应力钢绞线群锚张拉锚固体系(简称 QM 预应力体系)中 JXS、JXL、JXM 型夹具是专为先张台座法预应力钢绞线张拉的需要而设计的(见图 6-29、图 6-30),可适应Φ 9.5、Φ 12.2、Φ 12.7、Φ 15.2、Φ 15.7、Φ 17.8 等规格钢绞线的先张台座张拉。

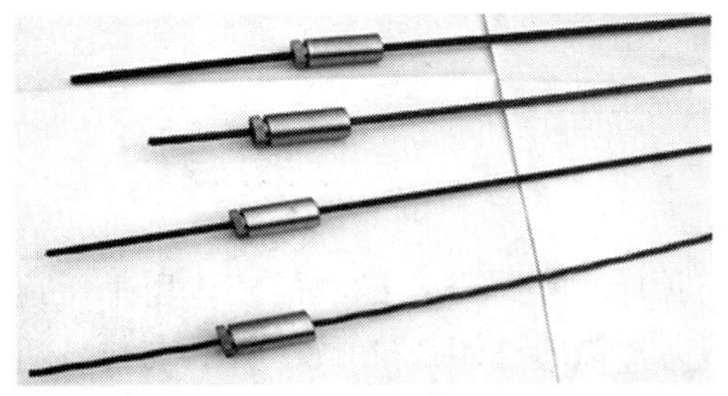

图 6-29 JXS 型夹具

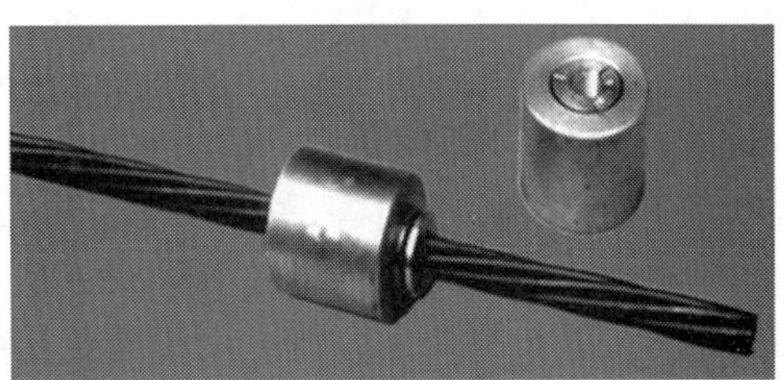

图 6-30 JXM 型夹具

6.2.4 预应力张拉设备

预应力张拉设备主要有电动张拉设备和液压张拉设备两大类。电动张拉设备仅用于先张法,液压张拉设备可用于先张法与后张法。液压张拉设备由液压千斤顶、高压油泵和外接油管组成。

张拉设备应装有测力仪器，以准确建立预应力值。张拉设备应由专人使用和保管，并定期维护和校验。

6.2.4.1　电动张拉设备

常用的电动张拉设备主要有电动螺杆张拉机（实物见图 6-31，构造原理见图 6-32）、电动卷扬张拉机等，常用于先张法施工中。

图 6-31　电动螺杆张拉机

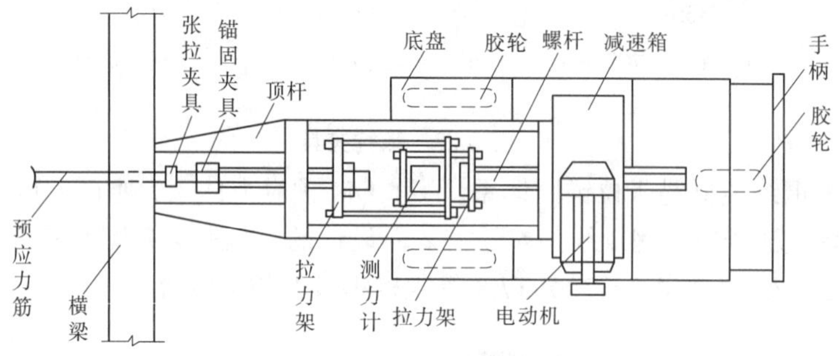

图 6-32　电动螺杆张拉机构造图

6.2.4.2　液压张拉设备

1.穿心式千斤顶

穿心式千斤顶是一种利用双液压缸张拉预应力筋和顶压锚具的双作用千斤顶，如图 6-33及图 6-34 所示。既可用于需要顶压的夹片锚的整体张拉，配上撑脚与拉杆后，还可张拉镦头锚和冷铸锚。穿心式千斤顶可广泛用于先张、后张法的预应力施工。

2.拉杆式千斤顶

拉杆式千斤顶为空心拉杆式千斤顶，选用不同的配件可组成几种不同的张拉形式。可张拉 DM 型螺丝端杆锚、JLM 精轧螺丝钢锚具，LZM 冷铸锚等，见图 6-35。

图 6-33　YDC 型穿心式千斤顶

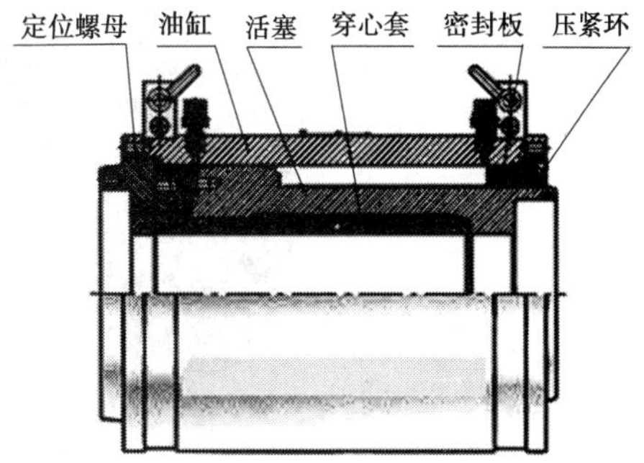

图 6-34　YDC 型穿心式千斤顶构造示意图

(a) YCL 拉杆式千斤顶

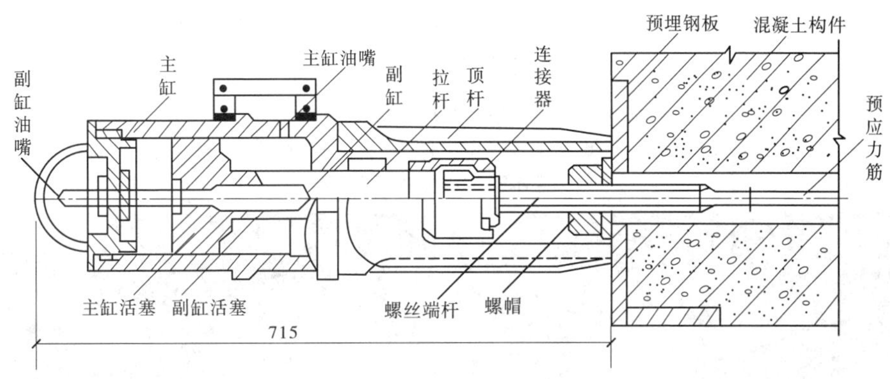

(b) 拉杆式千斤顶构造示意图

图 6-35　拉杆式千斤顶

3.锥锚式千斤顶

锥锚式千斤顶是一种具有张拉、顶锚和退楔功能的三作用千斤顶，专用于张拉及顶压锚固带钢质锥形（弗氏）锚的钢丝束。锥锚式千斤顶及构造见图 6-36。

4.前卡式千斤顶

前卡式千斤顶是一种张拉工具锚内置于千斤顶前端的穿心式千斤顶，可自动夹紧和松开工具锚夹片，简化了施工工艺，节省了张拉时间，而且缩短了预应力筋预留张拉长度。前卡式千斤顶主要用于各种有黏结筋和无黏结筋的单根张拉，见图 6-37。

5.扁锚整体张拉千斤顶

扁锚整体张拉千斤顶是一种整体预应力张拉千斤顶，具有双并列油缸的结构。扁锚采用整体一次张拉，克服了扁锚由于单孔张拉而引起构件应力不均匀、预应力筋延伸量不足、构件扭曲等现象，可提高施工工效。扁锚整体张拉千斤顶可广泛用于各种锚固体系的扁锚预应力施工，见图 6-38 及图 6-39。

(a)某品牌锥锚式千斤顶

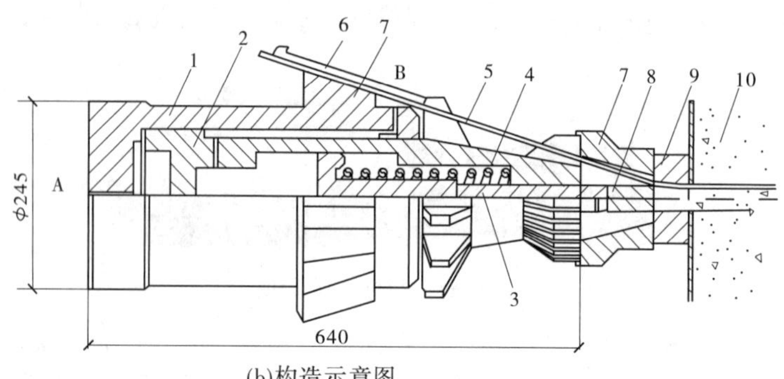

(b)构造示意图

1—张拉油缸;2—顶压油缸(张拉活塞);3—顶压活塞;4-弹簧;
5—预应力筋;6—楔块;7—对中套;8—锚塞;9—锚环;10—构件

图 6-36 锥锚式千斤顶

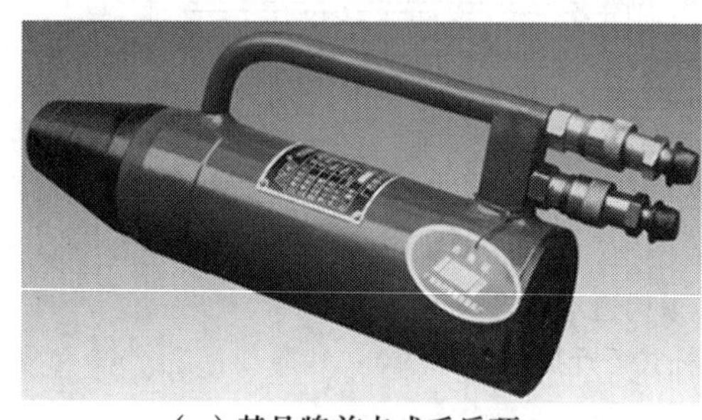

(a)某品牌前卡式千斤顶

(b)前卡式千斤顶张拉施工中

图 6-37 前卡式千斤顶

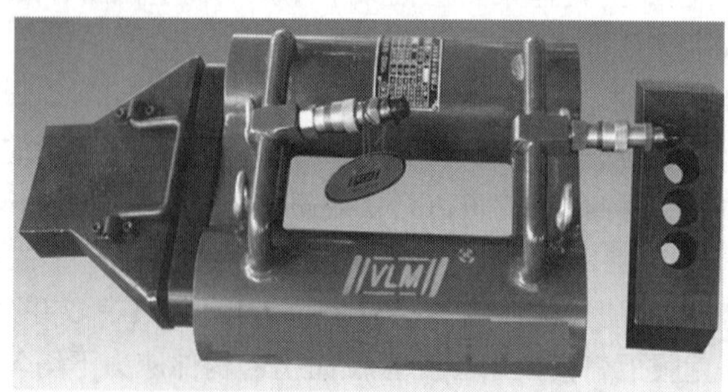

图 6-38 扁锚整体张拉千斤顶

图6-39 扁锚整体张拉千斤顶施工中

6.2.4.3 高压油泵

高压油泵是用来向液压千斤顶的油缸高压供油的,油泵的额定压力应等于或大于千斤顶的额定压力。高压油泵的额定压力为40~80 MPa。千斤顶张拉时,张拉力的大小是通过油泵上的油压的读数来控制的,油压表的读数表示千斤顶张拉油缸活塞单位面积的油压力。ZB型油泵见图6-40,YBZ型高压泵站见图6-41。

图6-40 ZB型油泵

图6-41 YBZ型高压泵站

预应力钢筋、锚具、张拉机具的配套使用见表6-2。

表6-2 预应力钢筋、锚具、张拉机具的配套使用

预应力筋品种	锚具形式			张拉机械
	张拉端		固定端	
	安装在结构之外	安装在结构之内		
钢绞线及钢绞线束	夹片锚具	压花锚具挤压锚具	夹片锚具	穿心式
	挤压锚具			
钢丝束	夹片锚具	挤压锚具镦头锚具	夹片锚具	穿心式
	镦头锚具		镦头锚具	穿心式
	挤压锚具		锥塞锚具	锥锚式
精轧螺纹钢筋	螺母锚具	—	螺母锚具	拉杆式

6.2.5 预应力混凝土工程实训项目 1

1. 实训内容

预应力混凝土工程的材料及机具。

2. 实训目标

(1)熟悉预应力混凝土的材料及验收要求；

(2)熟悉预应力混凝土施工常用的锚具和夹具；

(3)熟悉预应力混凝土施工常用的张拉设备。

3. 实训课时

4 课时。

4. 实训要求

提交 1 份实训报告。

6.3 预应力混凝土施工

6.3.1 先张法

6.3.1.1 先张法施工流程

先张法施工时先张拉预应力筋，并将张拉的预应力筋临时锚固在台座或钢模上，然后浇筑混凝土，待混凝土强度达到不低于混凝土设计强度值的 75%，保证预应力筋与混凝土有足够的黏结时，放松预应力筋，借助于混凝土与预应力筋的黏结，对混凝土施加预应力，如图 6-42 所示。先张法一般仅适用于生产中小型构件，需要在固定的预制厂中生产。先张法生产构件可采用长线台座法，一般台座长度在 50~150 m，也可在钢模中机组流水法生产构件。先张法生产构件，涉及台座、张拉机具和夹具及先张法张拉工艺，后面将分别叙述。

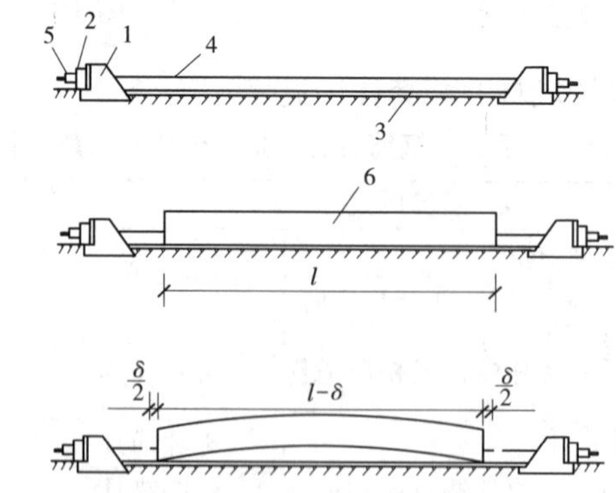

1—台墩；2—横梁；3—台面；4—预应力筋；5—夹具；6—混凝土构件

图 6-42 先张法施工图

先张法施工工艺流程图如图 6-43 所示。

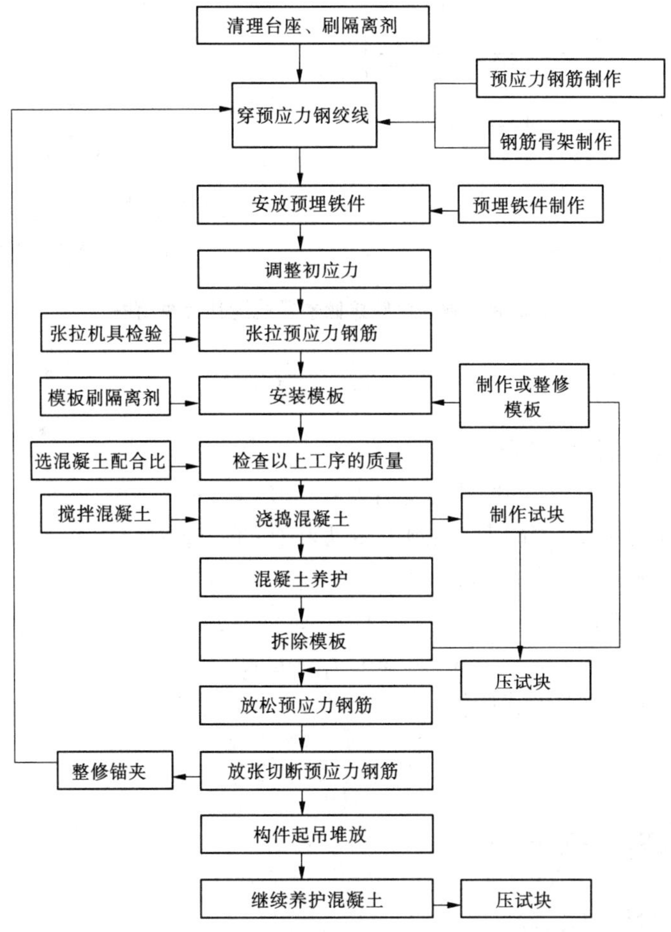

图6-43 先张法施工工艺流程图

6.3.1.2 台座

台面的隔离层应选用非油类模板隔离剂,隔离剂不得使预应力筋受污,以免影响预应力与混凝土的黏结。

台座是先张法施工张拉和临时固定预应力筋的支撑结构,它承受预应力的全部张拉力,因此要求台座具有足够的强度、刚度和稳定性。台座按构造形式分为墩式台座和槽式台座。

1.墩式台座

墩式台座由台墩、台面与横梁等组成。台墩和台面共同承受拉力。墩式台座用以生产各种形式的中小型构件。

1)台墩

台墩是承力结构,由钢筋混凝土浇筑而成。承力台墩设计时,应进行稳定性和强度验算。稳定性验算一般包括抗倾覆验算与抗滑移验算。抗倾覆系数不得小于1.5,抗滑移系数不得小于1.3。台墩抗倾覆及抗滑移的计算简图如图6-44所示。

台座的抗倾覆系数按下式计算:

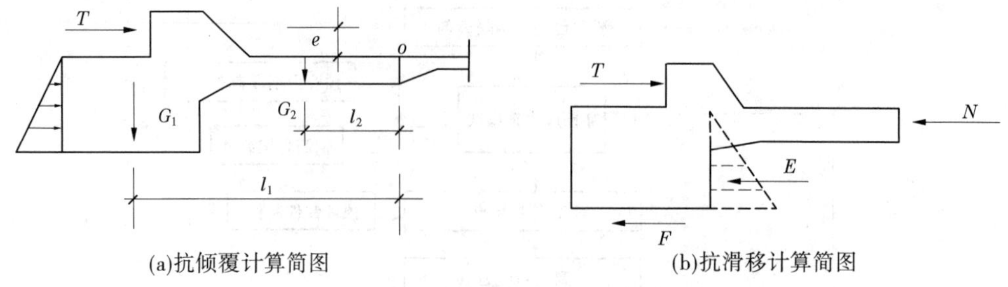

(a)抗倾覆计算简图　　(b)抗滑移计算简图

图 6-44　墩式台座抗倾覆及抗滑移计算简图

$$K_0 = \frac{M'}{M} \geqslant 1.5$$

式中　K_0——台座的抗倾覆安全系数；

M——由张拉力产生的倾覆力矩，kN·m，$M = T \cdot e$；

e——张拉合力 T 的作用点到倾覆转动点 O 的力臂，m；

M'——抗倾覆力矩，kN·m。

如忽略土压力，则

$$M' = G_1 l_1 + G_2 l_2$$

台座的抗滑移系数按下式验算：

$$K_c = \frac{T_1}{T} \geqslant 1.3$$

式中　K_c——抗滑移安全系数；

T——张拉合力，kN；

T_1——抗滑移的力，kN。

对于独立的台墩，T_1 由侧壁上压力和底部摩阻力等产生；对与台面共同工作的台墩，其水平推力几乎全部传给台面，不存在滑移问题，可不作抗滑移计算，此时应验算台面的强度。

2）台面

台面是预应力构件成型的胎模，要求地基坚实平整，它是在厚 150 mm 夯实碎石垫层上，浇筑 60~100 mm 厚 C20 混凝土面层，原浆压实抹光而成。台面要求坚硬、平整、光滑，沿其纵向有 3%的排水坡度。

3）横梁

横梁以墩座牛腿为支承点安装其上，304 不锈钢板是锚固夹具临时固定预应力筋的支承点，也是张拉机械张拉预应力筋的支座。横梁常采用型钢或钢筋混凝土制作。

2.槽式台座

槽式台座由端柱、传力柱、上下横梁和台面组成。既可承受张拉力和倾覆力矩，加盖后又可作为蒸汽养护槽。适用于张拉吨位较大的吊车梁、屋架、箱梁等大型预应力混凝土构件。

槽式台座构造如图 6-45 所示。

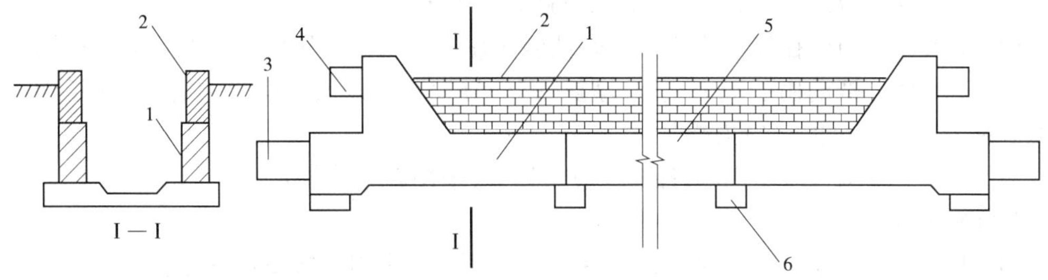

1—钢筋混凝土端柱;2—砖墙;3—下横梁;4—上横梁;5—传力柱;6—柱垫

图 6-45　槽式台座

槽式台座需进行强度和稳定性计算。端柱和传力柱的强度按钢筋混凝土结构偏心受压构件计算。槽式台座端柱抗倾覆力矩由端柱、横梁自重力矩及部分张拉力矩组成。

3.钢模台座

钢模台座主要在工厂流水线上使用。它是将制作构件的模板作为预应力钢筋锚固支座的一种台座。模板具有相当的刚度,可将预应力钢筋放在模板上进行张拉。图 6-46 为一箱梁钢模正在组装的照片,图 6-47 为利用箱梁端部钢模板作张拉台座的照片。

图 6-46　箱梁钢模组装

图 6-47　箱梁端部钢模板作张拉台座

6.3.1.3　预应力筋的张拉

待台座的隔离剂干后即可铺预应力筋(丝),预应力筋(丝)宜用牵引车铺设。

张拉预应力筋时,应按设计要求的张拉力采用正确的张拉方法和张拉程序,并应调整各预应力筋的初应力,使长度、松紧一致,以保证张拉后各预应力筋的应力一致。

1.确定预应力筋的张拉应力

《混凝土结构设计规范》规定:张拉控制应力 σ_{con} 不宜超过表 6-3 的数据,也不应小于 $0.4f_{ptk}$。

表 6-3　张拉控制应力 σ_{con} 限值

项次	预应力钢材品种	张拉方法	
		先张法	后拉法
1	消除应力钢丝、钢绞线	$0.75f_{ptk}$	$0.75f_{ptk}$
2	热处理钢筋	$0.7f_{ptk}$	$0.65f_{ptk}$

当符合下列情况之一，表 6-3 中的张拉控制应力限值可提高 $0.05f_{ptk}$。

(1)要求提高构件在施工阶段的抗裂性能而在使用阶段受压区设置的预应力钢筋。

(2)要求部分抵消由于应力松弛、摩擦、钢筋分批张拉以及预应力钢筋与张拉台座之间的温差等因素产生的预应力损失。

实际张拉时的应力尚应考虑各种预应力损失，采用超张拉补足。

2.确定张拉程序

(1)用钢丝作为预应力筋时，由于张拉工作量大，宜采用一次张拉程序：

$$0 \rightarrow (1.03 \sim 1.05)\sigma_{con}$$

其中，取$(1.03\sim1.05)\sigma_{con}$，是考虑到弹簧测力计的误差、温度影响、台座横梁或定位板刚度、台座长度不符合设计取值、工人操作影响等因素。

(2)钢筋作为预应力筋时，为减少应力松弛损失，常采用下列程序张拉：

$$0 \rightarrow 1.05\sigma_{con}(\text{持荷 2 min}) \rightarrow \sigma_{con}(\text{锚固})$$

其中，$1.05\sigma_{con}$持荷 2 min，其目的是加速钢筋松弛的早期发展，减少钢筋松弛引起的应力损失。所谓“松弛”，即钢材在常温、高应力状态下具有不断产生塑性变形的特点。

3.张拉预应力筋

先张法预应力筋的张接有单根和多根成组张拉。施工现场常用单根张拉，设备简单，能保证应力均匀，但生产效率低，锚固困难。预制厂常用成组张拉，工效高，减轻劳动强度，但设备构造复杂，张拉力大。

(1)单根钢丝张拉：台座法多进行单根张拉，由于张拉力较小，一般可采用 10~20 kN 电动螺杆张拉机或电动卷扬机单根张拉，弹簧测力计测力，优质锥销式夹具锚固。

(2)整体钢丝张拉：台模法多进行整体张拉，可采用台座式千斤顶设置在台墩与钢横梁之间进行整体张拉，优质夹片式夹具锚固。要求钢丝的长度相等，事先调整初应力。

在预制厂生产预应力多孔板时，可在钢模上用镦头梳筋板夹具进行整体张拉。方法是：将钢丝两端镦粗，一端卡在固定梳筋板上，另一端卡在张拉端的活动梳筋板上。用张拉钩钩住活动梳筋板，再通过连接套筒将张拉钩和拉杆式千斤顶连接即可张拉，见图 6-48、图 6-49。

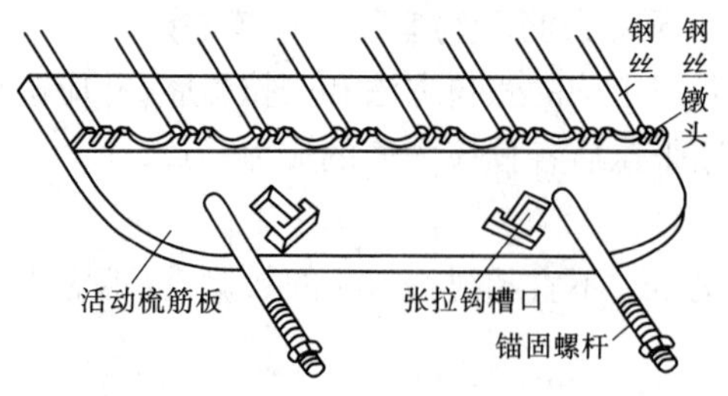

图 6-48 镦头梳筋板夹具

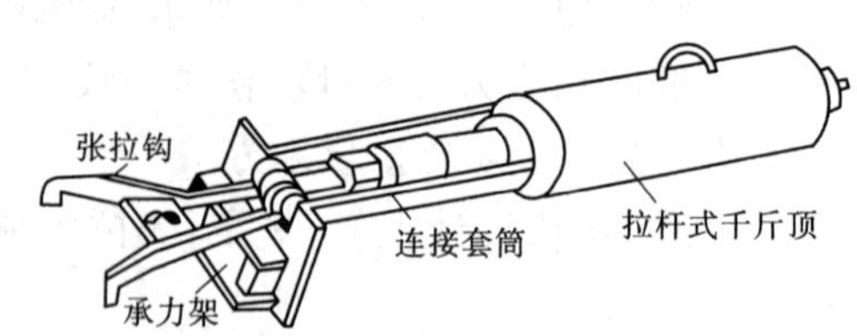

图 6-49 张拉千斤顶与张拉钩

(3)单根钢绞线张拉：可采用前卡式千斤顶张拉，单孔夹片工具锚固定，如图 6-50 所示。

(4)整体钢绞线张拉：一般在三横梁式台座上进行，台座式千斤顶与活动横梁组装在一起，利用工具式螺杆与连接器将钢绞线挂在活动横梁上。张拉前，先用小型千斤顶在固定端逐根调整钢绞线初应力。张拉时，台座式千斤顶推动活动横梁带动钢绞线整体张拉，

图 6-50　前卡式千斤顶逐根张拉

如图 6-51 所示。

(5)粗钢筋的张拉:分单根张拉和多根成组张拉。由于在长线台座上预应力筋的张拉伸长值较大,一般千斤顶行程多不能满足,张拉较小直径钢筋可用卷扬机。图 6-52 为利用钢筋张拉机对单根粗钢筋的张拉。

张拉工作是预应力混凝土施工中关键工序,要严格控制张拉应力、张拉程序、计算张拉力和进行应力值校核。

张拉机具与预应力筋应在同一条直线上,张拉应以稳定的速率逐渐加大拉力。张拉机具的张拉力应不小于预应力筋张拉力的 1.5 倍;张拉行程应不小于预应力筋伸长值的 1.1~1.3 倍。台座两端应有防护设施,沿台座长度方向每隔 4~5 m 放一个防护架,张拉钢筋时两端严禁站人,也不准进入台座。

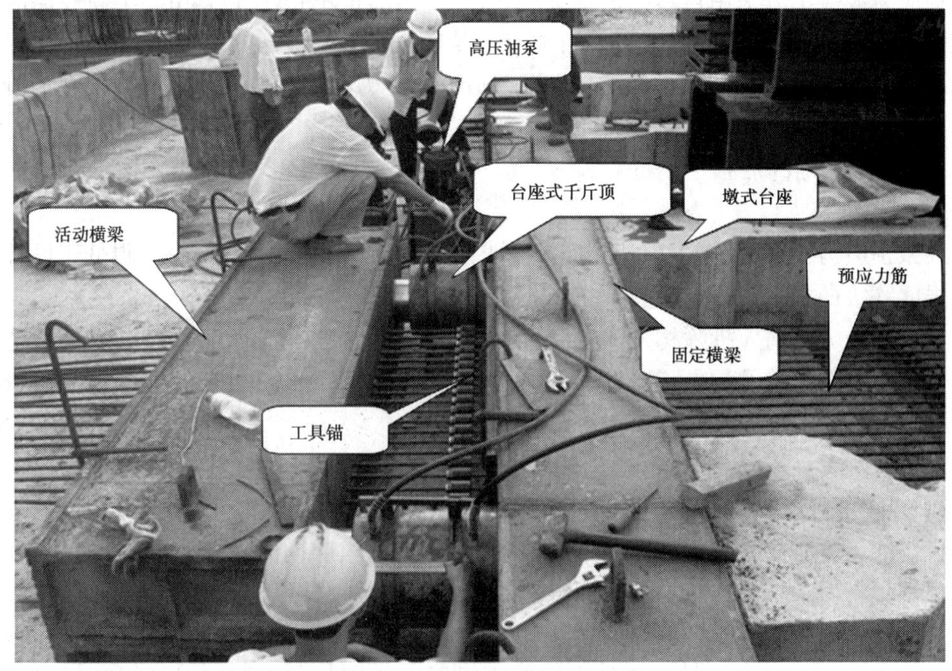

图 6-51　整体钢绞线张拉现场

图 6-52　单根粗钢筋的张拉

4.校核预应力的张拉值

钢丝张拉时,伸长值不作校核(单控)。预应力钢丝内力的检测,一般在张拉锚固后 1 h 进行,用钢丝内力测定仪反复测定 4 次,取后 3 次的平均值为钢丝内力。其允许偏差为设计规定预应力值的±5%。每工作班检查预应力筋总数的 1%,且不少于 3 根。

钢绞线张拉时,一般采用张拉力控制、伸长值校核(双控)。实际伸长值与理论伸长值的允许偏差为±6%。

6.3.1.4　混凝土的浇筑与养护

预应力钢丝张拉、绑扎钢筋、预埋铁件安装及立模工作完成后,应立即浇筑混凝土,每条生产线应一次连续浇筑完成。采用机械振捣密实时,要避免碰撞钢丝。混凝土未达到一定强度前,不允许碰撞或踩踏钢丝。

预应力混凝土可采用自然养护或湿热养护,自然养护不得少于 14 d。干硬性混凝土浇筑完毕后,应立即覆盖进行养护。当预应力混凝土采用湿热养护时,要尽量减少由于温度升高而引起的预应力损失。为了减少温差造成的应力损失,采用湿热养护时,在混凝土未达到一定强度前,温差不要太大,一般不超过 20 ℃。

6.3.1.5　预应力筋的放张

1.放张要求

放张预应力筋时,混凝土应达到设计要求的强度。如设计无要求,应不得低于设计混凝土强度等级的 75%。

放张预应力筋前应拆除构件的侧模,使放张时构件能自由压缩,以免模板破坏或造成构件开裂。对有横肋的构件,其横肋断面有适宜的斜度,也可以采用活动模板以免放张时构件端肋开裂。

2.放张方法

(1)当预应力筋采用钢丝时,配筋不多的中小型钢筋混凝土构件,钢丝可用砂轮锯或切断机切断等方法放松。配筋多的钢筋混凝土构件,钢丝应同时放松,如逐根放松,则最后几根钢丝将由于承受过大的拉力而突然断裂,易使构件端部开裂。

长线台座上放松后预应力筋的切断顺序,一般由放松端开始,逐次切向另一端。

(2)预应力筋为钢筋时,对热处理钢筋不得用电弧切割,宜用砂轮锯或切断机切断。数量较多时,也应同时放松。多根钢丝或钢筋的同时放松,可用油压千斤顶放张、楔块放张、砂箱放张等方法,如图6-53、图6-54所示。

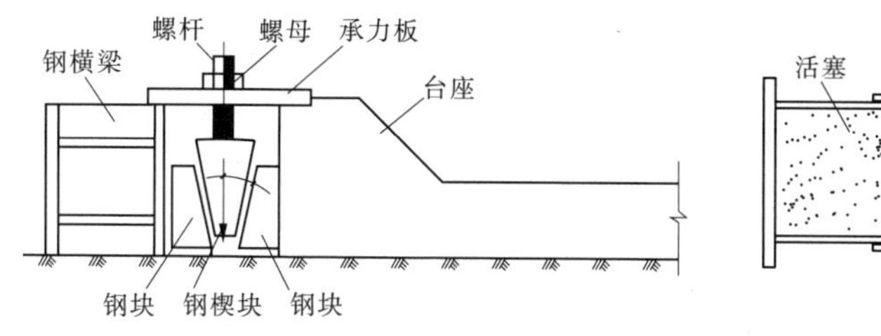

图6-53　楔块放张

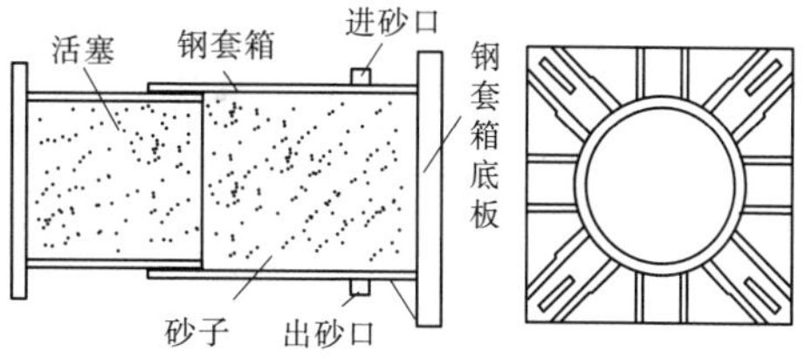

图6-54　砂箱放张

(3)采用湿热养护的预应力混凝土构件,宜热态放松预应力筋,而不宜降温后再放松。

3.放张顺序

预应力筋放张时,应缓慢放松锚固装置,使各根预应力筋缓慢放松。预应力筋放张顺序应符合设计要求,当设计未规定时,可按下列要求进行:

(1)承受轴心预应力构件的所有预应力筋应同时放张。

(2)承受偏心预压力构件,应先同时放张预压力较小区域的预应力筋,再同时放张预压力较大区域的预应力筋。

(3)不能满足上述要求时,应分阶段、对称、交错地放张,防止构件在放张过程中产生弯曲、裂纹或预应力筋断裂。

6.3.2　后张法施工

6.3.2.1　后张法施工流程

先制作混凝土构件,并在预应力筋的位置预留出相应孔道,待混凝土强度达到设计规定的数值后,穿入预应力筋进行张拉,并利用锚具把预应力筋锚固,最后进行孔道灌浆。后张法预应力混凝土施工工艺如图6-55所示。

后张法施工由于直接在钢筋混凝土构件上进行预应力筋的张拉,所以不需要固定台座设备,不受地点限制,它既适用于预制构件生产,也适用于现场施工大型预应力构件,而且后张法又是预制构件拼装的手段。

后张法预应力混凝土施工工艺流程如图6-56。

6.3.2.2　孔道留设

1.孔道的布置

预应力筋的孔道形状有直线、曲线和折线三种,其直径与布置根据构件的受力性能、张拉锚固体系特点及尺寸确定。

粗钢筋的孔道直径应比对焊接头外径或需穿过孔道的锚具、连接器外径大10~15 mm;钢丝、钢绞线的孔道直径应比预应力束外径或锚具外径大5~10 mm,且孔道面积宜为预应力筋净面积的3~4倍。

孔道至构件边缘的净距不小于40 mm,孔道之间的净距不小于50 mm;端部的预埋钢板应垂直于孔道中心线;凡需起拱的构件,预留孔道应随构件同时起拱。

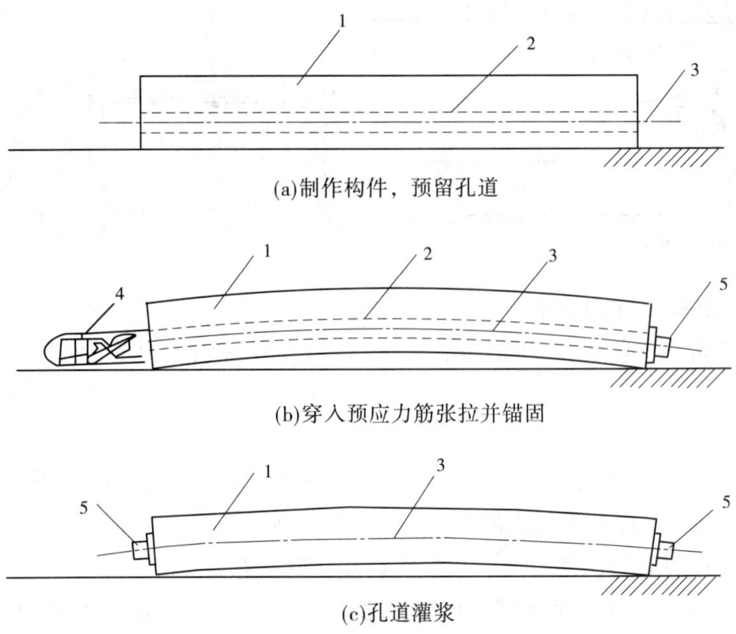

1—混凝土构件；2—预留孔道；3—预应力筋；4—千斤顶；5—锚具

图 6-55 后张法施工工艺

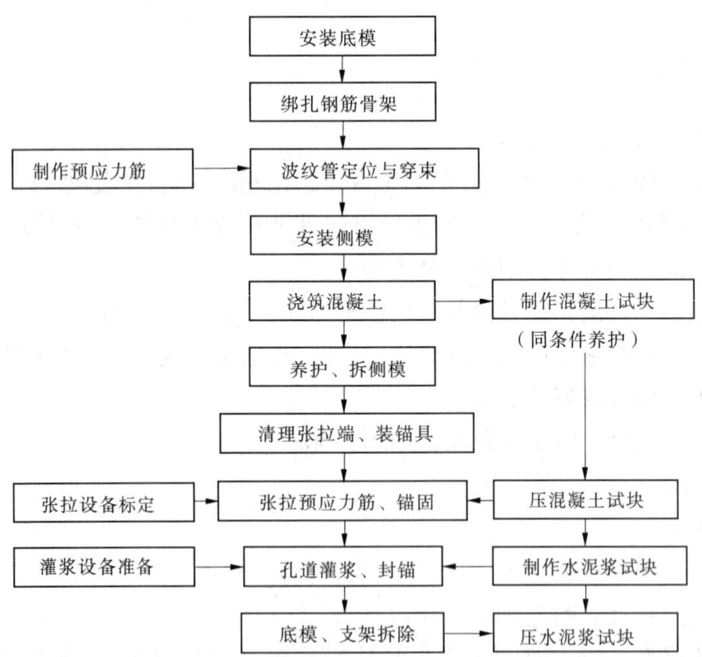

图 6-56 后张法预应力混凝土施工工艺流程

2.孔道成型的方法

预留孔道形状有直线、曲线和折线形，孔道成型有钢管抽芯法、胶管抽芯法和预埋管法。

1)钢管抽芯法

预先将平直、表面圆滑的钢管埋设在模板内预应力筋孔道位置上。在开始浇筑至浇筑后拔管前,间隔一定时间要缓慢匀速地转动钢管;待混凝土初凝后至终凝之前,用卷扬机匀速拔出钢管即在构件中形成孔道。

钢管抽芯法只用于留设直线孔道,钢管长度不宜超过 15 m,钢管两端各伸出构件 500 mm 左右,以便转动和抽管。构件较长时,可采用两根钢管,中间用套管连接,如图 6-57 所示。

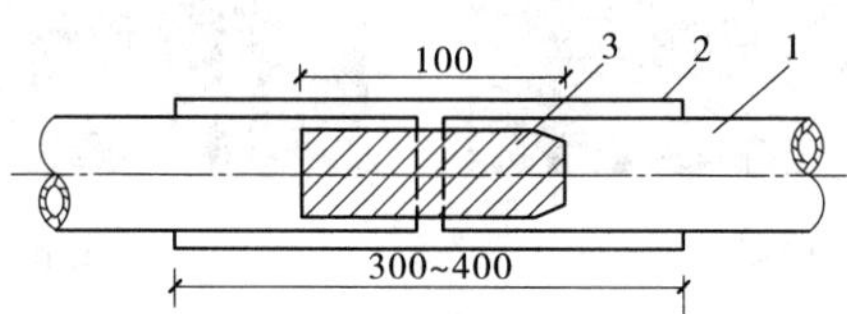

1—钢管;2—白铁皮套管;3—硬木塞

图 6-57　钢管连接方式

采用钢筋束镦头锚具和锥形螺杆锚具留设孔道时,张拉端的扩大孔也可用钢管成型,留孔时,应注意端部扩孔应与中间孔道同心。

管道在构件中用钢筋井字架固定,钢筋井字架间距不大于 1 m,见图 6-58。

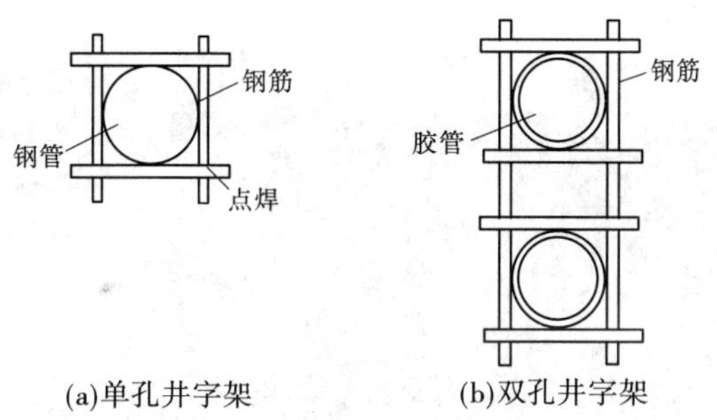

(a)单孔井字架　(b)双孔井字架

图 6-58　井字架

浇筑后,每隔 10~15 min 转动钢管(两根钢管时,旋转方向要相反)。初凝后、终凝前,以手指按压混凝土,无明显压痕又不沾浆即可抽管,常温下一般在混凝土浇筑后 3~5 h。抽管时,按先上后下、先中间后周边的顺序。当部分孔道有扩孔时,先抽无扩孔管道,后抽扩孔管道,抽管时边抽边转、速度均匀,与孔道成一直线。抽管后,及时检查孔道并做好孔道清理工作,以防止穿筋困难。

2)胶管抽芯法

胶管有夹布胶管和钢丝网胶管两种。夹布胶管采用 5~7 层帆布夹层、壁厚 6~7 mm 的普通橡胶管。胶管抽芯法用于直线、曲线或折线孔道成型。施工时,胶管一端密封,另一端接上阀门,安放在孔道设计位置上,充水(气)加压至 0.5~0.8 MPa,使胶皮管直径增大约 3 mm。待混凝土初凝后、终凝前,将胶管阀门打开放水(或放气)降压,胶管回缩与混凝土自行脱落。一般按先上后下、先曲后直的顺序将胶管抽出。

3)预埋管法

预埋管法是用钢筋井字架将塑料波纹管(见图 6-59)、黑铁皮管、薄钢管或金属螺旋管(见

图 6-60)固定在设计位置上，在混凝土构件中埋管成型的一种施工方法。管道埋入后不再抽出，适用于预应力筋密集或曲线预应力筋的孔道埋设，是目前大力推广的孔道留设方法。

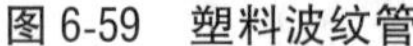

图 6-59 塑料波纹管

图 6-60 金属螺旋管

波纹管要求：在 1 kN 径向力作用下不变形，使用前进行灌水试验，检查有无渗漏，防止水泥浆流入管内堵塞孔道；安装就位过程中避免反复弯曲，以防管壁开裂。安装后，应检查管壁有无破损，接头是否密封，并应及时用胶带修补。

波纹管构件用钢筋井字架固定，间距不大于 0.8～1.0 m；螺旋管固定后，必须用铅丝与钢筋扎牢，防止浇筑混凝土时螺旋管上浮而造成严重事故。图 6-61 为利用预埋波纹管形成曲线形孔道的施工图片。

图 6-61 曲线孔道的施工

3.灌浆孔、排气孔与泌水孔

在孔道留设的同时应留设灌浆孔和排气孔。

1)灌浆孔

一般在构件两端和中间每隔 12 m 设置一个灌浆孔，孔径 20~25 mm(与灌浆机输浆管嘴外径相适应)，用木塞留设。曲线孔道应在最低点设置灌浆孔，以利于排出空气，保证灌浆密实；一个构件有多根孔道时，其灌浆孔不应集中留在构件的同一截面上，以免构件截面削弱过大。灌浆孔的方向应使灌浆时水泥浆自上而下垂直或倾斜注入孔道；灌浆孔的最大间距，抽芯成孔的不宜大于 12 m，预埋波纹管不大于 30 m。波纹管上灌浆孔留设构造见图 6-62。

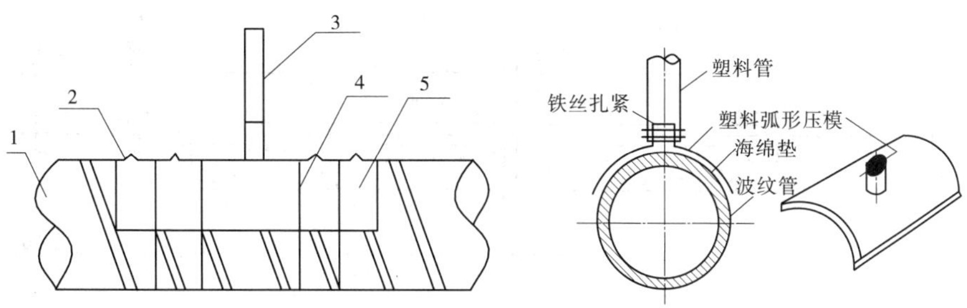

1—波纹管;2—塑料弧形压板;3—塑料管;4—铁丝扎紧;5—海绵垫

图 6-62　波纹管上构造灌浆孔

2) 排气孔与泌水孔

构件的两端留设排气孔,曲线孔道的峰顶处应留设排气兼泌水孔,必要时可在最低点设置排水孔。

6.3.2.3　预应力筋的张拉

1.预应力钢筋的配料

1) 粗钢筋

单根预应力钢筋张拉端一般均采用螺丝端杆锚具;而固定端除采用螺丝端杆锚具外,还可采用帮条锚具或镦头锚具。下料长度应计算确定,计算时要考虑锚具种类、对焊接头或镦粗头的压缩量、张拉伸长值、冷拉率和弹性回缩率、构件长度等因素。

2) 钢丝

应力钢丝放开后是直的,可直接下料。钢丝在应力状态下切断下料,控制应力为 300 N/mm^2。下料长度的误差要控制在 $L/5\ 000$ 以内,且不大于 5 mm。

为保证钢丝束两端钢丝排列顺序一致,穿束与张拉不致紊乱,钢丝必须编束。钢丝编束可分为空心束和实心束,都需用梳丝板理顺钢丝,在距钢丝端部 5～10 cm 处编扎一道。实心束工艺简单,空心束孔道灌浆效果优于实心束。制作工序:下料→编束→安锚具。

当采用钢质锥形锚具、锥锚式千斤顶张拉时,钢丝的下料长度按下式计算(见图 6-63):

两端张拉　$L=l_1+2(l_1+l_2+80)$

一端张拉　$L=l+2(l_1+80)+l_2$

式中　L——构件的孔道长度;

l_1——锚环厚度;

l_2——千斤顶分丝头至卡盘外端距离。

3) 钢绞线

钢绞线成盘状供应,不需要对焊接长。制作工序是:开盘→下料→编束。

钢绞线下料宜用砂轮切割机切割,不得采用电弧切割。钢绞线编束宜用 20 号铁丝绑扎,间距 2～3 m,编束前先将钢绞线理顺,使各根钢绞线松紧一致。

当采用夹片式锚具、穿心式千斤顶张拉时,钢绞线下料长度按下式计算(见图 6-64):

两端张拉　$L=l+(l_1+l_2+l_3+100)$

一端张拉　$L=l+2(l_1+100)+l_2+l_3$

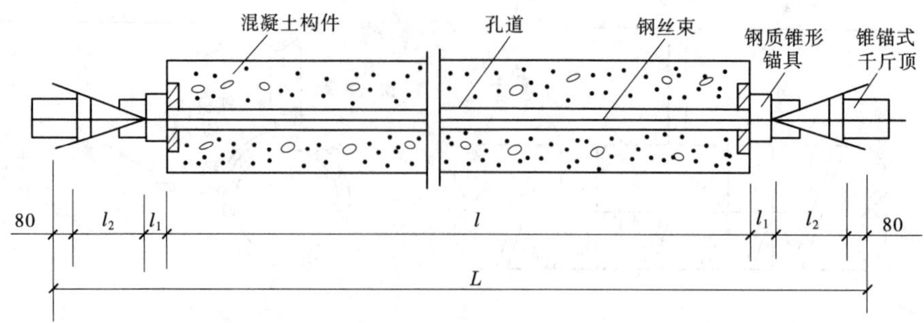

图 6-63　采用钢质锥形锚具时钢丝下料长度计算简图

式中　l——构件的孔道长度；

l_1——夹片式工作锚厚度；

l_2——穿心式千斤顶长度；

l_3——夹片式工具锚厚度。

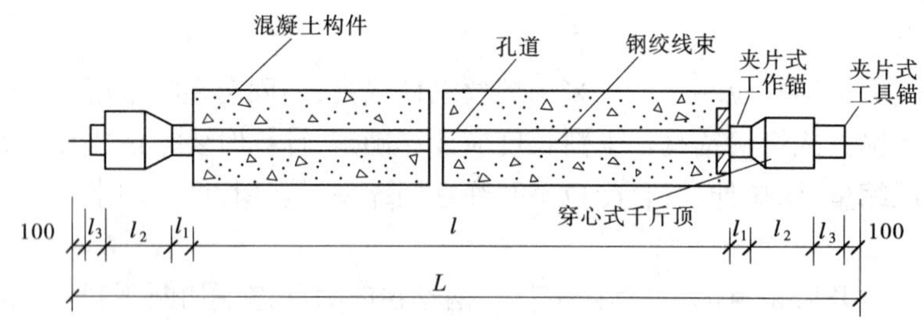

图 6-64　采用夹片式锚具时钢绞线下料长度计算简图

2.预应力筋的张拉

1)张拉前的准备工作

张拉前的准备工作主要包括对构件的强度、几何尺寸和孔道畅通情况进行检查，以及校验张拉设备等。

(1)分段制作的构件在张拉前完成拼装。

(2)混凝土强度检验：混凝土强度应满足设计要求，设计无要求时应不低于设计强度的 75%，块体拼装立缝处的混凝土或砂浆强度不低于混凝土强度的 40%，且不得低于 15 N/mm^2。

(3)构件端头清理。

(4)预留孔道清理，确保孔道畅通。

(5)搭设张拉台，安装锚具与张拉设备。

2)确定预应力筋的张拉方法

配有多根预应力筋的构件应同时张拉，如不能同时张拉，可分批张拉，同一构件上一般要对称张拉，如图 6-65 所示。根据构件的特点、预应力筋的形状和长度及施工方法，预应力筋张拉有如下几种张拉方法：

(1)一端张拉方式：张拉设备放在构件的一端进行张拉，适用于长度≤30 m 的直线预

图 6-65　预应力箱梁的分批、对称张拉

应力筋与锚固损失影响长度 $L_f \geqslant 0.5L$（L 为预应力筋长度）的曲线预应力筋。

(2) 两端张拉方式：张拉设备放在构件的两端进行张拉，适用于长度>30 m 的直线预应力筋与锚固损失影响长度 $L_f < 0.5L$ 的曲线预应力筋。

(3) 分批张拉方式：对配有多束预应力筋的构件分批进行张拉，由于后批预应力筋张拉所产生的混凝土弹性压缩对先批张拉的预应力筋造成预应力损失，所以先批张拉的预应力筋应加上该弹性压缩损失值，使分批张拉的每根预应力筋的张拉力基本相等。

(4) 分段张拉方式：在多跨连续梁板施工时，通长的预应力筋需要逐段进行张拉，第二段及后段的预应力筋利用锚头连接器与前段预应力筋进行接长。

(5) 分阶段张拉方式：为平衡各阶段的不同荷载，采取分阶段逐步施加预应力的方式。

(6) 补偿张拉方式：在早期预应力损失基本完成后，再进行张拉的方式。

3) 张拉顺序

张拉顺序的确定原则：一是不使混凝土产生超应力；二是构件不扭转与侧弯、结构不变位；三是要使张拉设备的移动次数最少。

(1) 受拉构件的对称张拉。

如图 6-66 所示是预应力混凝土屋架的下弦，其中图 6-66(a) 为 2 束不超过 30 m 的钢丝束，可采用一端张拉，用 2 台千斤顶分别在构件的两端进行对称张拉，一次完成。图 6-66(b) 预应力筋为 4 束，需分两批张拉，用 2 台千斤顶分别张拉对角线上的 2 束，然后张拉另 2 束，先批张拉的预应力损失应予补足。

(2) 受弯构件的分批张拉。

图 6-67 为一双跨预应力框架梁，预应力筋为 4 束超过 40 m 的双跨曲线钢绞线束，分两批张拉，用 2 台千斤顶分别设在梁的两端，按左右对称各张拉 1 束，待两批 4 束均进行一端张拉后，再分批在另一端进行补张拉。

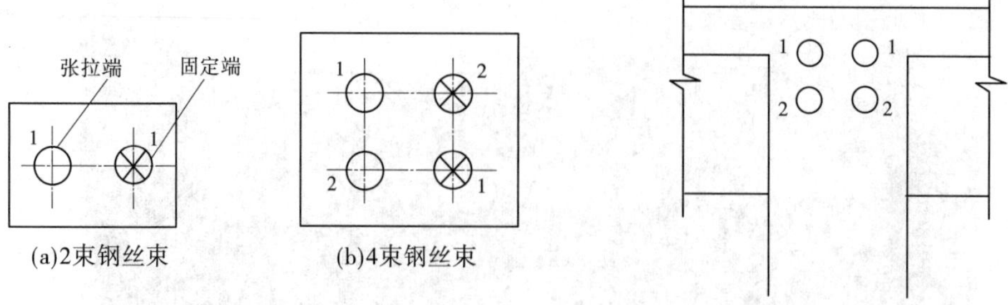

图 6-66　预应力混凝土屋架下弦的张拉顺序

图 6-67　框架梁预应力筋的张拉顺序

(3)平卧重叠构件的逐层张拉。

现场平卧重叠制作的后张法预应力构件,其张拉顺序宜先上后下逐层进行,为减少上下层之间因摩擦力引起的预应力损失,应视预应力筋和隔离剂的类别逐层加大张拉力。

张拉时还应注意:当两端同时张拉一根预应力筋时,宜先在一端张拉、一端锚固,再在另一端张拉补足张拉力后锚固;为解决混凝土弹性压缩损失问题,可采用同一张拉值,逐根复拉补足张拉力;对于重要预应力混凝土构件,可分阶段建立预应力,即全部预应力先张拉 50%之后,再第二次拉至 100%。

4)预应力筋的张拉程序

用超张拉的方法减少预应力筋的松弛损失时,预应力张拉程序为:

$$0 \rightarrow 1.05\sigma_{con}(\text{持荷 2 min}) \rightarrow \sigma_{con}(\text{锚固})$$

若预应力筋的张拉吨位不大,根数很多而设计中又要求采取超张拉减少预应力筋的松弛损失时,其张拉程序为:

$$0 \rightarrow 1.03\sigma_{con}(\text{锚固})$$

5)校核张拉伸长值

校核张拉伸长值可综合反映张拉力是否足够、孔道摩阻损失是否偏大、预应力筋是否有异常现象等。因此,张拉时应对伸长值进行校核,实际伸长值与计算伸长值的偏差大于±6%时,应暂停张拉,在采取措施调整后,方可继续张拉。

6.3.2.4　孔道灌浆

预应力筋张拉后,应尽快进行孔道灌浆。一可保护预应力筋以免锈蚀,二使预应力筋与混凝土有效黏结,控制超载时裂缝的间距与宽度,减轻梁端锚具的负荷情况。

孔道灌浆采用普通硅酸盐水泥,水灰比控制在 0.45 以内,可采用高效减水剂增加水泥浆流动性。为了防止孔道中的水泥浆产生体积收缩,在水泥浆中渗入膨胀剂(铝粉),铝粉的渗量为水泥用量的 0.01%,或渗入 UEA 膨胀剂,UEA 的渗量为水泥用量的 10%~12%。拌制水泥浆的用水应是清洁水,不含对水泥或预应力钢绞线有害的物质,每升水不得含 500 mg 以上的氯化物离子。

灌浆前应全面检查构件孔道及灌浆孔、泌水孔、排气孔是否畅通,对抽芯成孔的孔道采用压力水冲洗湿润,对预埋波纹管孔道可用压缩空气清孔。宜先灌下层孔道,后灌上层孔道。灌浆工作应缓慢均匀进行,不得中断,并应排气通顺,在出浆口冒出浓浆并封闭排气口后,继续加压至 0.5~0.7 N/mm^{2}稳压 2 min,再封闭灌浆孔。对孔道直径较大且不掺减水剂或膨胀剂进行灌浆时,可采取“二次压浆法”或“重力补浆法”。

6.3.3　无黏结预应力混凝土工程

无黏结预应力混凝土是在混凝土浇筑前将预应力筋铺设在模板内,然后浇筑混凝土,待混凝土达到设计规定强度后进行预应力筋的张拉和锚固,借助于构件两端锚具传递预压应力的施工方法。

该工艺属于后张法施工,无须留孔、穿筋、灌浆,摩擦损失小,易弯成多跨曲线形状。施工简单方便,最适用于双向连续平板、密肋板和多跨连续梁等现浇混凝土结构。

6.3.3.1　无黏结预应力筋的制作

预应力筋主要采用由专用防腐润滑脂作涂料层,由塑料作外包层的钢绞线或碳素钢丝束制作而成(见图 6-68、图 6-69)。采用钢绞线时张拉端采用夹片式锚具(XM 型锚具),埋入端采用压花式埋入锚具;钢丝束的张拉端和埋入端均采用夹片式或镦头式锚具。

图 6-68　无黏结预应力筋

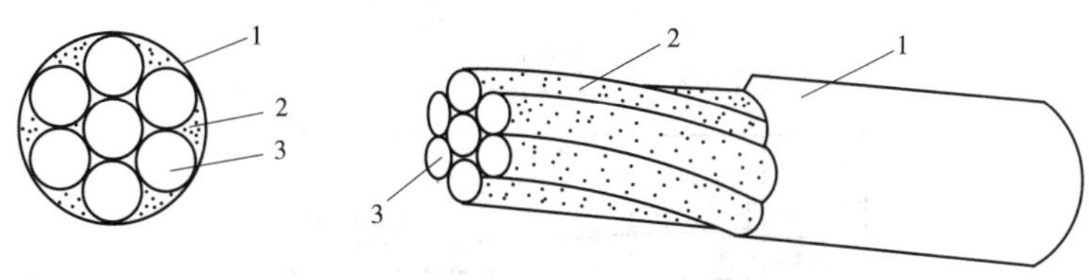

1—塑料外包层;2—防腐润滑脂;3—钢绞线

图 6-69　无黏结预应力筋结构

6.3.3.2　无黏结预应力筋混凝土施工

1.预应力筋铺设

无黏结筋通常在底部非预应力筋铺设后、水电管线铺设前进行,支座处负弯矩钢筋在最后铺设。先铺下面的预应力筋,再铺上面的预应力筋,避免穿插。

无黏结筋应严格按照设计要求的曲线形状就位并固定牢靠,其竖向位置宜用支撑钢筋或钢筋马凳控制,保证无黏结筋的曲线顺直。经检查无误后,用铅丝将无黏结筋与非预应力筋绑扎牢固,防止钢丝束在浇筑混凝土过程中移位。

2.预应力筋张拉

无黏结预应力筋的张拉程序基本与有黏结后张法相同。无黏结预应力混凝土楼盖结构的张拉顺序,宜先张拉楼板,后张拉楼面梁。板中的无黏结筋可依次张拉,梁中的无黏结筋宜对称张拉。同一构件应按先铺先张、后铺后张的顺序。

板中的无黏结筋一般采用前卡式千斤顶单根张拉,并用单孔式夹片锚具锚固;无黏结曲线预应力筋长度超过 35 m 时,宜两端张拉,超过 70 m 时宜分段张拉。

当设计无要求时,混凝土强度应达到设计强度的 75%,才能张拉。

3.端部处理

预应力筋张拉完毕后,需要在张拉端及固定端切去超长部分的预应力筋,并用专用防腐油脂再加塑料封端罩,最后浇筑混凝土。无黏结预应力束锚头端部的封堵处理,目前常采用两种方法,第一种方法是在孔道中注入油脂并加以封闭,如图 6-70 所示;第二种方法是在两端留设的孔道内注入环氧树脂水泥砂浆,其抗压强度不低于 35 MPa。灌浆时同时将锚头封闭,防止钢丝锈蚀,同时也起一定的锚固作用,如图 6-71 所示。

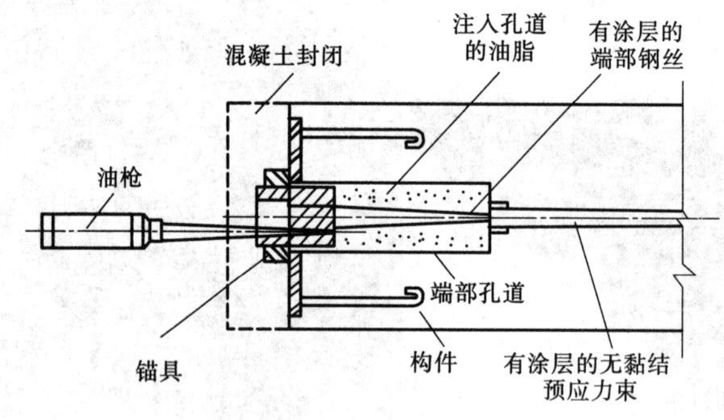

图 6-70　锚头端部油脂封闭

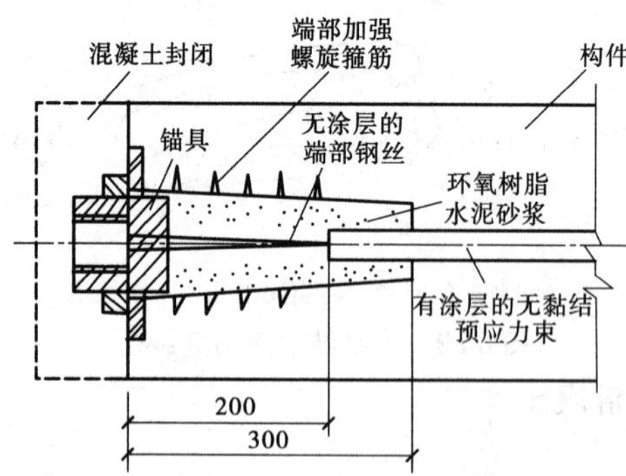

图 6-71　锚头端部环氧树脂水泥砂浆封闭

6.3.4　预应力混凝土工程实训项目 2

1. 实训内容

预应力混凝土工程施工。

2. 实训目标

(1)熟悉先张法施工流程及工艺要求；

(2)熟悉后张法施工流程及工艺要求；

(3)熟悉无黏结预应力混凝土施工流程及工艺要求。

3. 实训课时

4 课时。

4. 实训要求

提交 1 份实训报告。

6.4　预应力混凝土工程质量验收

6.4.1　一般规定

(1)浇筑混凝土之前,应进行预应力隐蔽工程验收。隐蔽工程验收应包括下列主要内容:

①预应力筋的品种、规格、级别、数量和位置;

②成孔管道的规格、数量、位置、形状、连接以及灌浆孔、排气兼泌水孔;

③局部加强钢筋的牌号、规格、数量和位置;

④预应力筋锚具和连接器及锚垫板的品种、规格、数量和位置。

(2)预应力筋、锚具、夹具、连接器、成孔管道的进场检验,当满足下列条件之一时,其检验批容量可扩大一倍:

①获得认证的产品;

②同一厂家、同一品种、同一规格的产品,连续三批均一次检验合格。

(3)预应力筋张拉机具及压力表应定期维护和标定。张拉设备与压力表应配套标定和使用,标定期限不应超过半年。

6.4.2　材料

6.4.2.1　主控项目

(1)预应力筋进场时,应按国家现行标准《预应力混凝土用钢绞线》(GB/T 5224)、《预应力混凝土用钢丝》(GB/T 5223)、《预应力混凝土用螺纹钢筋》(GB/T 20065)和《无黏结预应力钢绞线》(JG 161)抽取试件作抗拉强度、伸长率检验,其检验结果应符合相应标准的规定。

检查数量:按进场的批次和产品的抽样检验方案确定。

检验方法:检查质量证明文件和抽样检验报告。

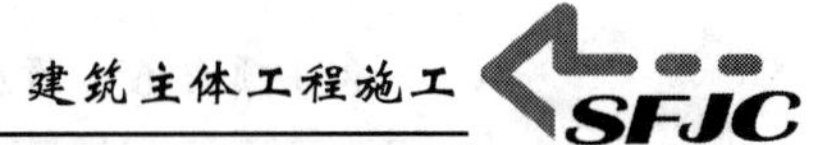

(2)无黏结预应力钢绞线进场时,应进行防腐润滑脂量和护套厚度的检验,检验结果应符合现行行业标准《无黏结预应力钢绞线》(JG 161)的规定。经观察认为涂包质量有保证时,无黏结预应力筋可不作油脂穗和护套厚度的抽样检验。

检查数量:按现行行业标准《无黏结预应力钢绞线》(JG 161)的规定确定。

检验方法:观察,检查质量证明文件和抽样检验报告。

(3)预应力筋用锚具应和锚垫板、局部加强钢筋配套使用,锚具、夹具和连接器进场时,应按现行行业标准《预应力筋用锚具、夹具和连接器应用技术规程》(JGJ 85)的相关规定对其性能进行检验,检验结果应符合该标准的规定。锚具、夹具和连接器用量不足检验批规定数量的50%,且供货方提供有效的试验报告时,可不作静载锚固性能试验。

检查数量:按现行行业标准《预应力筋用锚具、夹具和连接器应用技术规程》(JGJ 85)的规定确定。

检验方法:检查质量证明文件、锚固区传力性能试验报告和抽样检验报告。

(4)处于三a、三b类环境条件下的无黏结预应力筋用锚具系统,应按现行行业标准《无黏结预应力混凝土结构技术规程》(JGJ 92)的相关规定检验其防水性能,检验结果应符合该标准的规定。

检查数量:同一品种、同一规格的锚具系统为一批,每批抽取3套。

检验方法:检查质量证明文件和抽样检验报告。

(5)孔道灌浆用水泥应采用硅酸盐水泥或普通硅酸盐水泥,水泥、外加剂的质量应符合《混凝土结构工程施工质量验收规范》(GB 50204)中相关的规定;成品灌浆材料的质量应符合现行国家标准《水泥基灌浆材料应用技术规范》(GB/T 50448)的规定。

检查数量:按进场批次和产品的抽样检验方案确定。

检验方法:检查质量证明文件和抽样检验报告。

6.4.2.2 一般项目

(1)预应力筋进场时,应进行外观检查,其外观质量应符合下列规定:

①有黏结预应力筋的表面不应有裂纹、小刺、机械损伤、氧化铁皮和油污等,展开后应平顺,不应有弯折。

②无黏结预应力钢绞线护套应光滑、无裂缝,无明显褶皱;轻微破损处应外包防水塑料胶带修补,严重破损者不得使用。

检查数量:全数检查。

检验方法:观察。

(2)预应力筋用锚具、夹具和连接器进场时,应进行外观检查,其表面应无污物、锈蚀、机械损伤和裂纹。

检查数量:全数检查。

检验方法:观察。

(3)预应力成孔管道进场时,应进行管道外观质量检查、径向刚度和抗渗漏性能检验,其检验结果应符合下列规定:

①金属管道外观应清洁,内外表面应无锈蚀、油污、附着物、孔洞;波纹管不应有不规则褶皱,咬口应无开裂、脱扣;钢管焊缝应连续。

②塑料波纹管的外观应光滑、色泽均匀,内外壁不应有气泡、裂口、硬块、油污、附着物、孔洞及影响使用的划伤。

③径向刚度和抗渗漏性能应符合现行行业标准《预应力混凝土桥梁用塑料波纹管》(JT/T 529)和《预应力混凝土用金属波纹管》(JG 225)的规定。

检查数量:外观应全数检查;径向刚度和抗渗漏性能的检查数量应按进场的批次和产品的抽样检验方案确定。

检验方法:观察,检查质量证明文件和抽样检验报告。

6.4.3 制作与安装

6.4.3.1 主控项目

(1)预应力筋安装时,其品种、规格、级别和数量必须符合设计要求。

检查数量:全数检查。

检验方法:观察、尺量。

(2)预应力筋的安装位置应符合设计要求。

检查数量:全数检查。

检验方法:观察,尺量。

6.4.3.2 一般项目

(1)预应力筋端部锚具的制作质量应符合下列规定:

①钢绞线挤压锚具挤压完成后,预应力筋外端露出挤压套筒的长度不应小于1 mm。

②钢绞线压花锚具的梨形头尺寸和直线锚固段长度不应小于设计值。

③钢丝镦头不应出现横向裂纹,镦头的强度不得低于钢丝强度标准值的98%。

检查数量:对挤压锚,每工作班抽查5%,且不应少于5件;对压花锚,每工作班抽查3件。对钢丝镦头强度,每批钢丝检查6个镦头试件。

检验方法:观察,尺量,检查镦头强度试验报告。

(2)预应力筋或成孔管道的安装质量应符合下列规定:

①成孔管道的连接应密封。

②预应力筋或成孔管道应平顺,并应与定位支撑钢筋绑扎牢固。

③锚垫板的承压面应与预应力筋或孔道曲线末端垂直,预应力筋或孔道曲线末端直线段长度应符合表6-4规定。

表6-4 预应力筋曲线起始点与张拉锚固点之间直线段最小长度

预应力筋张拉控制力 N(kN)	$N \leqslant 1\,500$	$1\,500 < N \leqslant 6\,000$	$N > 6\,000$
直线段最小长度(mm)	400	500	600

④当后张有黏结预应力筋曲线孔道波峰和波谷的高差大于300 mm,且采用普通灌浆工艺时,应在孔道波峰设置排气孔。

检查数量:全数检查。

检验方法:观察,尺量。

(3)预应力筋或成孔管道定位控制点的竖向位置偏差应符合表6-5的规定,其合格点率应达到 90%及以上，且不得有超过表中数值 1.5 倍的尺寸偏差。

表 6-5　预应力筋或成孔管道定位控制点的竖向位置允许偏差

构件截面高(厚)度 h(mm)	$h \leqslant 300$	$300 < h \leqslant 1\ 500$	$h > 1\ 500$
允许偏差(mm)	±5	±10	±15

检查数量：在同一检验批内，应抽查各类型构件总数的 10%，且不少于 3 个构件，每个构件不应少于 5 处。

检验方法：尺量。

6.4.4　张拉和放张

6.4.4.1　主控项目

(1)预应力筋张拉或放张前，应对构件混凝土强度进行检验。同条件养护的混凝土立方体试件抗压强度应符合设计要求，当设计无要求时应符合下列规定：

①应符合配套锚固产品技术要求的混凝土最低强度且不应低于设计混凝土强度等级值的 75%。

②对采用消除应力钢丝或钢绞线作为预应力筋的先张法构件，不应低于 30 MPa。

检查数量：全数检查。

检验方法：检查同条件养护试件试验报告。

(2)对后张法预应力结构构件，钢绞线出现断裂或滑脱的数量不应超过同一截面钢绞线总根数的 3%且每根断裂的钢绞线断丝不得超过一丝；对多跨双向连续板，其同一截面应按每跨计算。

检查数量：全数检查。

检验方法：观察，检查张拉记录。

(3)先张法预应力筋张拉锚固后，实际建立的预应力值与工程设计规定检验值的相对允许偏差为±5%。

检查数量：每工作班抽查预应力筋总数的 1%，且不应少于 3 根。

检验方法：检查预应力筋应力检测记录。

6.4.4.2　一般项目

(1)预应力筋张拉质量应符合下列规定：

①采用应力控制方法张拉时，张拉力下预应力筋的实测伸长值与计算伸长值的相对允许偏差为±6%；

②最大张拉应力不应大于现行国家标准《混凝土结构工程施工规范》(GB 50666)的规定。

检查数量：全数检查。

检验方法：检查张拉记录。

(2)先张法预应力构件，应检查预应力筋张拉后的位置偏差，张拉后预应力筋的位置与设计位置的偏差不应大于 5 mm，且不应大于构件截面短边边长的 4%。

检查数量：每工作班抽查预应力筋总数的 3%，且不应少于 3 束。

检验方法:尺量。

6.4.5　灌浆及封锚

6.4.5.1　主控项目

(1)预留孔道灌浆后,孔道内水泥浆应饱满、密实。

检查数量:全数检查。

检验方法:观察,检查灌浆记录。

(2)现场搅拌的灌浆用水泥浆的性能应符合下列规定:

①3 h 自由泌水率宜为 0,且不应大于 1%,泌水应在 24 h 内全部被水泥浆吸收。

②水泥浆中氯离子含量不应超过水泥重量的 0.06%。

③当采用普通灌浆工艺时,24 h 自由膨胀率不应大于 6%;当采用真空灌浆工艺时,24 h 自由膨胀率不应大于 3%。

检查数量:同一配合比检查一次。

检验方法:检查水泥浆配比性能试验报告。

(3)现场留置的孔道灌浆料试件的抗压强度不应低于 30 MPa。试件抗压强度检验应符合下列规定:

①每组应留取 6 个边长为 70.7 mm 的立方体试件,并应标准养护 28 d。

②试件抗压强度应取 6 个试件的平均值;当一组试件中抗压强度最大值或最小值与平均值相差超过 20%时,应取中间 4 个试件强度的平均值。

检查数量:每工作班留置一组。

检验方法:检查试件强度试验报告

(4)锚具的封闭保护措施应符合设计要求。当设计无要求时,外露锚具和预应力筋的混凝土保护层厚度不应小于:一类环境时 20 mm,二 a、二 b 类环境时 50 mm,三 a、三 b 类环境时 80 mm。

检查数量:在同一检验批内,抽查预应力筋总数的 5%,且不应少于 5 处。

检验方法:观察,尺量。

6.4.5.2　一般项目

后张法预应力筋锚固后的锚具外的外露长度不应小于预应力筋直径的 1.5 倍,且不应小于 30 mm。

检查数量:在同一检验批内,抽查预应力筋总数的 3%,且不应少于 5 束。

检验方法:观察,尺量。

学习项目7 钢结构工程施工

【学习要点】

(1)了解钢结构制作的知识;

(2)了解钢结构的连接方法及预拼装相关知识;

(3)学习掌握钢深,钢柱、钢屋架、钢网架等安装知识;

(4)熟悉钢结构安装质量验收的相关知识。

7.1 钢结构用钢材

钢结构是指以钢材为基材,经机械加工组装而成的结构。建筑钢结构仅限于工业厂房、高层建筑、塔桅结构、桥梁等。钢结构具有强度高、结构轻、施工周期短和精度高等特点,在建筑、桥梁等土木工程中被广泛采用。

7.1.1 钢材种类与质量等级

钢材种类很多,各自的性能、产品的规格及用途都不相同。符合建筑钢材性能要求的钢材主要有碳素钢及低合金钢中的几种,我国现行《钢结构设计规范》(GB 50017—2013)推荐采用Q235、Q345、Q390及Q420号钢材作为建筑结构使用钢材。其中Q235号钢材属于碳素结构钢中的低碳钢($C\leqslant0.25\%$);而Q345、Q390及Q420都属于低合金高强度结构钢,这类钢材是在冶炼碳素结构钢时加入少量合金元素(合金元素总量低于5%),而含碳量与低碳钢相近。由于增加了少量的合金元素,使材料的强度、冲击韧性、耐腐性能均有所提高,而塑性降低却不多,因此是性能优越的钢材。

按照钢材的质量,由低到高Q235钢有A、B、C、D 4个质量等级,Q345、Q390、Q420钢有A、B、C、D、E共5个质量等级。不同等级的钢材的质量要求见相关规范中的规定。

7.1.2 钢材规格

各类钢种供应的钢材规格分为型材、板材、管材及金属制品四个大类,其中钢结构用得最多的是型材和板材。

7.1.2.1 钢板和钢带

钢板是矩形平板状的钢材,可直接轧制或由宽钢带剪切而成,见图7-1(c)。钢板分热轧薄钢板、热轧厚钢板及扁钢。热轧薄钢板厚度为0.35~4 mm,主要用来制作冷弯薄壁型钢;热轧厚钢板厚度为4.5~60 mm,广泛用作钢结构构件及连接板件,实际工作中常将厚度为4~20 mm的钢板称为中板,将厚度为20~60 mm的钢板称为厚板,将厚度大于60 mm的钢板称为特厚板;钢带又称带钢,宽度在1 300 mm以内,长度根据每卷的大小略有不同。带钢一般成卷供应,见图7-1(a)。

7.1.2.2 **热轧型钢**

1. 工字钢

工字钢截面为工字形,见图7-1(b),其规格以I截面高度(mm)×翼缘宽度(mm)×腹板厚度(mm)表示,也可用型号表示,即以代号和截面高度的厘米数表示,型号为截面高度的厘米数,如I16。同一型号工字钢可能有几种不同的腹板厚度和翼缘宽度,需在型号后加a、b、c以示区别。我国生产的热轧普通工字钢规格有I10~I63号工字钢。

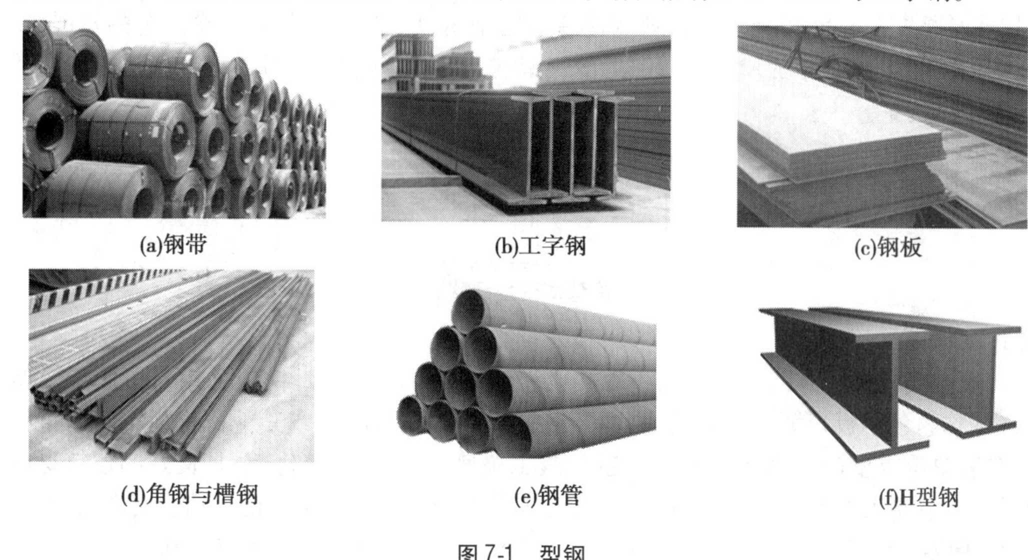
(a)钢带 (b)工字钢 (c)钢板 (d)角钢与槽钢 (e)钢管 (f)H型钢

图7-1 型钢

2. 槽钢

槽钢截面为凹槽形,见图7-1(d),其规格表示同工字钢。热轧普通槽钢的规格用代号和截面高度(mm)×翼缘宽度(mm)×腹板厚度(mm)表示,也可以用型号表示,即以代号和截面高度的厘米数及a、b、c表示(a、b、c意义与工字钢相同),如[16,我国生产的热轧普通槽钢规格有[5~[40号。

3. 角钢

角钢由两个互相垂直的肢组成,见图7-1(d)。若两肢长度相等,称为等边角钢,若不等则为不等边角钢。角钢的代号为L,其规格用代号和长肢宽度(mm)×短肢宽度(mm)×肢厚度(mm)表示,例如L90×90×6、L125×80×8等。角钢的规格有L20×20×3~L200×200×24,L25×16×3~L200×125×18。

4. H型钢

H型钢由工字钢发展而来,与工字钢相比,H型钢具有翼缘宽、翼缘相互平行、内侧没有斜度、自重轻、节约钢材等特点,见图7-1(f)。热轧H型钢分宽翼缘H型钢HW、中翼缘H型钢HM、窄翼缘H型钢HN三类。其规格型号用高度h×宽度b×腹板厚度t_1×翼缘厚度t_2表示。H型钢是一种经工字钢发展而来的经济断面型材,与普通工字钢相比,它的翼缘内外表面平行,内表面无斜度,翼缘端部为直角,与其他构件连接方便。同时它的截面材料分布更向翼缘集中,截面力学性能优于普通工字钢,在截面面积相同的条件

下，H 型钢的实际承载力比普通工字钢大。

5. 热轧剖分 T 型钢

热轧剖分 T 型钢由热轧 H 型钢剖分后而成，分宽翼缘剖分 T 型钢（TW）、中翼缘剖分 T 型钢（TM）、窄翼缘剖分 T 型钢（TN）三类。其规格型号用高度 h × 宽度 b × 腹板厚度 t_1 × 翼缘厚度 t_2 表示。

7.1.2.3 冷弯薄壁型钢

冷弯型钢是用可加工变形的冷轧或热轧钢带在连续辊式冷弯机组上生产的冷加工型材，壁厚原先在 1.5 ~ 6 mm，因此称为冷弯薄壁型钢，见图 7-2。随着生产工艺的发展，现在国内已能生产厚度在 12 mm 以上的冷弯型钢。冷弯薄壁型钢多用于跨度小、荷载轻的轻型钢结构中。

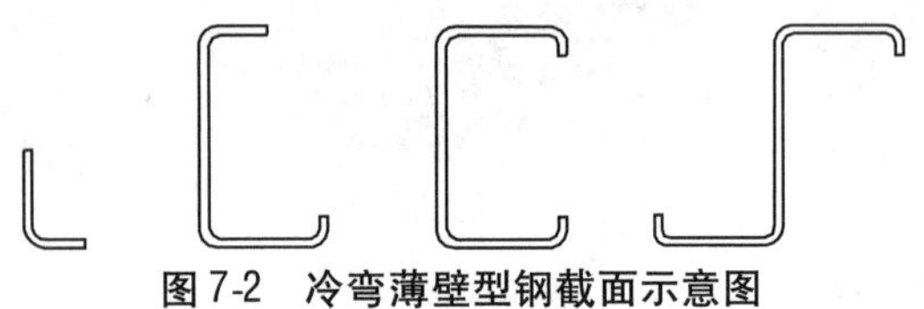

图 7-2 冷弯薄壁型钢截面示意图

7.1.2.4 压型钢板

压型钢板是由薄钢板经冷压或冷轧成型的钢材，见图 7-3。钢板采用有机涂层薄钢板（或称彩色钢板）、镀锌薄钢板、防腐薄钢板（含石棉沥青层）或其他薄钢板等。压型钢板具有单位重量轻、强度高、抗震性能好、施工快速、外形美观等优点，是良好的建筑材料和构件，主要用于围护结构、楼板，也可用于其他构筑物。根据不同使用功能要求，压型钢板可压成波形、双曲波形、肋形、V 形、加劲型等。屋面和墙面常用板厚为 0.4 ~ 1.6 mm；用于承重楼板或筒仓时厚度达 2 ~ 3 mm 或以上。波高一般为 10 ~ 200 mm 不等。

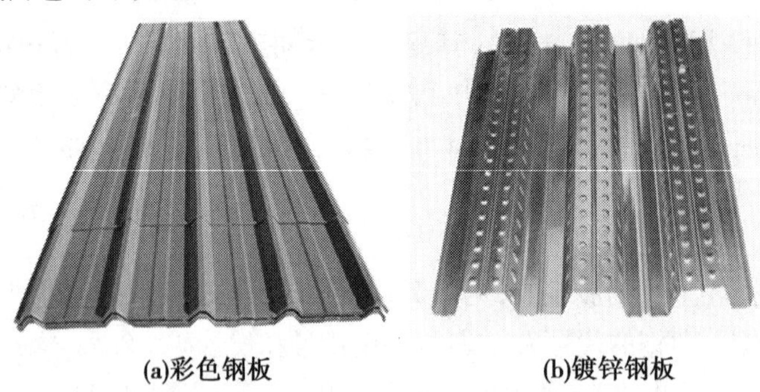

(a)彩色钢板　　(b)镀锌钢板

图 7-3 压型钢板

7.1.2.5 Z 向钢

普通钢板在厚度方向的力学性能受到轧制工艺的影响较其他两个方向差，当钢板厚度较大，且厚度方向受拉时，容易发生层状撕裂。Z 向钢是在某一级结构钢（称为母级钢）的基础上，经过特殊冶炼、处理的钢材。Z 向钢不仅沿宽度方向和长度方向有较好的力学性能，而且在厚度方向同样具有良好的力学性能，可以有效解决层状撕裂的问题。

钢板的抗层状撕裂性能采用厚度方向拉力试验时的断面收缩率来评定。我国生产的 Z 向钢板的标志是在母级钢钢号后面加上 Z 向钢板等级标志 Z15、Z25、Z35，Z 字后面的数字为截面收缩率的指标(%)。

7.1.2.6　结构用钢管

结构用钢管有热轧无缝钢管和焊接钢管。结构用无缝钢管按《结构用无缝钢管》(GB/T 8162—87)规定,分热轧(挤压、扩)和冷拔(轧)两种,热轧钢管外径为 32 ~ 630 mm,壁厚为 2.5 ~ 75 mm。冷拔钢管外径为 6 ~ 200 mm,壁厚为 0.25 ~ 14 mm,焊接钢管由钢板或钢带经过卷曲成型后焊制而成,分直缝电焊钢管和螺旋焊钢管。

7.1.3　钢材的验收

钢材进场后应按《钢结构工程施工规范》(GB 50755)及《钢结构工程施工质量验收规范》(GB 50205)的有关规定组织验收。

7.1.3.1　质量证明文件

钢材进场应有随货同行的质量合格证明文件,进口钢材应有国家商检部门的复验报告。

7.1.3.2　外观检查

钢材端边或断口处不应有分层、夹渣等缺陷;钢材表面有锈蚀、麻点或划痕等缺陷时,其深度不得大于该钢材厚度允许偏差值的 1/2,且锈蚀等级应在 C 级及 C 级以上。

7.1.3.3　允许偏差抽查

钢板抽查厚度,型钢抽查规格尺寸,每一品种、规格各抽查 5 处。

7.1.3.4　抽样复验

国外进口钢材、钢材混批、板厚≥40 mm 且有 Z 向性能要求的厚板、结构安全等级为一级大跨度结构中主要受力构件采用的钢材、设计有复验要求的钢材、对质量有疑义的钢材应进行抽样复验。

7.2　构件制作

钢结构构件制作一般在工厂进行,包括放样、号料、切割下料、边缘加工、弯卷成型、折边、矫正和防腐与涂饰等工艺过程。

7.2.1　放样与号料

放样根据产品施工详图或零、部件图样要求的形状和尺寸,按 1∶1的比例把产品或零、部件的实体画在放样台或平板上,求取实长并制成样板的过程,见图 7-4(a)。放样工作是钢结构施工单位必不可少的一个重要环节。对于正确领会设计者意图,将施工图纸转化为车间生产用图,起着桥梁和纽带的作用。放样工作的仔细、到位、正确与否,将直接影响到施工现场的速度和质量。

号料是指利用样板、样杆、号料草图放样得出的数据,在板料或型钢上画出构件真实的轮廓和孔口的真实形状,以及与之连接构件的位置线、加工线等,并注出加工符号,见图 7-4(b)。

放样与号料的步骤如下:

(a) 放样

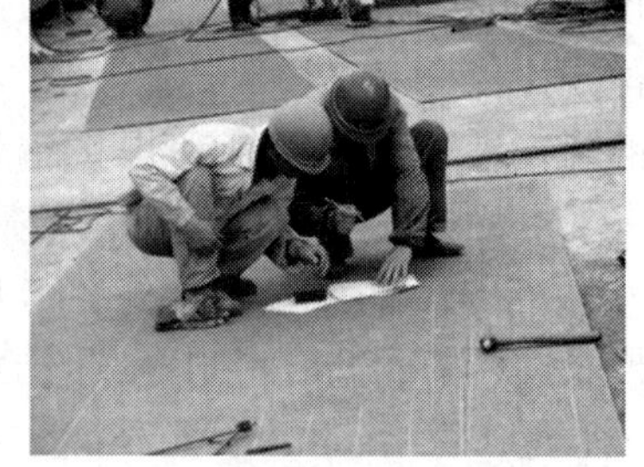

(b) 号料

图7-4　工人在放样、号料

(1)熟悉施工图,发现有疑问之处,应与有关技术部门联系解决。

(2)准备好做样板、样杆的材料,一般可采用薄铁皮和小扁钢。

(3)放样需要钢尺必须经过计量部门的校验复核,合格后方可使用。

(4)号料前必须了解原材料的材质及规格,检查原材料的质量。不同规格、不同材质的零件应分别号料,并依据先大后小的原则依次号料。

(5)样板样杆上应用油漆写明加工号、构件编号、规格,同时标注上孔直径、工作线、弯曲线等各种加工符号。

(6)放样和号料应预留收缩量(包括现场焊接收缩量)及切割、铣端等需要的加工余量。铣端余量:剪切后加工的一般每边加3～4 mm,气割后加工的则每边加4～5 mm。切割余量:自动气割割缝宽度为3 mm,手工气割割缝宽度为4 mm。焊接收缩量根据构件的结构特点由工艺给出。

(7)主要受力构件和需要弯曲的构件,在号料时应按工艺规定的方向取料,弯曲件的外侧不应有样冲点和伤痕缺陷。

(8)号料应有利于切割和保证零件质量。

(9)本次号料后的剩余材料应进行余料标识,包括余料编号、规格、材质及炉批号等,以便于余料的再次使用。

7.2.2　切割下料

切割下料的目的就是要将放样和号料的构件形状从原材料上分离出来。钢材常用的切割方法有气割、机械剪切和等离子切割等。

7.2.2.1　气割法

气割利用可燃气体同氧混合燃烧所产生的火焰分离材料的热切割,又称氧气切割或火焰切割(见图7-5)。气割时,火焰在起割点将材料预热到燃点,然后喷射氧气流,使金属材料剧烈氧化燃烧,生成的氧化物熔渣被气流吹除,形成切口。金属的气割过程实质上是铁在纯氧中的燃烧过程,而不是熔化过程。

气割法有手动气割、半自动气割和自动气割。手动气割割缝宽度为4 mm,自动气割割缝宽度为3 mm。

气割法设备灵活、费用低廉、精度高,能切割各种厚度的钢材,尤其是带曲线的零件或厚钢板,是目前使用最广泛的切割方法。

图7-5　数控氧气切割机

在进行气割操作时应注意以下工艺要点：

(1)气割前必须检查确认整个气割系统的设备和工具全部运转正常，并确保安全。

(2)气割时应选择正确的工艺参数。切割时应调节好氧气射流(风线)的形状，使其达到并保持轮廓清晰、风线长和射力高。

(3)气割前，应去除钢材表面的污垢、油污及浮锈和其他杂物，并在下面留出一定的空间，以利于熔渣的吹出。

(4)气割时，必须防止回火。

(5)为了防止气割变形，操作中应先从短边开始；应先割小件，后割大件；应先割较复杂的，后割较简单的。

7.2.2.2　机械剪切法

机械剪切是借助于运动的上刀片和固定的下刀片，采用合理的刀片间隙，对各种厚度的金属板材施加剪切力来切断钢材，或利用锯片的切削运动切割钢材。常用的切割机械有剪板机(见图7-6)、联合冲剪机(见图7-7)、弓锯床(见图7-8)、砂轮切割机(见图7-9)等。当钢板厚度≤12 cm时，采用剪板机、联合冲剪机切割钢材，速度快、效率高，但切口略粗糙。采用弓锯床、带锯机等切削钢材，精度较好。采用砂轮切割机等切割钢材，速度快，但切口不够光洁、噪声大。

图7-6　剪板机

图7-7　液压联合冲剪机

剪切时应注意以下要点：

(1)当一张钢板上排列许多个零件并有几条相交的剪切线时，应预先安排好合理的剪切程序后再进行剪切。

图 7-8　弓锯床

图 7-9　砂轮切割机

(2)材料剪切后的弯曲变形,必须进行矫正;剪切面粗糙或带有毛刺,必须修磨光洁。

(3)剪切过程中,切口附近的金属,因受剪力而发生挤压和弯曲,重要的结构件和焊缝的接口位置,一定要用铣、刨或砂轮磨削等方法。

(4)锯切机械施工中,型钢应进行校直后方可进行锯切。单件锯切的构件,先画出号料线,然后对线锯切;成批加工的构件,可预先安装定位挡板进行加工。加工精度要求较高的重要构件,应考虑预留适当的加工余量,以供锯切后进行端面精铣,锯切时还应注意切割断面垂直度的控制。

7.2.2.3　等离子切割法

等离子切割是利用高温高速的等离子焰流将钢材切口处的金属局部熔化并将其吹除以形成切口的一种加工方法。等离子切割法适用于任何金属的切割,特别是熔点较高的不锈钢及有色金属铝、铜等。主要优点在于切割厚度不大的金属的时候,等离子切割速度快,尤其在切割普通碳素钢薄板时,速度可达气切割法的 5 ~6 倍,切割面光洁、热变形小、热影响区较少。

图 7-10 为某型号数控等离子切割机。

图 7-10　数控等离子切割机

7.2.3　构件加工

7.2.3.1　边缘加工

对于尺寸精度要求高的腹板、翼缘板、加劲板、支座支撑面和有技术要求的焊接坡口,需要对剪切或气割过的钢板边缘进行加工。常用边缘加工方法主要有铲边、刨边、铣边(见图 7-11、图 7-12)、碳弧气刨、气割和坡口机加工等。边缘加工时,应注意以下技术要点:

图7-11　钢板铣边机

图7-12　端面铣

(1)气割的零件，当需要消除影响区进行边缘加工时，最少加工余量为2.0 mm。

(2)机械加工边缘的深度，应能保证把表面的缺陷清除掉，但不能小于2.0 mm，加工后表面不应有损伤和裂缝，在进行砂轮加工时，磨削的痕迹应当顺着边缘。

(3)碳素结构钢的零件边缘，在手工切割后，其表面应做清理，不能有超过1.0 mm的不平度。

(4)构件的端部支承边要求刨平顶紧和构件端部截面精度要求较高的，无论是什么方法切割和用何种钢材制成的，都要刨边或铣边。

(5)施工图有特殊要求或规定为焊接的边缘需进行刨边，一般板材或型钢的剪切边不需刨光。

(6)零件边缘进行机械自动切割和空气电弧切割之后，其切割表面的平面度，都不能超过1.0 mm。主要受力构件的自由边，在气割后需要刨边或铣边的加工余量，每侧至少2 mm，应无毛刺等缺陷。

(7)柱端铣后顶紧接触面应有75%以上的面积紧贴，用0.3 mm塞尺检查，其塞入面积不得大于25%，边缘间隙也不应大于0.5 mm。

(8)关于铣口和铣削量的选择，应根据工件材料和加工要求决定，合理的选择是加工质量的保证。

(9)构件的端部加工应在矫正合格后进行。

(10)应根据构件的形式采取必要的措施，保证铣平端与轴线垂直。

7.2.3.2　弯卷成型

1.钢板卷曲

钢板卷曲是通过旋转辊轴对板料进行连续三点弯曲所形成的。钢板卷曲包括预弯、对中和卷曲三个过程。

1)预弯

钢板在卷板机上卷曲时，两端边缘总有卷不到的部分，即剩余直边。通过预弯消除剩余直边。

2)对中

为防止钢板在卷板机上卷曲时发生歪扭，应将钢板对中，使钢板的纵向中心线与滚筒轴线保持严格的平行。

3)卷曲

对中后，利用调节辊筒的位置使钢板发生初步的弯曲，然后来回滚动而卷曲，见图7-13。

2. 型材弯曲

1)型钢弯曲

型钢弯曲时断面会发生畸变,弯曲半径越小,则畸变越大。应控制型钢的最小弯曲半径。若构件的曲率半径较大,宜采用冷弯;若构件的曲率半径较小,则宜采用热弯。型材弯曲机如图7-14所示。

图7-13　钢板的卷曲

图7-14　型材弯曲机

2)钢管弯曲

在自由状态下弯曲时截面会变形,外侧管壁会减薄,内侧管壁会增厚。弯制时,可在管中加入填充物(砂)或穿入芯棒进行弯曲,也可以用滚轮和滑槽在管外进行弯曲。弯曲半径:不大于管径的3.5倍(热弯)到4倍(冷弯)。

3. 折边

把构件的边缘压弯成倾角或一定形状的操作过程称为折边。折边可提高构件的强度和刚度。弯曲折边利用折弯机进行,见图7-15。

4. 制孔

制孔包括构件使用的高强度螺栓(大六角头螺栓、扭剪型螺栓等)、半圆头铆钉、自攻螺丝等用孔。制孔方法有钻孔、冲孔等。构件制孔优先采用钻孔,当证明某些材料在冲孔后不会引起脆性时才允许采用冲孔。冲孔用冲孔机进行。厚度在5 mm以下的所有普通结构钢允许冲孔,次要结构厚度小于12 mm允许采用冲孔。一般情况下在需要所冲的孔上再钻大时,则冲孔必须比指定的直径小3 mm。施工现场的制孔可用电钻、风钻等加工。钻孔前,一是要磨好钻头,二是要合理地选择切削余量。制成的螺栓孔,应为正圆柱形,并垂直于所在位置的钢材表面,倾斜度应小于1/20,其孔周边应无毛刺、破裂、喇叭口或凹凸的痕迹,切削应清除干净。图7-16为某型号数控钻孔机实物图片。

图7-15　液压板料折弯机

图7-16　数控钻孔机

7.2.4 构件矫正

钢材在存放、运输、吊运和加工成型过程中会变形，必须对不符合技术标准的钢材、构件进行矫正。钢结构的矫正，是通过外力或加热作用迫使钢材反变形，使钢材或构件达到技术标准要求的平直或几何形状。矫正的方法有火焰矫正（亦称热矫正）、机械矫正（亦称冷矫正）。

7.2.4.1 火焰矫正

利用火焰对钢材进行局部加热，被加热处理的金属由于膨胀受阻而产生压缩塑性变形，使较长的金属纤维冷却后缩短而完成，如图7-17所示。

加热方法有点状加热、线状加热和三角形加热三种，其中点状加热根据结构特点和变形情况，可以加热一点或数点；线状加热多用于变形量较大或刚度较大的结构；三角形加热常用于矫正厚度较大、刚性较强的弯曲变形。

火焰矫正时还需注意：低碳钢和普通低合金钢的热矫正加热温度一般为600～900 ℃，而800～900 ℃为热塑性变形的理想温度，但不能超过900 ℃。对于普通低合金钢，在加热矫正后应缓慢冷却。

7.2.4.2 机械矫正

钢材机械矫正是通过专用矫正机使弯曲的钢材在外力作用下产生过量的塑性变形，以达到平直的目的，其优点是作用力大、劳动强度小、效率高。但选用时受制于矫正机负荷能力及构件的形式。

机械矫正通常有拉伸机矫正、压力机矫正和多辊矫正机矫正等方式，其中拉伸机矫正主要用于薄板扭曲、型钢扭曲、钢管、带钢、线材等的矫正；压力机矫正主要用于板材、钢管和型钢的矫正；多辊矫正机矫正则主要用于型材、板材等的矫正。图7-18为利用液压多辊矫正机矫正H型钢的图片。

图7-17 火焰矫正

图7-18 液压多辊矫正机正在矫正H型钢

7.2.5 构件涂装

钢结构构件的涂装包括防腐涂装和防火涂料涂装。涂装前，钢材表面应除锈，并去除构件表面油渍和污垢。

7.2.5.1 除锈

钢材除锈方法有喷砂（丸）（见图7-19和图7-20）、抛丸、酸洗等。抛丸除锈是最理想

的除锈方式。

图 7-19 喷砂除锈

图 7-20 喷丸除锈

喷砂(丸)是用机械或净化的压缩空气,将砂(或丸)流强烈地喷向金属制品表面,利用磨料强力的撞击作用,去除构件表面的锈迹及污垢物。所用设备包括敞开式喷砂(丸)除锈机、密闭式喷砂(丸)室、真空喷砂(丸)机。喷砂与喷丸的原理和设备相似,只是采用的磨料不同。常用的砂料是氧化铝砂(含天然和人造两种)、石英砂(二氧化硅)、碳化硅(人造金刚砂)等,其中氧化铝砂为因其不易粉化,劳动条件好,砂料还可以循环使用,为最好的砂料。碳化硅砂虽也有上述优点,但因过于昂贵,很少使用。国内应用最多的还是石英砂,它虽易粉化,但有不污染零件的优点。喷丸则是用钢铁丸、玻璃或陶瓷取代砂子。喷丸没有含硅的粉尘污染。

抛丸是用电动机带动叶轮体旋转,靠离心力的作用,将直径在 0.2～3.0 mm 的弹丸(有铸钢丸、钢丝切丸、不锈钢丸等不同类型)抛向钢材的表面,达到除锈、去污和使得板件表面具有一定粗糙度的目的。

酸洗是利用酸溶液来去除钢材表面的氧化皮和锈蚀物的方法。酸洗用酸最常用的是硫酸和盐酸。酸洗工艺主要有浸渍酸洗法、喷射酸洗法和酸膏除锈法。一般多用浸渍酸洗法,大批量生产中可采用喷射酸洗法。

7.2.5.2 防腐涂装

随着钢材在建筑业中的广泛应用,钢结构的防腐不断引起重视。钢结构的腐蚀不仅造成经济损失,也给结构的安全带来隐患。钢结构防腐涂装施工宜在构件组装和预拼装工程检验批的施工质量验收合格后进行。涂装完毕后,宜在构件上标注构件的编号;大型构件应标明重量、重心位置和定位标记。防腐工程中经常采用热浸锌法防腐、热喷铝(锌)复合涂层防腐、油漆类防腐等。

1. 热浸锌法防腐

热浸锌是将除锈后的钢构件浸入 600 ℃左右高温熔化的锌液中,使钢构件表面附着锌层,从而起到防腐蚀的目的。这种方法的优点是耐久年限长,生产工业化程度高,质量稳定。因而被大量用于受大气腐蚀较严重且不易维修的室外钢结构中。

2. 热喷铝(锌)复合涂层防腐

这是一种与热浸锌防腐蚀效果相当的长效防腐蚀方法。具体做法是先对钢构件表面作喷砂除锈,使其表面露出金属光泽并打毛。再用乙炔－氧焰将不断送出的铝(锌)丝熔化,并用压缩空气吹附到钢构件表面,以形成蜂窝状的铝(锌)喷涂层(厚度 80～100 μm)。最后用环氧树脂或氯丁橡胶漆等涂料填充毛细孔,以形成复合涂层。这种方法的优点是构件形状、尺寸几乎不受限制。与热浸锌法相比，这种方法的工业化程度较低，喷砂喷铝（锌）的劳动强度大，质量也易受操作者的情绪变化影响。

3. 油漆类防腐

市场上用于涂层防腐的涂料种类繁多，并且还在不断地更新换代。一般来说，涂层法防腐蚀性不如长效防腐蚀方法，所以用于室内钢结构或相对易于维护的室外钢结构较多，它一次成本低，但用于户外时维护成本较高。涂层一般有底漆（层）和面漆（层）之分，底漆含粉料多，基料少。成膜粗糙，与钢材黏附力强，与面漆结合性好；面漆则基料多，成膜有光泽，能保护底漆不受大气腐蚀，并能抗风化。涂层的施工要有适当的温度（5～38 ℃）和湿度（相对湿度不大于85%）。涂层的施工环境粉尘要少，构件表面不能有结露。涂装后4 h之内不得淋雨。涂层一般做4～5遍。施涂的方法有刷涂法（油性基料的涂料）和喷涂法（快干性和挥发性强的涂料，见图7-21）。

图7-21 喷涂法防腐施工

7.2.5.3 防火涂料涂装

钢结构防火涂料涂装施工应在钢结构安装工程和防腐涂装工程检验批施工质量验收合格后进行。防火涂料按照涂层厚度可划分为薄涂型和厚涂型。

1. 薄涂型

薄涂型钢结构防火涂料，涂层厚度一般为2～7 mm，有一定的装饰效果，利用高温时涂层膨胀起到防火作用。薄涂型钢结构防火涂料的底涂层（或主涂层）宜采用重力式喷枪喷涂，其压力约为0.4 MPa。局部修补和小面积施工，可用手工抹涂，面层装饰涂料可喷涂或滚涂。

1）底涂层施工

底涂层施工应满足下列要求：

（1）当钢基材表面除锈和防锈处理符合要求，尘土等杂物清除干净后方可施工。

（2）底层一般喷2～3遍，每遍喷涂厚度不应超过2.5 mm，必须在前一遍干燥后，再喷涂后一遍。

（3）喷涂时，应确保涂层完全闭合，轮廓清晰。

（4）操作者要携带测厚针检测涂层厚度，并确保喷涂达到设计规定的厚度。

（5）当设计要求涂层表面要平整光滑时，应对最后一遍涂层作抹平处理，确保外表面均匀平整。

2）面涂层施工

面涂层施工应满足下列要求：

（1）当底层厚度符合设计规定，并基本干燥后，方可施工面层。

（2）面层一般涂饰1～2次，并应全部覆盖底层。涂料用量为0.5～1 kg/m^2。

（3）面层应颜色均匀，接槎平整。

2. 厚涂型

厚涂型钢结构防火涂料，涂层厚度一般为 8～50 mm，粒状表面，密度较小，热导率低，耐火极限可达 0.5～3 h，又称为钢结构防火隔热材料，见图 7-22。

图 7-22 厚涂型防火涂料

厚涂型钢结构防火涂料施工应满足以下要求：

(1)厚涂型钢结构防火涂料宜采用压送式喷涂机喷涂，空气压力为 0.4～0.6 MPa，喷枪口直径宜为 6～10 mm。

(2)配料时应严格按配合比加料或加稀释剂，并使稠度适宜，边配边用。

(3)喷涂施工应分遍完成，每遍喷涂厚度宜为 5～10 mm，必须在前一遍基本干燥或固化后，再喷涂后一遍。喷涂保护方式、喷涂遍数与涂层厚度应根据施工设计要求确定。

(4)施工过程中，操作者应采用测厚针检测涂层厚度，直到符合设计规定的厚度，方可停止喷涂。

(5)喷涂后的涂层，应剔除乳突，确保均匀平整。

(6)当防火涂层出现下列情况之一时，应重喷：

①涂层干燥固化不好，黏结不牢或粉化、空鼓、脱落时。

②钢结构的接头、转角处的涂层有明显凹陷时。

③涂层表面有浮浆或裂缝宽度大于 1.0 mm 时。

④涂层厚度小于设计规定厚度的 85% 时，或涂层厚度虽大于设计规定厚度的 85%，但未达到规定厚度的涂层的连续面积的长度超过 1 m 时。

钢结构防火涂料应具有消防监督部门颁发的消防产品生产许可证和该产品的合格证。

7.2.6 构件制作质量验收

7.2.6.1 切割

1. 主控项目

钢材切割面或剪切面应无裂纹、夹渣、分层和大于 1 mm 的缺棱。

检查数量：全数检查。

检验方法：观察或用放大镜及百分尺检查，有异议时作渗透、磁粉或超声波探伤检查。

2. 一般项目

(1)气割的允许偏差应符合表 7-1 的规定。

检查数量：按切割面数抽查 10%，且不应少于 3 个。

检验方法：观察检查或用钢尺、塞尺检查。

表7-1　气割的允许偏差

项目	允许偏差(mm)
零件宽度、长度	±3.0
切割面平面度	0.05t,且不应大于2.0
割纹深度	0.3
局部缺口深度	1.0

注:t为切割面厚度。

(2)机械剪切的允许差应符合表7-2的规定。

检查数量:按切割面数抽查10%,且不应少于3个。

检验方法:观察检查或用钢尺、塞尺检查。

表7-2　机械剪切的允许偏差

项目	允许偏差(mm)
零件宽度、长度	±3.0
边缘缺棱	1.0
型钢端部垂直度	2.0

7.2.6.2　矫正

1.主控项目

(1)碳素结构钢在环境温度低于-16 ℃、低合金结构钢在环境温度低于-12 ℃时,不应进行冷矫正和冷弯曲。碳素结构钢和低合金结构钢在加热矫正时,加热温度不应超过900 ℃。低合金结构钢在加热矫正后应自然冷却。

检查数量:全数检查。

检验方法:检查制作工艺报告和施工记录。

(2)当零件采用热加工成型时,加热温度应控制在900~1 000 ℃;碳素结构钢和低合金结构钢在温度分别下降到700 ℃和800 ℃之前,应结束加工;低合金结构钢应自然冷却。

检查数量:全数检查。

检验方法:检查制作工艺报告和施工记录。

2.一般项目

(1)矫正后的钢材表面,不应有明显的凹面或损伤,划痕深度不得大于0.5 mm,且不应大于该钢材厚度负允许偏差的1/2。

检查数量:全数检查。

检验方法:观察检查和实测检查。

(2)冷矫正和冷弯曲的最小曲率半径和最大弯曲矢高应符合表7-3的规定。

检查数量:按冷矫正和冷弯曲的件数抽查10%,且不少于3个。

检验方法:观察检查和实测检查。

表 7-3　冷矫正和冷弯曲的最小曲率半径和最大弯曲矢高

钢材类别	图例	对应轴	矫正		弯曲	
			r	f	r	f
钢板扁钢		x—x	$50t$	$\frac{l^2}{400t}$	$25t$	$\frac{l^2}{200t}$
		y—y(仅对扁钢轴线)	$100b$	$\frac{l^2}{800b}$	$50b$	$\frac{l^2}{400b}$
角钢		x—x	$90b$	$\frac{l^2}{720b}$	$45b$	$\frac{l^2}{360b}$
槽钢		x—x	$50h$	$\frac{l^2}{400h}$	$25h$	$\frac{l^2}{200h}$
		y—y	$90b$	$\frac{l^2}{720b}$	$25b$	$\frac{l^2}{360b}$
工字钢		x—x	$50h$	$\frac{l^2}{400h}$	$25h$	$\frac{l^2}{200h}$
		y—y	$50b$	$\frac{l^2}{400b}$	$25b$	$\frac{l^2}{200b}$

注:r 为曲率半径;f 为弯曲矢高;l 为弯曲弦长;t 为钢板厚度。

(3)钢材矫正后的允许偏差,应符合表 7-4 的规定。

检查数量:按矫正件数抽查 10%,且不应少于 3 件。

检验方法:观察检查和实测检查。

表 7-4　钢材矫正后的允许偏差

项目		允许偏差(mm)	图例
钢板的局部平面度	$t \leq 14$	1.5	
	$t > 14$	1.0	
型钢弯曲矢高		l/1 000 且不应大于 5.0	
角钢肢的垂直度		b/100 双肢栓接角钢的角度不得大于 90°	
槽钢翼缘对腹板的垂直度		b/80	
工字钢、H 型钢翼缘对腹板的垂直度		b/100 且不大于 2.0	

7.2.6.3　**制孔**

1. 主控项目

A、B 级螺栓孔(Ⅰ类孔)应具有 H12 的精度,孔壁表面粗糙度不应大于 12.5 μm,其孔径允许偏差应符合表 7-5 的规定。C 级螺栓孔(Ⅱ类孔),孔壁表面粗糙度不应大于 25 μm,其允许偏差应符合表 7-6 的规定。

检查数量:按钢构件数量抽查 10%,且不应少于 3 件。

检验方法:用游标卡尺或孔径量规检查。

表 7-5　A、B 级螺栓孔径的允许偏差　(单位:mm)

序号	螺栓公称直径、螺栓孔直径	螺栓公称直径允许偏差	螺栓孔直径允许偏差
1	10 ~ 18	0.00 -0.18	+0.18 0.00
2	18 ~ 30	0.00 -0.21	+0.21 0.00
3	30 ~ 50	0.00 -0.25	+0.25 0.00

表 7-6 C 级螺栓孔的允许偏差

项目	允许偏差(mm)
直径	+1.0 0.0
圆度	2.0
垂直度	0.03t,且不应大于 2.0

2. 一般项目

(1)螺栓孔孔距的允许偏差应符合表 7-7 的规定。

检查数量:按钢构件数量抽查 10%,且不应少于 3 件。

检验方法:用钢尺检查。

表 7-7 螺栓孔孔距的允许偏差 (单位:mm)

螺栓孔孔距范围	≤500	501 ~ 1 200	1 201 ~ 2 000	>3 000
同一组内任意两孔间距离	±1.0	±1.5	—	—
相邻两组的端孔间距离	±1.5	±2.0	±2.5	±3.0

注:1. 在节点中连接板与一根杆件相连的所有螺栓孔为一组;
2. 对接接头在拼接板一侧的螺栓孔为一组;
3. 在两相邻节点或接头间的螺栓孔为一组,但不包括上述两条所规定的螺栓孔;
4. 受弯构件翼缘上的连接螺栓孔,每米长度范围内的螺栓孔为一组。

(2)螺栓孔孔距的允许偏差超过表 7-7 的规定时,应采用与母材材质相匹配的焊条补焊后重新制孔。

检查数量:全数检查。

检验方法:观察检查。

7.2.7 钢结构工程施工实训项目 1

1. 实训内容

钢结构的切割。

2. 实训目标

(1)初步掌握数控氧气切割机的操作;

(2)掌握钢材气割操作时的工艺要点;

(3)掌握钢结构工程质量验收规范中对切割的质量检验要求,并对切割质量进行检验。

3. 实训课时

4 课时。

4. 实训要求

提交 1 份实训报告。

7.3 连接与预拼装

钢结构连接是指钢结构构件或部件之间的互相连接。钢结构连接方法主要有螺栓连接和焊缝连接(见图7-23及图7-24)。螺栓连接又分普通螺栓连接和高强度螺栓连接。

图7-23 高强螺栓连接施工

图7-24 广州电视塔外筒钢结构焊接施工

结构或构件预拼装是指在制作工厂(或专门的场地)进行的组装,目的是检查制作的部件或构件是否合格,各种尺寸是否满足要求等。

7.3.1 钢结构的焊接连接

焊接连接是钢结构最常用的连接方法,其优点是构造简单、便于加工,构造刚度大,连接的紧密性好,节约钢材,生产效率高;缺点是焊接容易产生焊接应力和焊接变形,不便于拆卸。

焊缝的连接方法很多,常用的焊接方法、特点及适用范围可参考表7-8。

表7-8 钢结构常用焊接方法、特点及适用范围

焊接方法		特点	适用范围
手工焊	交流焊机	设备简易,操作灵活,可进行各种位置的焊接	普通钢结构
	直流焊机	焊接电流稳定,适用于各种焊条	要求较高的钢结构
埋弧自动焊		生产效率高,焊接质量好,表面成型光滑美观,操作容易,焊接时无弧光,有害气体少	长度较长的对接或贴角焊缝
埋弧半自动焊		与埋弧自动焊基本相同,但操作较灵活	长度较短、弯曲焊缝
CO_2气体保护焊		生产效率高,焊接质量好,成本低,易于自动化,可进行全位置焊接	用于薄钢板

7.3.1.1 手工电弧焊

手工电弧焊是各种电弧焊方法中发展最早、目前仍然应用最广的一种焊接方法。焊

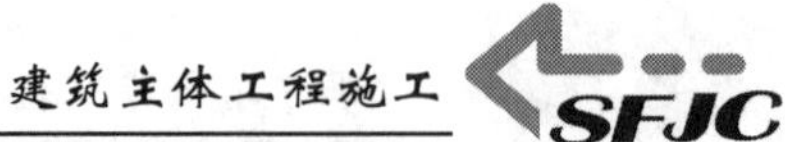

接时，母材为一电极，焊条为另一电极。电弧是在焊条与母材之间的空隙内通过外加电压引燃，利用焊条与焊件之间的电弧热，使焊条金属与母材熔化形成焊缝，焊条燃烧时外部包裹的药皮同时燃烧并产生惰性气体覆盖在熔池上方，防止熔化金属与空气发生氧化反应。

1. 电焊机

电焊机主要有交流弧焊机、直流弧焊机（见图 7-25）。

2. 焊条

焊条供手工电弧焊用，由焊芯和药皮组成（见图 7-26）。钢结构焊接连接中所用的焊条型号有 E43、E50 及 E55 三个系列，其中字母“E”表示焊条，后面两位数字表示熔敷金属抗拉强度的最小值。选择焊条型号时，应注意所选焊条熔敷金属抗拉强度与连接钢材强度相匹配，Q235 钢材可选用 E43 系列焊条，Q345 钢材可选用 E50 系列焊条，Q390 和 Q420 钢材可选用 E55 系列焊条。

图 7-25　直流电焊机

图 7-26　焊条

3. 焊接接头与坡口

焊接前根据焊接部位的形状、尺寸、受力的不同，选择合适的接头类型。常见的接头形式有对接、搭接、T 形和角接等。接头形式如图 7-27 所示。

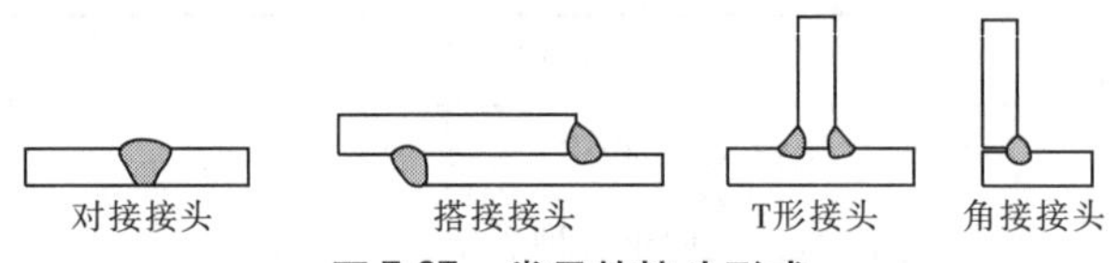

图 7-27　常见的接头形式

对接连接时，为了保证焊缝根部焊透，保证焊接质量和连接强度，同时调整基本金属与填充金属的比例。根据设计或工艺的需要，在焊件的待焊部位加工并装配成一定几何形状的沟槽称为坡口。对接接头常见的坡口形式见图 7-28。

坡口的选择原则：坡口的形状容易加工；焊接后焊件的变形应尽可能小；要保证焊件焊透；尽可能节省金属材料，提高生产效率。一般地，对于钢板厚度在 6 mm 以下的双面焊，因其手工焊的溶深可达 4 mm，故可以不开坡口；对于厚度在 6～40 mm 的钢板，可采用 V 形坡口，进行双面焊。在无法进行双面焊时，也可采用带垫板（厚度≥3 mm）的单面焊。由于垫板的存在，不易被烧穿；当板厚为 12～60 mm 时，可采用双 Y 形（或 X 形）坡口。在板厚相同的情况下，采用双 Y 形坡口比 V 形坡口可减少焊条金属量 1/2 左右，而

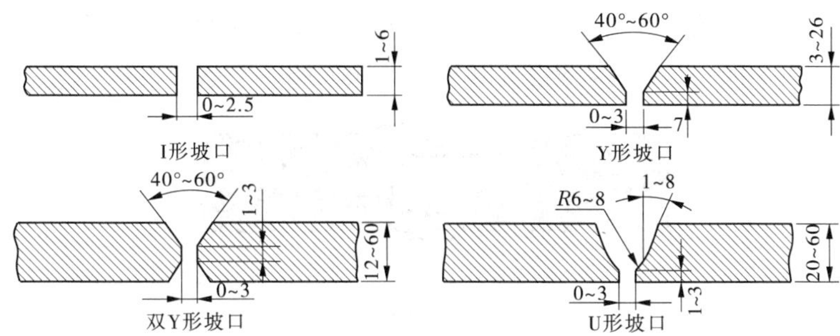

图7-28　对接接头的坡口形式

且焊件的变形及所产生的内应力相应小些，因此它多用于厚度较大并且对变形要求较小的工件。U形坡口的填敷金属量均较V形坡口少些，焊件变形也较小，但其坡口加工较困难，故一般只在焊接较重要的结构时采用。

4. 焊接工艺参数的选择

手工电弧焊的焊接工艺参数有焊条直径、焊接电流、电弧电压、焊接层数、电源种类及极性等。

(1)焊条直径。焊条直径的选择主要取决于焊件厚度、接头形式、焊缝位置和焊接层次等因素。在一般情况下，可根据表7-9按焊件厚度选择焊条直径，并倾向于选择较大直径的焊条。此外，平焊时焊条直径可大一些；立焊时焊条直径不超过5 mm；横焊和仰焊时所用焊条直径不超过4 mm；开坡口多层焊接时，为了防止产生未焊透的缺陷，第一层焊缝宜采用直径为3.2 mm的焊条。

表7-9　焊条直径与焊件厚度的关系　(单位:mm)

焊件厚度	≤2	3~4	5~12	>12
焊条直径	2	3.2	4~5	≥15

(2)焊接电流。焊接电流过大或过小都会影响焊接质量，所以其选择应根据焊条的类型和直径、焊件的厚度、接头形式、焊缝空间位置等因素来考虑，其中焊条直径和焊缝空间位置最为关键。在一般钢结构的焊接中，焊接电流大小与焊条直径关系可按式(7-1)进行试选：

$$I = 10d^2 \tag{7-1}$$

式中　I——焊接电流，A；

　　d——焊条直径，mm。

另外，立焊时，电流应比平焊时小15%~20%；横焊和仰焊时，电流应比平焊电流小10%~15%。

(3)电弧电压。根据电源特性，由焊接电流决定相应的电弧电压。此外，电弧电压还与电弧长有关。电弧长则电弧电压高，电弧短则电弧电压低。一般要求电弧长小于或等于焊条直径，即短弧焊。在使用酸性焊条焊接时，为了预热部位或降低熔池温度，有时也将电弧稍微拉长进行焊接，即所谓的长弧焊。

(4)焊接层数。焊接层数应视焊件的厚度而定。除薄板外，一般都采用多层焊。焊

接层数过少，每层焊缝的厚度过大，对焊缝金属的塑性有不利的影响。施工中每层焊缝的厚度不应大于 4 ~ 5 mm。多层焊的焊缝和焊接顺序如图 7-29 所示。

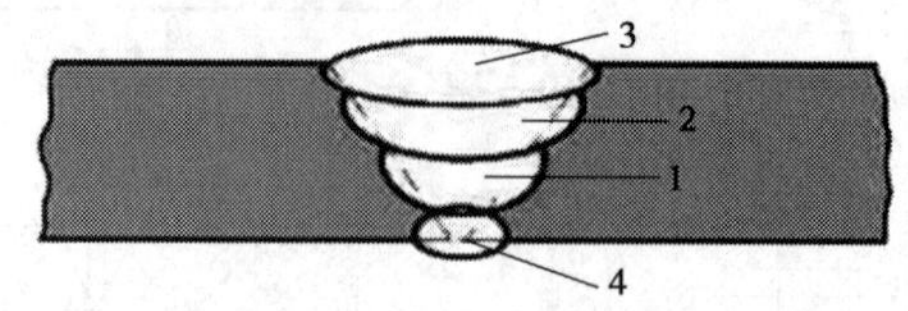

1,2,3,4—焊接顺序

图 7-29　多层焊的焊缝和焊接顺序

(5)电源种类及极性。直流电源由于电弧稳定，飞溅小，焊接质量好，一般用在重要的焊接结构或厚板大刚度结构上。其他情况下，应首先考虑交流电焊机。

5. 焊缝的空间位置

焊缝的空间位置可分为平焊、立焊、横焊和仰焊四种。平焊易操作，劳动条件好，生产效率高，焊缝质量易保证，立焊、横焊和仰焊时施焊困难，应尽量避免。4 种焊缝的空间位置见图 7-30。

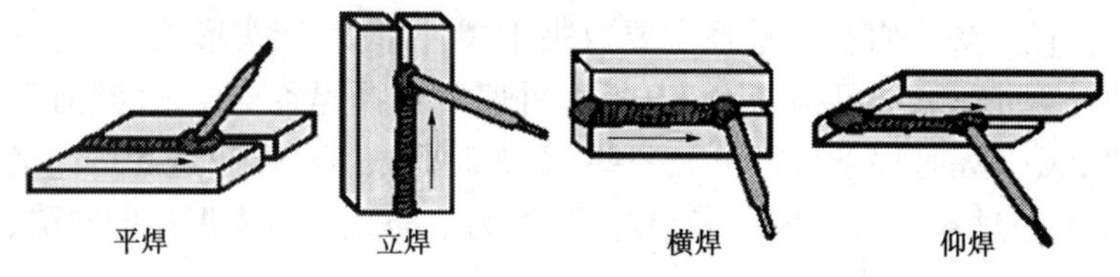

图 7-30　焊缝的空间位置

6. 焊接准备

焊接准备工作包括坡口制备、焊口清理、焊条烘干、预热、预变形及高强度钢切割表面探伤等。

7. 引弧

(1)碰击法——将焊条垂直于焊件进行碰击，然后迅速保持一定距离；

(2)划擦法——将焊条端头轻轻划过焊件，然后迅速保持一定距离。

严禁在焊缝区以外的母材上打火引弧。

8. 运条方法

焊条运条有三个运条方向，三个方向的动作应密切配合，见图 7-31。

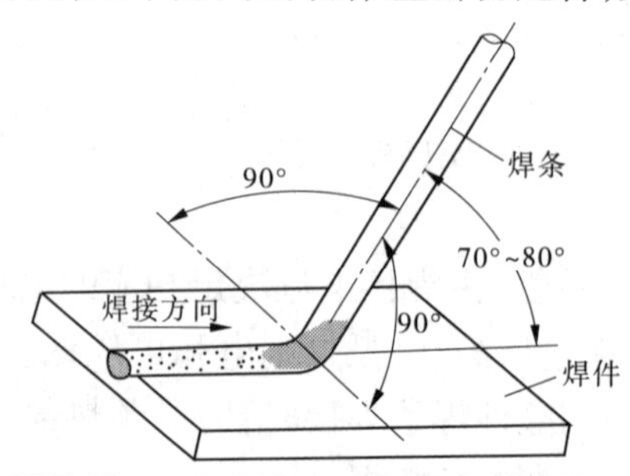

图 7-31　平焊焊条角度和运条基本动作

(1)沿其中心线向下送进——焊条被电弧熔化变短，为保持弧长，须使焊条沿其中心线向下送进，以防止断弧。

(2)沿焊缝方向移动——为形成线形焊缝，焊条要沿焊缝方向移动，移动速度应适当。

(3)横向摆动——为获得一定宽度的焊缝，焊条必须横向摆动。

7.3.1.2 埋弧焊

埋弧焊是一种电弧在焊剂层下燃烧进行焊接的方法。与手工电弧焊比较，具有焊接质量稳定、焊接生产率高、无弧光及烟尘少等优点，使其成为压力容器、管段制造、箱形梁柱等重要钢结构制作中的主要焊接方法。埋弧焊又可分为埋弧自动焊和埋弧半自动焊两种。采用埋弧自动焊时，引燃电弧、送丝、电弧沿焊接方向移动及焊接收尾等过程完全由机械来完成(见图7-32及图7-33)；采用埋弧半自动焊时电弧的移动则是靠手工来完成的。

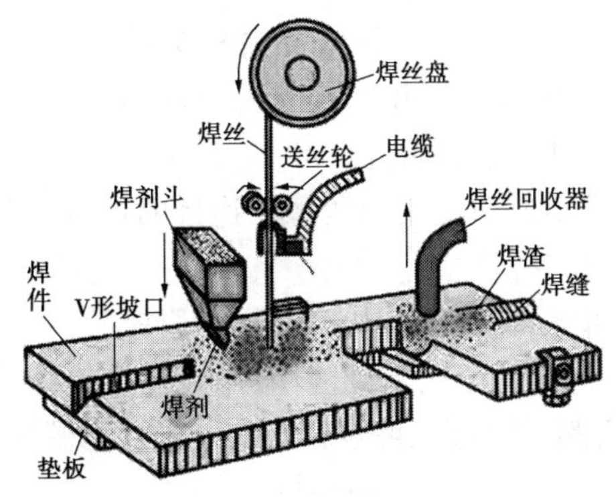

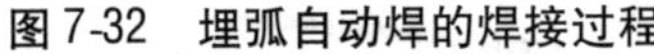
图7-32 埋弧自动焊的焊接过程

图7-33 埋弧自动焊机

埋弧自动焊的缺点是：适应能力差，没有手工电弧焊操作灵活。

7.3.1.3 CO_2 气体保护焊

CO_2 气体保护焊是以 CO_2 气为保护气体，进行焊接的方法。CO_2 气体保护焊具有以下主要特点：

(1)电弧和熔池的可见性好，焊接过程中可根据熔池情况调节焊接参数。

(2)焊接过程操作方便，没有熔渣或很少有熔渣，焊后基本上不需清渣。

(3)电弧在保护气流的压缩下热量集中，焊接速度较快，熔池较小，热影响区窄，焊件焊后变形小。

(4)有利于焊接过程的机械化和自动化，特别是空间位置的机械化焊接。

(5)可以焊接薄板。

(6)在室外作业时，需设挡风装置，否则气体保护效果不好，甚至很差。图7-34为 CO_2 气体保护焊的焊丝与焊机。

图7-34 CO_2 气体保护焊的焊丝与焊机

7.3.2 螺栓连接

连接螺栓根据其抗拉强度分为8级，即3.6、4.6、4.8、5.6、5.8、6.8、8.8、10.9级(如8.8级中,小数点前面的数字8表示抗拉强度不低于800 MPa,小数点后面的数字8则表示屈强比为0.8),其中8.8级和10.9级为高强螺栓,其余为普通螺栓。普通螺栓连接主要用于拆装式结构或在焊接施工时用作临时固定构件,其优点是装拆方便,不需特殊设备,施工速度快;高强螺栓具有高强度,能承受动载作用,安全可靠,安装简便迅速,成本较低,连接紧密、不易松动,塑性、韧性好,装拆方便,节省钢材,便于维护等优点,适用于永久性的结构。

7.3.2.1 普通螺栓连接

1. 普通螺栓的种类和用途

普通螺栓按外形有六角螺栓、双头螺栓和地脚螺栓,见图7-35。

(1)六角螺栓。按质量和产品等级分为A、B、C三种。其中,A级螺栓为精制螺栓,B级螺栓为半精制螺栓,C级螺栓为粗制螺栓。A、B级螺栓适用于连接部位需传递较大剪力的重要结构的安装,C级螺栓适用于钢结构安装中的临时固定。

(2)双头螺栓。又称螺柱,多用于连接厚板或不方便使用六角螺栓连接的地方,如混凝土屋架、屋面梁悬挂单轨梁吊挂件等。

(3)地脚螺栓。分为一般地脚螺栓、直角地脚螺栓、锤头螺栓和锚固地脚螺栓。一般地脚螺栓、直角地脚螺栓和锤头螺栓在混凝土浇筑前预埋在基础之中,用以固定钢柱;锚固地脚螺栓是在已成型混凝土基础上经钻机成孔后,再安装、灌浆固定的一种地脚螺栓。

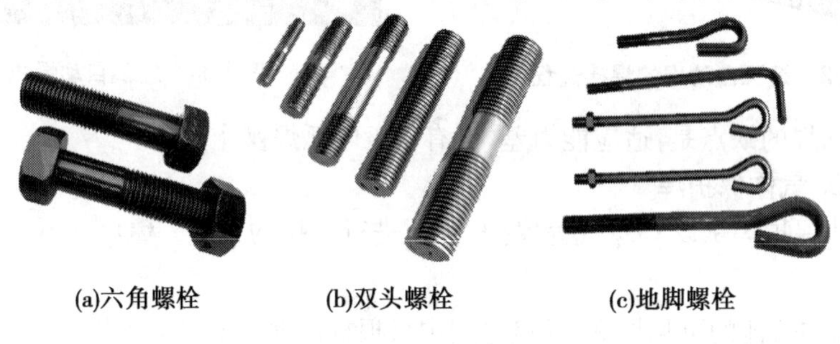

(a)六角螺栓　(b)双头螺栓　(c)地脚螺栓

图7-35　普通螺栓

2. 普通螺栓的施工

1)连接要求

螺栓头和螺母的下面应放置平垫圈,螺母下面的垫圈不应多于2个,螺栓头部下面的垫圈不应多于1个,螺栓头和螺母应与结构构件的表面及垫圈密贴。倾斜面的螺栓连接,需放置斜垫片垫平。动荷载或重要部位的螺栓,应放置弹簧垫圈。螺栓伸出螺母的长度应不小于两个完整螺纹的长度。

2)紧固轴力

螺栓紧固必须从中心开始,对称施拧;大型接头采用复拧,即“两次紧固法”。施拧时的紧固轴力应不超过相应的规定。永久螺栓拧紧质量检验采用锤敲或用力矩扳手检验,要求螺栓不颤动和偏移,拧紧的程度用塞尺检查,对接表面高差(不平度)不应超过0.5 mm。

7.3.2.2　高强螺栓连接

1. 高强螺栓的种类和用途

高强螺栓就是高强度的螺栓，是一种标准件，是继铆接连接后的新型钢结构连接形式，是目前钢结构连接的主要手段。

高强螺栓从外形上可分为扭剪型高强螺栓和大六角头型高强螺栓。前者一个连接副为一个螺栓、一个螺母和一个垫圈（见图7-36）；后者一个连接副为一个螺栓、一个螺母和两个垫圈（见图7-37）。

图7-36　扭剪型高强螺栓

图7-37　大六角头型高强螺栓

2. 高强螺栓施工的机具

1）手动扭矩扳手

高强螺栓以手动紧固时，要使用有示明扭矩值的扳手施拧，以达到高强螺栓连接副规定的扭矩和剪力值。常用的手动扭矩扳手有指针式、音响式和扭剪型三种，见图7-38、图7-39。

图7-38　音响式扭矩扳手

2）电动扳手

电动扳手就是以电源或电池为动力的扳手，主要用来进行高强螺栓的紧固，又可称之为高强螺栓枪。电动扳手主要分为冲击扳手、定扭矩扳手（见图7-40）、转角扳手（见图7-41）、扭剪扳手（见图7-42）等。

冲击电动扳手主要用于初紧螺栓，它的使用很简单，只需对准螺栓扳动电源开关就可施拧；电动定扭矩扳手既可用来初拧又可用来终拧，使用时先调节好扭矩，再紧固螺栓；电动转角扳手也属于定扭矩扳手的一种，使用时需先调节旋转度数，再紧固螺栓；电动扭剪扳手主要是用来完成扭剪型高强螺栓终拧的，使用时对准螺栓扳动电源开关，直到把扭剪型高强螺栓的梅花头拧断。

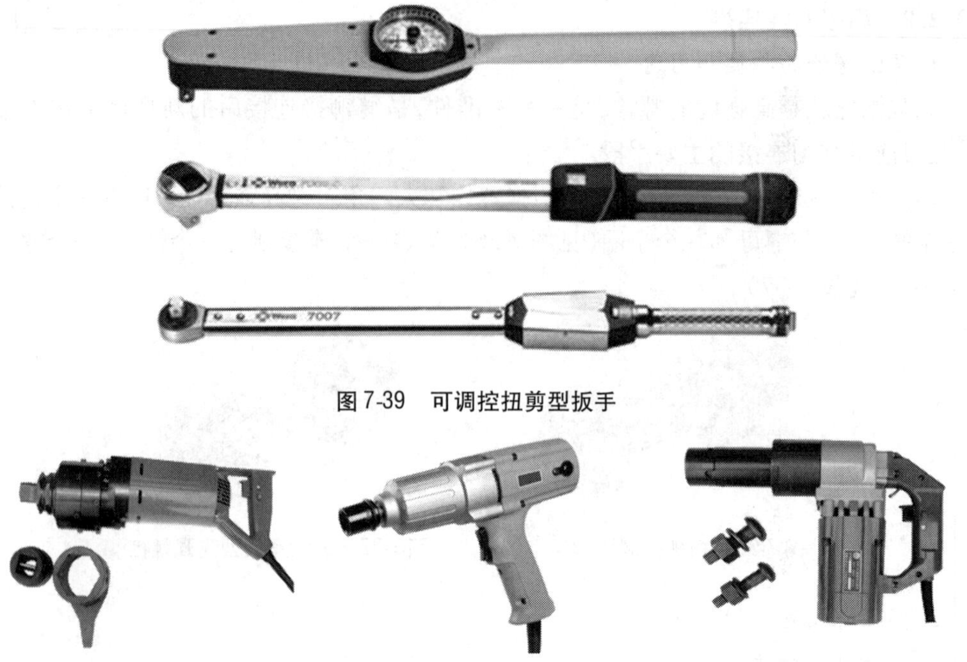

图 7-39　可调控扭剪型扳手

图 7-40　定扭矩扳手　　图 7-41　转角扳手　　图 7-42　扭剪扳手

3. 高强螺栓的保管及现场复验

1）高强螺栓的保管

高强螺栓的包装、运输、现场保管过程要保持它的出厂状态，直到安装使用前才能开箱检查使用，以防止连接副的扭矩系数发生变化，这是高强螺栓保管的一项重要内容。

2）高强螺栓的现场取样复验

扭剪型高强螺栓和大六角头型高强螺栓出厂时应随箱带有扭矩系数和紧固轴力（预拉力）的检验报告。

连接面抗滑移系数复验：高强螺栓每验收批抽取 3 组试件。

预拉力复验：扭剪型高强螺栓每验收批抽取 8 套。

扭矩系数复验：大六角头型高强螺栓每验收批抽取 8 套。

4. 高强螺栓的施工要点

1）紧固前检查

螺栓紧固前，应对螺孔、被连接件的移位，不平度、不垂直度，磨光顶紧的贴合情况，以及板叠合处摩擦面的处理，连接间隙，孔眼的同心度，临时螺栓的布放等进行检查。

2）紧固施工

紧固顺序应从节点中心向边缘依次进行。紧固时，要分初拧和终拧两次紧固；对于大型节点，可分为初拧、复拧和终拧。初拧、复拧轴力宜为 60% ~80% 标准轴力，终拧轴力为标准轴力。

当天安装的螺栓，要在当天终拧完毕，防止螺纹被沾污和生锈，引起扭矩系数值发生变化。

3）紧固完毕检查

大六角头型高强螺栓检查项目包括是否有漏拧和施工扭矩值。

施工扭矩值的检查在终拧完成1 h后、48 h内进行。

抽查量：每个作业班组和每天终拧完毕数量的5%，其不合格的数量应小于被抽查数量的10%，且少于2个，方为合格；否则，应双倍抽检。如仍不合格，则应对当天终拧完毕的螺栓全部进行复验。

扭剪型高强螺栓检查时，只要观察其尾部被拧掉，即可判断螺栓终拧合格。由于某些原因无法使用专用电动扳手终拧掉梅花头时，则可参照大六角头型高强螺栓的检查方法，采用扭矩法或转角法进行终拧并标记。

7.3.3　构件的预拼装

对于复杂构件，为验证其安装质量，要进行工厂预拼装。预拼装检查合格后还要进行拆除，然后再通过运输工具运往安装地点进行安装。

7.3.3.1　需要预拼装的情形

（1）为保证安装的顺利进行，根据构件或结构的复杂程度、设计要求或合同协议规定，需要在构件出厂前进行预拼装。

（2）由于受运输条件、现场安装条件等因素的限制，大型钢结构构件不能整体出厂，必须分成两段或若干段出厂时，也要进行预拼装。

7.3.3.2　预拼装形式

预拼装一般分为立体预拼装和平面预拼装两种形式，除管结构为立体预拼装外，其他结构一般为平面预拼装。钢构件应在自由状态下进行预拼装，一般不得强行固定。预拼装数量可按设计或合同要求执行。

7.3.3.3　预拼装操作工艺

（1）在操作平台上放出预拼装单元的轴线、中心线、标高控制线和各构件的位置线，并复验其相互关系和尺寸等是否符合图纸要求。

（2）在操作平台上点焊临时支撑、垫铁、定位器等。

（3）按轴线、中心线、标高控制线依次将各构件吊装就位，然后用拼装螺栓将整个拼装单元拼装成整体，其连接部位的所有连接板均应装上。为降低成本，节约造价，拼装螺栓采用同规格的普通螺栓。

（4）拼装过程中若发现尺寸有误、栓孔错位等情况，应及时查清原因，认真处理。预拼装中错孔在3 mm以内时，一般都用铰刀铣孔或锉刀锉孔，其孔径扩大不得超过原孔径的1.2倍；错孔超过3 mm，可采用与母材材质相匹配的焊条补焊堵孔，修磨平整后重新打孔。

（5）预拼装后，经检验合格，应在构件上标注上下定位中心线、标高基准线、交线中心点等。同时在构件上编注顺序号，做出必要的标记。必要时焊上临时支撑和定位器等，以便按预拼装的结果进行安装。

(6)按照与拼装相反的顺序依次拆除各构件。

(7)在预拼装下一单元前,应对平台或支承凳重新进行检查,并对轴线、中心线、标高控制线进行复验,以便进行下一单元的预拼装。

图7-43为平面桁架的工厂预拼装图片,图7-44为钢管桁架的工厂预拼装图片。

图7-43　平面桁架的工厂预拼装

图7-44　钢管桁架的工厂预拼装

7.3.4　连接及预拼装质量验收

7.3.4.1　焊接连接验收

1. 主控项目

(1)焊条、焊丝、焊剂、电渣焊熔嘴等焊接材料与母材的匹配应符合设计要求及国家现行行业标准《建筑钢结构焊接技术规程》(JGJ 81)的规定。焊条、焊剂、药芯焊丝、熔嘴等在使用前,应按其产品说明书及焊接工艺文件的规定进行烘焙和存放。

检查数量:全数检查。

检验方法:检查质量证明书和烘焙记录。

(2)焊工必须经考试合格并取得合格证书。持证焊工必须在其考试合格项目及其认可范围内施焊。

检查数量:全数检查。

(3)施工单位对其首次采用的钢材、焊接材料、焊接方法、焊后热处理等,应进行焊接工艺评定,并应根据评定报告确定焊接工艺。

检查数量:全数检查。

检验方法:检查焊接工艺评定报告。

(4)设计要求全焊透的一、二级焊缝应采用超声波探伤进行内部缺陷的检验,超声波探伤不能对缺陷做出判断时,应采用射线探伤,其内部缺陷分级及探伤方法应符合现行国家标准《钢焊缝手工超声波探伤方法和探伤结果分级》(GB 11345)或《钢熔化焊对接接头射线照相和质量分级》(GB 3323)的规定。焊接球节点网架焊缝、螺栓球节点网架焊缝及圆管T、K、Y形点相贯线焊缝,其内部缺陷分级及探伤方法应分别符合国家现行标准《钢结构超声波探伤及质量分级法》(JG/T 203)、《建筑钢结构焊接技术规程》(JGG 81)的规定。一级、二级焊缝的质量等级及缺陷分级应符合表7-10的规定。

检查数量:全数检查。

检验方法:检查超声波或射线探伤记录。

表7-10 一、二级焊缝质量等级及缺陷分级

焊缝质量等级		一级	二级
内部缺陷 超声波探伤	评定等级	Ⅱ	Ⅲ
	检验等级	B级	B级
	探伤比例	100%	20%
内部缺陷 射线探伤	评定等级	Ⅱ	Ⅲ
	检验等级	AB级	AB级
	探伤比例	100%	20%

注:探伤比例的计数方法应按以下原则确定:

1. 对工厂制作焊缝,应按每条焊缝计算百分比,且探伤长度应不小于200 mm;当焊缝长度不足200 mm时,应对整条焊缝进行探伤。
2. 对现场安装焊缝,应按同一类型、同一施焊条件的焊缝条数计算百分比,探伤长度应不小于200 mm并不少于1条焊缝。

(5)焊缝表面不得有裂纹、焊瘤等缺陷。一级、二级焊缝不得有表面气孔、夹渣、弧坑裂纹、电弧擦伤等缺陷,且一级焊缝不许有咬边、未焊满、根部收缩等缺陷。

检查数量:每批同类构件抽查10%,且不应少于3件;被抽查构件中,每一类型焊缝按条数抽查5%,且不应少于1条;每件检查1条,总抽查数不应少于10处。

检验方法:观察检查或使用放大镜、焊缝量规和钢尺检查,当存在异议时,采用渗透或磁粉探伤检查。

2. 一般项目

(1)对于需要进行焊前预热或焊后热处理的焊缝,其预热温度或后热温度应符合国家现行有关标准的规定或通过工艺试验确定。预热区在焊道两侧,每侧宽度均应大于焊件厚度的1.5倍以上,且不应小于100 mm;后热处理应在焊后立即进行,保温时间应根据板厚按每25 mm板厚1 h确定。

检查数量:全数检查。

检验方法:检查预热、后热施工记录和工艺试验报告。

(2)二级、三级焊缝外观质量标准应符合《钢结构工程施工质量验收规范》(GB 50205—2001)附录A中表A.0.1的规定。三级对接缝应按二级焊缝标准进行外观质量检验。

检查数量:每批同类构件抽查10%,且不应少于3件;被抽查构件中,每一类型焊缝按条数抽查5%,且不应少于1条;每件检查1条,总抽查数不应少于10条。

检验方法:观察检查或使用放大镜、焊缝量规和钢尺检查。

(3)焊缝尺寸允许偏差应符合《钢结构工程施工质量验收规范》(GB 50205—2001)附录A中表A.0.2的规定。

检查数量:每批同类构件抽查10%,且不应少于3件;被抽查构件中,每种焊缝按条数各抽查5%,且不应少于1条;每件检查1条,总抽查数不应少于10处。

检验方法:用焊缝量规检查。

(4)焊出凹形的角焊缝,焊缝金属与母材间应平缓过渡;加工成凹形的角焊缝,不得在其表面留下切痕。

检查数量:每批同类构件抽查10%,且不应少于3件。

检验方法:观察检查。

(5)焊缝感观应达到:外形均匀、成型较好,焊道与焊道、焊道与基本金属间过渡较平滑,焊渣和飞溅物基本清除干净。

检查数量:每批同类构件抽查10%,且不应少于3件;被抽查构件中,每种焊缝按数量各抽查5%,总抽查处不应少于5处。

检验方法:观察检查。

7.3.4.2 螺栓连接验收

1. 主控项目

(1)普通螺栓作为永久性连接螺栓时,当设计有要求或对其质量有异议时,应进行螺栓实物最小拉力载荷复验,试验方法见《钢结构工程施工质量验收规范》(GB 50205—2001)附录B,其结果应符合现行国家标准《紧固件机械性能螺栓、螺钉和螺柱》(GB 3098)的规定。

检查数量:每一规格螺栓抽查8个。

检验方法:检查螺栓实物复验报告。

(2)钢结构制作和安装单位应按《钢结构工程施工质量验收规范》(GB 50205—2001)附录B的规定分别进行高强螺栓连接摩擦面的抗滑移系数试验和复验,现场处理的构件摩擦应单独进行摩擦面抗滑移系数试验,其结果应符合设计要求。

检查数量:见《钢结构工程施工质量验收规范》(GB 50205—2001)附录B。

检验方法:检查摩擦面抗滑移系数试验报告和复验报告。

(3)大六角头型高强螺栓连接副终拧完成1 h后、48 h内应进行终拧扭矩检查,检查结果应符合《钢结构工程施工质量验收规范》(GB 50205—2001)附录B的规定。

检查数量:按节点数检查10%,且不应少于10个;每个被抽查节点按螺栓数抽查10%,且不应少于2个。

检验方法:见《钢结构工程施工质量验收规范》(GB 50205—2001)附录B。

(4)扭剪型高强螺栓连接副终拧后,除因构造原因无法使用专用扳手终拧掉梅花头者外,未在终拧中拧掉梅花头的螺栓数不应大于该节点螺栓数的5%。对所有梅花头未拧掉的扭剪型高强螺栓连接副,应采用扭矩法或转角法进行终拧并作标记,且按前述规定进行终拧扭矩检查。

检查数量:按节点数抽查10%,但不应少于10个,被抽查节点中梅花头未拧掉的扭剪型高强螺栓连接副全数进行终拧扭矩检查。

检验方法:观察检查及参见《钢结构工程施工质量验收规范》(GB 50205—2001)附录B。

2. 一般项目

(1)永久普通螺栓紧固应牢固、可靠,外露丝扣不应少于2扣。

检查数量:按连接节点数抽查10%,且不应少于3个。

检验方法:观察和用小锤敲击检查。

(2)高强螺栓连接副的施拧顺序和初拧、复拧扭矩应符合设计要求和国家现行行业标准《钢结构高强螺栓连接的设计施工及验收规程》(JGJ 82)的规定。

检查数量:全数检查。

检验方法:检查扭矩扳手标定记录和螺栓施工记录。

(3)高强螺栓连接副拧后,螺栓丝扣外露应为 2 ~3 扣,其中允许有 10% 的螺栓丝扣外露 1 扣或 4 扣。

检查数量:按节点数抽查 5% ,且不应少于 10 个。

检验方法:观察检查。

(4)高强螺栓连接摩擦面应保持干燥、整洁,不应有飞边、毛刺、焊接飞溅物、焊疤、氧气铁皮、污垢等,除设计要求外摩擦面不应涂漆。

检查数量:全数检查。

检验方法:观察检查。

(5)高强螺栓应自由穿入螺栓孔。高强螺栓孔不应采用气割扩孔,扩孔数量应征得设计同意,扩孔后的孔径不应超过 $1.2d$(d 为螺栓直径)。

检查数量:被扩螺栓孔全数检查。

检验方法:观察检查及用卡尺检查。

(6)螺栓球节点网架总拼完成后,高强螺栓与球节点应紧固连接,高强螺栓拧入螺栓球内的螺纹长度不应小于 $1.0d$(d 为螺栓直径),连接处不应出现间隙、松动等未拧紧情况。

检查数量:按节点数抽查 5% ,且不应少于 10 个。

检验方法:普通扳手及尺量检查。

7.3.4.3　预拼装验收

钢构件预拼装工程可按钢结构制作工程检验批的划分原则划分为一个或若干个检验批。由于受运输、起吊等条件限制,为了检验构件制作的整体性,由设计规定或合同要求在出厂前进行工厂拼装。预拼装均在工厂支承凳(平台)上进行,因此对所用的支承凳或平台应测量找平,且预拼装时不应使用大锤锤击,检查时应拆除全部临时固定和拉紧装置。进行预拼装的钢构件,其质量应符合设计要求和《钢结构工程施工质量验收规范》(GB 50205—2001)合格质量标准的规定。

1. 主控项目

高强螺栓和普通螺栓连接的多层板叠,应采用试孔器进行检查,并应符合下列规定:

(1)当采用比孔公称直径小 1.0 mm 的试孔器检查时,每组孔的通过率不应小于 85% ;

(2)当采用比螺栓公称直径大 0.3 mm 的试孔器检查时,通过率应为 100% 。

检查数量:按预拼装单元全数检查。

检验方法:采用试孔器检查。

2. 一般项目

预拼装的允许偏差应符合《钢结构工程施工质量验收规范》(GB 50205—2001)附录

D 表 D 的规定。

检查数量:按预拼装单元全数检查。

检验方法:见《钢结构工程施工质量验收规范》(GB 50205—2001)附录 D 表 D。

7.3.5 钢结构工程施工实训项目 2

1. 实训内容

焊接连接。

2. 实训目标

(1)初步掌握电焊机的操作;

(2)能正确选用焊条;

(3)初步掌握钢材焊接的技术要求;

(4)了解自动埋弧焊机的操作步骤和焊接的技术要点;

(5)了解焊缝验收的主要内容。

3. 实训课时

4 课时。

4. 实训要求

提交 1 份实训报告。

7.3.6 钢结构工程施工实训项目 3

1. 实训内容

高强螺栓连接。

2. 实训目标

(1)认识高强螺栓及连接副;

(2)认识螺栓紧固工具,熟悉其使用方法;

(3)初步掌握高强螺栓紧固的方法及技术要求;

(4)了解螺栓连接质量验收的主要内容,初步掌握质量验收的方法。

3. 实训课时

4 课时。

4. 实训要求

提交 1 份实训报告。

7.4 钢结构安装

7.4.1 施工准备

7.4.1.1 施工组织设计

钢结构安装的施工组织设计应简要描述工程概况,全面统计工程量,正确选择施工机具和施工方法,合理编排安装顺序,详细拟订主要安装技术措施,严格制定安装质量标准和安全标准，认真编制工程进度表、劳动力计划以及材料供应计划。

7.4.1.2　**施工前的检查**

施工前的检查包括钢构件的验收、施工机具和测量器具的检验及基础的复测。

1. 钢构件的验收

对钢构件应按施工图和规范要求进行验收。钢构件运到现场时，制造厂应提供产品出厂合格证及下列技术文件：①设计图和设计修改文件；②钢材和辅助材料的质保单或试验报告；③高强螺栓摩擦系数的试测资料；④工厂一、二类焊缝检验报告；⑤钢构件几何尺寸检验报告；⑥构件清单。安装单位应对此进行验收，并对构件的实际状况进行复测。若构件在运输过程中有损伤，还须要求生产厂修复。验收后清理钢柱等先行吊装构件，编号并弹好安装就位线。图7-45为工人在安装前做柱底除锈清理。

图7-45　安装前柱底除锈清理

2. 施工机具和测量器具的检验

安装前对重要的吊装机械、工具、钢丝绳及其他配件均须进行检验，保证具备可靠的性能，以确保安装的顺利及安全。安装时，测量仪器及器具要定期到国家标准局指定的检测单位进行检测、标定，以保证测量标准的准确性。

3. 基础的复测

钢结构是固定在钢筋混凝土基座（基础、柱顶、牛腿等）上的，因而对基座及其锚栓的准确性、强度要进行复测。基座复测要对基座面的水平标高、平整度、锚栓水平位置的偏差、锚栓埋设的准确性做出测定，并把复测结果和整改要求交付基座施工单位。

7.4.1.3　**编制施工计划**

编制安装计划和构件供应计划，组织好施工。

7.4.2　构件安装

7.4.2.1　**钢柱的安装**

吊装前首先确定构件吊点位置，确定绑扎方法，吊装时做好防护措施。钢柱宜采用一点直吊绑扎法起吊（见图7-46），就位时对准地脚螺栓缓慢下落，当柱脚距地脚螺栓30～40 cm时扶正，使柱脚的安装孔对准螺栓，缓慢落钩就位。经过初校满足要求后，拧紧螺栓临时固定后即可脱钩。

首节钢柱安装后应及时进行垂直度、标高和轴线位置校正。钢柱的垂直度校正用经纬仪或线锤检验，当有偏差时采用千斤顶进行校正；标高校正用千斤顶将底座少许抬高，然后增减垫板厚度，柱脚校正无误后立即紧固地脚螺栓（见图 7-47），待钢柱整体校正无误后在柱脚底板下浇注细石混凝土或灌浆固定（见图 7-48），灌浆前应注意清除柱底板与基础之间的杂物。

图 7-46　钢柱的吊装

图 7-47　终拧地脚螺栓

首节以上的钢柱定位轴线应从地面控制线引测，不得从下层柱的定位轴线引测，避免累积误差；钢柱校正垂直度时，应该确定钢梁接头焊接的收缩量，并应预留焊缝收缩变形量。

7.4.2.2　**钢梁安装**

钢梁吊装在柱子复核完成后进行，钢梁宜采用两点对称绑扎起吊（见图 7-49），当单根钢梁长度大于 21 m，两点吊装不能满足构件强度和变形要求时，宜设置 3 ~ 4 个吊装点吊装或采用平衡梁吊装，吊点位置应通过计算确定；钢梁可采用一机一吊或一机串吊的方式吊装；吊升时，用溜绳控制吊升过程中构件的空中姿态，方便对位及避免碰撞。钢梁起吊后距柱基准面 100 mm 时徐徐就位，待钢梁吊装就位后进行对接调整校正，然后固定连接。钢梁吊装时，随吊随用经纬仪校正，有偏差随时纠正。

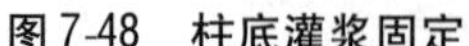

图 7-48　柱底灌浆固定

图 7-49　钢梁的两点对称绑扎起吊

钢梁的校正包括钢梁轴线和垂直度的测量校正，校正采用千斤顶进行，校正后立即进行固定。

7.4.2.3　**钢屋架（桁架）的安装**

屋架安装应在柱子校正并固定后进行。由于钢屋架侧向刚度较差，安装前需要进行强度验算,强度不足时应采取增加吊点的位置或采用加铁扁担的方法进行加固。屋架安装时可采用扩大组合拼装后吊装,扩大组合拼装单元宜成为具有一定刚度的空间结构,见图7-50。

屋架吊装时的注意事项如下:

(1)绑扎时,必须绑扎在屋架节点上,以防止钢屋架在吊点处发生变形。绑扎节点的选择应符合钢屋架标准图要求或经设计计算确定。

(2)屋架的重心,应位于内吊点的连线之下,否则应采取防止屋架倾倒的措施;外吊点的选择应使屋架下弦处于受拉状态。

(3)屋架起吊离地50 cm时,应对起吊情况进行全面检查,检查无误后再继续起吊。

(4)安装第一榀屋架时,在松开吊钩前,应做初步校正,使屋架基座中心线对准定位轴线就位,调整屋架垂直度并检查屋架侧向弯曲程度。第二榀屋架同样吊装就位后,不要松钩,用绳索临时与第一榀屋架固定,跟着安装支撑系统及部分檩条,最后校正固定的整体。从第三榀屋架开始,在屋架脊点及上弦中点装上檩条即可将屋架固定,同时将屋架校正好。

(5)屋架吊装就位时,应将屋架下弦两端的定位标记和柱顶的轴线标记严格定位并点焊加以临时固定。

钢屋架校正采用经纬仪校正屋架上弦垂直度的方法。在屋架上弦两端和中央夹三把标尺,待三把标尺的定长刻度在同一直线上,则屋架垂直度校正完毕。钢屋架校正完毕后,拧紧屋架临时固定支撑两端螺栓和屋架两端搁置处的螺栓,随即安装屋架永久支撑系统。

7.4.2.4　檩条、墙架的吊装

檩条与墙架等构件,单件截面较小,重量较轻,为发挥起重机效率,多采用一钩多吊或成片吊装方法吊装,见图7-51。檩条、拉杆、墙架的校正,主要是尺寸和自身平直度的校正。间距检查可用样杆顺着檩条或墙垛杆件之间来回移动检验,如有误差,可放松螺栓进行校正。平直度用拉线和长靠尺或钢尺检查,校正后,用电焊或螺栓最后固定。

图7-50　屋架的吊装图

图7-51　檩条的吊装

7.4.3　单层钢结构安装

(1)单跨结构宜按从跨端一侧向另一侧、中间向两端或两端向中间的顺序进行吊装。

多跨结构宜先吊主跨、后吊副跨；当有多台起重设备共同作业时，也可多跨同时吊装。

（2）单层钢结构在安装过程中，应及时安装临时柱间支撑或稳定缆绳，应在形成空间稳定体系后再扩展安装。单层钢结构安装过程中形成的临时空间结构稳定体系应能承受结构自重、风荷载、雪荷载、施工荷载以及吊装过程中冲击荷载的作用。

7.4.4 多层及高层钢结构安装

多层及高层钢结构安装时应注意以下工艺要求。

（1）多层及高层钢结构宜划分多个流水作业段进行安装，流水段宜以每节框架为单位。流水段划分应符合下列规定：

①流水段内的最重构件应在起重设备的起重能力范围内；

②起重设备的爬升高度应满足下节流水段内构件的起吊高度；

③每节流水段内的柱长度应根据工厂加工、运输堆放、现场吊装等因素确定，长度宜取2～3个楼层高度，分节位置宜在梁顶标高以上1.0～1.3 m处；

④流水段的划分应与混凝土结构施工相适应；

⑤每节流水段可根据结构特点和现场条件在平面上划分流水区进行施工。

（2）流水作业段内的构件吊装宜符合下列规定：

①吊装可采用整个流水段内先柱后梁或局部先柱后梁的顺序，单柱不得长时间处于悬臂状态；

②钢楼板及压型金属板安装应与构件吊装进度同步；

③特殊流水作业段内的吊装顺序应按安装工艺确定，并应符合设计文件的要求。

（3）多层及高层钢结构安装校正应依据基准柱进行，并应符合下列规定：

①基准柱应能够控制建筑物的平面尺寸并便于其他柱的校正，宜选择角柱为基准柱；

②钢柱校正宜采用合适的测量仪器和校正工具；

③基准柱应校正完毕后，再对其他柱进行校正。

（4）多层及高层钢结构安装时，楼层标高可采用相对标高或设计标高进行控制，并应符合下列规定：

①当采用设计标高控制时，应以每节柱为单位进行标高调整，并应使每节柱的标高符合设计的要求；

②建筑物总高度的允许偏差和同一层内各节柱的柱顶高度差，应符合现行国家标准《钢结构工程施工质量验收规范》（GB 50205—2001）的有关规定。

（5）同一流水作业段、同一安装高度的一节柱，当各柱的全部构件安装、校正、连接完毕并验收合格后，应再从地面引放上一节柱的定位轴线。

（6）高层钢结构安装时应分析竖向压缩变形对结构的影响，并应根据结构特点和影响程度采取预调安装标高、设置后连接构件等相应措施。

图7-52～图7-54为多层钢结构安装施工的图片。

图 7-52　多层钢结构安装

图 7-53　多层钢柱的吊装

图 7-54　多层钢梁的安装

7.4.5　构件间的现场连接

钢结构的现场连接主要是普通螺栓连接、高强螺栓连接及焊接，见图 7-55。

图 7-55　钢构件的现场连接

7.4.5.1 普通螺栓连接

普通螺栓主要用于受弯、受拉的节点，螺栓以受拉为主。普通螺栓拧紧后，外露丝扣须不少于2~3扣。普通螺栓应有防松措施，如双螺母或扣紧螺母防松。螺栓孔错位较小者可用铰刀或锉刀修孔，不得用气割修孔。

7.4.5.2 高强螺栓连接

高强螺栓连接一般用于主要受力构件或直接承受动力荷载的结构连接中，是永久性连接。其主要特点是通过接触面的摩擦来传递剪力。所以，在高强螺栓安装时，首先摩擦面的做法及粗糙度必须按规范要求加工。其次还要进行摩擦系数和扭矩系数试验。在安装时要测定螺栓的初拧扭矩和终拧扭矩。

7.4.5.3 工地焊接

工地焊接的检验同工厂焊接。考虑到现场焊接施工条件，设计中应尽可能避免工地焊接，同时要注意防止不良的气候环境（雨天、刮风、低温气候）对施工的影响，减少不利的焊接工位（现场操作结构无法转动，只能仰焊，甚至焊接人员落脚也很难）的影响。

7.4.6 钢网架安装

网架结构广泛用作大跨度的屋盖结构。特点是交会于节点上的杆件数量较多，制作安装较平面结构复杂。

网架结构节点有焊接球节点（见图7-56）、螺栓球节点（见图7-57）和钢板节点（见图7-58）三种形式。网架的基本单元有三角锥、三棱体、正方体、截头四角锥等，可组合成平面形状的任何形体。

图7-56 焊接球节点

7.4.6.1 网架施工

1. 高空散装法

高空散装法（见图7-59）是指将小单元或散件（单根杆件及单个节点）直接在设计位置进行总拼的方法。安装时，先在设计位置处搭设拼装支架，用起重机把网架构件分件（或分块）吊至空中的设计位置，在支架上进行拼装。此法不需大型起重设备，但拼装支架用量大，高空作业多，适用于螺栓球节点的各种类型网架，尤其是适合起重困难的情况，它的施工重点是确定合理的拼装顺序，控制好标高和轴线的位置。

图7-57 螺栓球节点

图7-58 钢板节点

2. 分条或分块安装法

这种方法是指将网架分成条状或块状单元分别由起重设备吊装到高空设计位置就位搁置,然后再组成整体的安装方法。适用于分割后刚度和受力状况改变较小的网架,如两向正交正放四角锥、正向抽空四角锥等网架。此种安装方法有利于提高工程质量,并可节省大部分拼装支架。

3. 整体吊装法

这种方法是指网架在地面上总拼后,用起重设备将其吊装就位的施工方法。整体网架的焊接工作在地面上进行。此法不需拼装支架,高空作业少,能更好地保证施工质量,适用于各种类型的网架,吊装时可在高空平移或旋转就位。这种方法对起重设备要求高,技术较复杂。根据所用设备的不同,整体吊装法又分为多机抬吊法(见图7-60)、拔杆提升法、千斤顶提升法及千斤顶顶升法等。

图7-59 钢网架高空拼装

图7-60 四机抬吊网架

4. 整体提升法

这种方法是指在结构柱上安装提升设备,将在地面上拼好的钢网架整体提升至设计标高的施工方法(见图7-61)。网架整体提升法可在结构上安装提升设备提升网架,也可在进行柱子滑膜施工的同时提升网架。适用于周边支承及多点支承网架,可用升板机、液压千斤顶等小型机具进行施工。

5. 整体顶升法

这种方法是指在设计位置的地面将网架拼装成整体,然后用千斤顶将网架顶升到设计高度的提升方法(见图7-62)。适用于支点较少的多点支承网架。

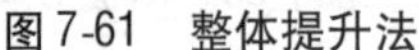

图 7-61　整体提升法

图 7-62　整体顶升法

6. 高空滑移法

这种方法是指将分条的网架单元在事先设置的滑轨上单条(或逐条)滑移到设计位置拼接成整体的安装方法(见图 7-63、图 7-64)。适用于正放四角锥、正放抽空四角锥、两向正交正放四角锥等网架。滑移时滑移单元应保证成为几何不变体系。

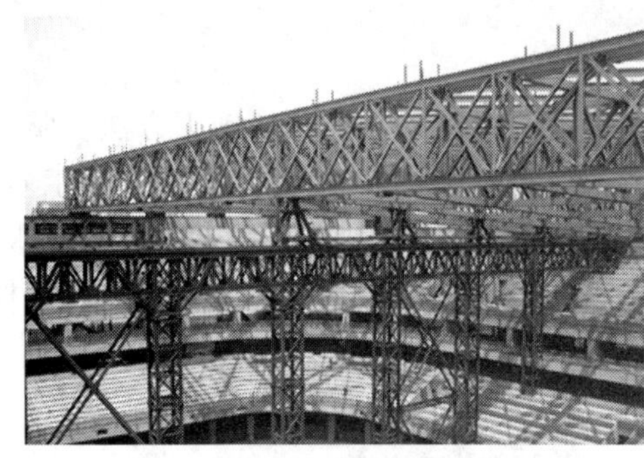

图 7-63　滑移施工中

图 7-64　树状支撑及爬行机器人

7.4.6.2　钢网架的适用范围

网壳结构在中国的发展和应用历史不长,但发展速度很快,应用范围在不断扩大,在网壳结构选型、计算理论、稳定性分析、节点构造、加工制作和施工安装等方面已做了大量的工作,取得了较多的成果。由于网架、网壳结构能适应不同跨度、不同平面形状、不同支承条件、不同功能需要的建筑物,不仅应用于中小跨度的工业与民用建筑,而且被大量应用于中大跨度的体育馆、展览馆、大会堂、影剧院、车站、厂房、仓库等建筑中。

7.4.7　钢结构冬雨季施工措施

7.4.7.1　冬季施工措施

(1)钢结构制作和安装冬季施工严格依据有关钢结构冬季施工规定执行。

(2)钢构件正温制作负温安装时,应根据环境温度的差异考虑构件收缩量,并在施工中采取调整偏差的技术措施。

(3)参加负温钢结构施工的电焊工应经过负温焊接工艺培训,考试合格,并取得相应的合格证。

(4)负温下使用的钢材及有关连接材料须附有质量证明书,性能符合设计和产品标准的要求。

(5)负温下使用的焊条外露不得超过2 h,超过2 h重新烘焙,焊条烘焙次数不超过3次。

(6)焊剂在使用前按规定进行烘烤,使其含水量不超过0.1%。

(7)负温下使用的高强螺栓须有产品合格证,并在负温下进行扭矩系数、轴力的复验工作。

(8)负温下钢结构所用的涂料不得使用水基涂料。

(9)构件下料时,应预留收缩余量,焊接收缩量和压缩变形量应与钢材在负温下产生的收缩变形量相协调。

(10)构件组装时,按工艺规定的顺序由里往外扩展组拼,在负温组拼时应做试验确定需要预留的焊缝收缩值。

(11)构件组装时,清除接缝50 mm内存留的铁锈、毛刺、泥土、油污、冰雪等杂物,保持接缝干燥、无残留水分。

(12)负温下对9 mm以上钢板焊接时应采用多层焊接,焊缝由下向上逐层堆焊,每条焊缝一次焊完;如焊接中断,在再次施焊之前先清除焊接缺陷。严禁在焊接母材上引弧。

(13)钢结构现场安装时,如遇雪天或风速在6 m/s以上,搭设防护棚。

(14)不合格的焊缝铲除重焊,按照在负温下钢结构焊接工艺的规定进行施焊。

(15)环境温度低于0 ℃时,在涂刷防腐涂料前进行涂刷工艺试验,涂刷时必须将构件表面的铁锈、油污、毛刺等物清理干净,并保持表面干燥。雪天或构件上有薄冰时不得进行涂刷工作。

(16)冬季运输、堆放钢结构时采取防滑措施,构件堆放场地平整、坚实、无水坑,地面无结冰。同一型号构件叠放时,构件应保持水平,垫铁放在同一垂直线上,并防止构件溜滑。

(17)钢结构安装前根据负温条件下的要求,对其质量进行复验;对制作中漏检及运输堆放时产生变形的构件,在地面上进行修理矫正。

(18)使用钢索吊装钢构件时,应加防滑隔垫,与构件同时起吊的节点板、安装人员需用的卡具等物用绳索绑扎牢固。

(19)根据气温条件编制钢构件安装顺序图表,施工时,严格按规定的顺序进行安装。

(20)编制钢结构安装焊接工艺,一个构件两端不得同时进行焊接。

(21)安装前清除构件表面冰、雪、露,但不得损坏涂层。

(22)负温安装的柱子、主梁立即进行矫正,位置校正正确立即永久固定,当天安装的构件要形成稳定的空间体系。

(23)高强螺栓接头安装时,构件摩擦面不得有积雪结冰,不得接触泥土、油污等脏物。

(24)负温下钢结构安装质量除遵守《钢结构工程施工及验收规范》(GB 50250—2001)的要求外,还应按设计要求进行检查验收。

7.4.7.2 雨季施工措施

(1)雨天施工时,宜搭设临时防护棚,雨水不得飘落在炽热的焊缝上。如焊接部位比

较潮湿，必须用干布擦净并在焊接前用氧炔焰烤干，保持接缝干燥，没有残留水分。

(2)吊装时，构件上如有积水，安装前应清除干净，但不得损坏涂层；高强螺栓接头安装时，构件摩擦面应干净，不能有水珠，更不能雨淋和接触泥土及油污等脏物。

(3)雨天构件不能进行涂刷工作。

(4)雨天及五级以上大风天气不能进行屋面保温的施工。

(5)雨天由于空气比较潮湿，焊条储存应防潮并进行烘烤，同一焊条重复烘烤次数不宜超过两次，并由管理人员及时做好烘烤记录。

(6)如遇上大风天气，柱、主梁、支撑等大构件应立即进行校正，位置校正正确后立即进行永久固定，以防止发生单侧失稳。当天安装的构件，应形成空间稳定体系。

7.4.8 钢结构安装质量验收

7.4.8.1 单层钢结构安装工程

单层钢结构安装工程可按变形缝或空间刚度单元等划分成一个或若干个检验批，地下钢结构可按不同地下层划分检验批；钢结构安装检验批应在进场验收和焊接连接、紧固件连接、制作等分项工程验收合格的基础上进行验收；安装的测量校正、高强螺栓安装、负温下施工及焊接工艺等，应在安装前进行工艺试验或评定，并应在此基础上制订相应的施工工艺或方案；安装偏差的检测，应在结构形成空间刚度单元并连接固定后进行。安装时，必须控制屋面、楼面、平台等的施工荷载，施工荷载和冰雪荷载等严禁超过梁、桁架、楼面板、屋面板、平台辅板等的承载能力。在形成空间刚度单元后，应及时对柱底板和基础顶面的空隙进行细石混凝土、灌浆料等二次浇灌。吊车梁或直接承受动力荷载的梁的受拉翼缘、吊车桁架或直接承受动力荷载的桁架的受拉弦杆上不得焊接悬挂物和卡具等。

1. 主控项目

(1)建筑物的定位轴线、基础轴线和标高、地脚螺栓的规格及其紧固应符合设计要求。

检查数量：按柱基数抽查10%，且不应少于3个。

检验方法：用经纬仪、水准仪、全站仪和钢尺现场实测。

(2)基础顶面直接作为柱的支承面和基础顶面预埋钢板或支座作为柱的支承面时，其支承面、地脚螺栓（锚栓）位置的允许偏差应符合表7-11的规定。

检查数量：按柱基数抽查10%，且不应少于3个。

检验方法：用经纬仪、水准仪、全站仪、水平尺和钢尺实测。

表7-11　支承面、地脚螺栓（锚栓）位置的允许偏差

项目		允许偏差(mm)
支承面	标高	±3.0
	水平度	l/1 000
地脚螺栓（锚栓）	螺栓中心偏移	5.0
预留孔中心偏移		10.0

(3)采用坐浆垫板时,坐浆垫板的允许偏差应符合表7-12的规定。

检查数量:资料全数检查。按柱基数抽查10%,且不应少于3个。

检验方法:用水准仪、全站仪、水平尺和钢尺现场实测。

表7-12　坐浆垫板的允许偏差

项目	允许偏差(mm)
顶面标高	0.0 -3.0
水平度	l/1 000
位置	20.0

(4)采用杯口基础时,杯口尺寸的允许偏差应符合表7-13的规定。

检查数量:按基础数抽查10%,且不应少于4处。

检验方法:观察及尺量检查。

表7-13　杯口尺寸的允许偏差

项目	允许偏差(mm)
底面标高	0.0 -5.0
杯口深度 H	±5.0
杯口垂直度	H/1 000,且不应大于10.0
位置	10.0

(5)钢构件应符合设计要求和《钢结构工程施工质量验收规范》(GB 50205)的规定。运输、堆放和吊装等造成钢构件变形及涂层脱落,应进行矫正和修补。

检查数量:按构件数抽查10%,且不应少于3个。

检验方法:用拉线、钢尺现场实测或观察。

(6)设计要求顶紧的节点,接触面不应少于70%紧贴,且边缘最大间隙不应大于0.8 mm。

检查数量:按节点数抽查10%,且不应少于3个。

检验方法:用钢尺及0.3 mm和0.8 mm厚的塞尺现场实测。

(7)钢屋(托)架、桁架、梁及受压杆件的垂直度和侧向弯曲矢高的允许偏差应符合表7-14的规定。

检查数量:按同类构件数抽查10%,且不少于3个。

检验方法:用吊线、拉线、经纬仪和钢尺现场实测。

(8)单层钢结构主体结构的整体垂直度和整体平面弯曲的允许偏差应符合表7-15的规定。

检查数量:对主要立面全部检查。对每个所检查的立面,除两列角柱外,尚应至少选

取一列中间柱。

检验方法:采用经纬仪、全站仪等测量。

表 7-14　钢屋(托)架、桁架、梁及受压杆件的垂直度和侧向弯曲矢高的允许偏差

项目	允许偏差(mm)		图例
跨中的垂直度	$h/250$,且不应大于 15.0		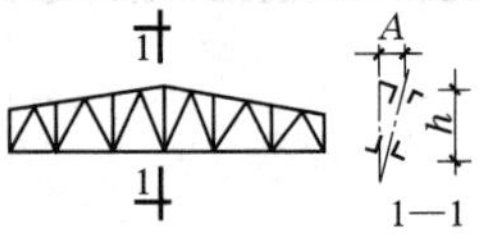
侧向弯曲矢高 f	$l\leqslant 30$ m	$l/1\ 000$,且不应大于 10.0	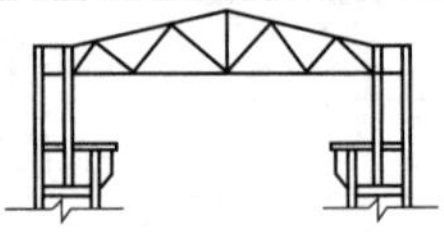
	30 m $< l \leqslant 60$ m	$l/1\ 000$,且不应大于 30.0	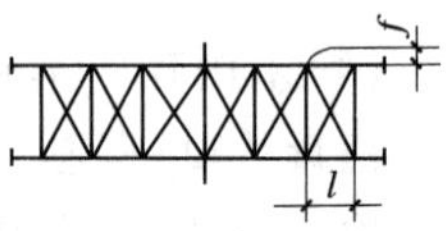
	$l > 60$ m	$l/1\ 000$,且不应大于 50.0	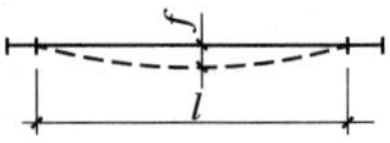

表 7-15　整体垂直度和整体平面弯曲的允许偏差

项目	允许偏差(mm)	图例
主体结构的整体垂直度	$H/1\ 000$,且不应大于 25.0	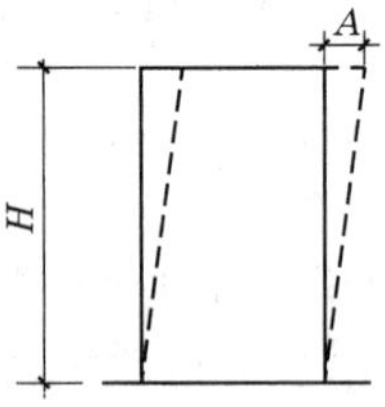
主体结构的整体平面弯曲	$l/1\ 500$,且不应大于 25.0	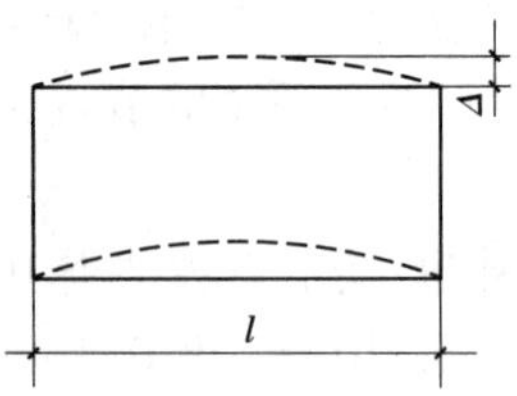

2. 一般项目

(1)地脚螺栓(锚栓)尺寸的允许偏差应符合表 7-16 的规定。地脚螺栓(锚栓)的螺纹应受到保护。

检查数量:按柱基数抽查 10%,且不应少于 3 个。

检验方法:用钢尺现场实测。

表7-16　地脚螺栓(锚栓)尺寸的允许偏差

项目	允许偏差(mm)
螺栓(锚栓)露出长度	+30.0 0
螺纹长度	+30.0 0

(2)钢柱等主要构件的中心线及标高基准点等标记应齐全。

检查数量:按同类构件数抽查10%,且不应少于3件。

检验方法:观察检查。

(3)当钢桁架(或梁)安装在混凝土柱上时,其支座中心对定位轴线的偏差不应大于10 mm;当采用大型混凝土屋面板时,钢桁架(或梁)间距的偏差不应大于10 mm。

检查数量:按同类构件数抽查10%,且不应少于3榀。

检验方法:用拉线和钢尺现场实测。

(4)钢柱安装的允许偏差应符合《钢结构工程施工质量验收规范》(GB 50205—2001)附录E中表E.0.1的规定。

检查数量:按钢柱数抽查10%,且不应少于3件。

检验方法:见《钢结构工程施工质量验收规范》(GB 50205—2001)附录E中表E.0.1。

(5)檩条、墙架等构件数安装的允许偏差应符合《钢结构工程施工质量验收规范》(GB 50205—2001)附录E中表E.0.3的规定。

检查数量:按同类构件数抽查10%,且不应少于3件。

检验方法:见《钢结构工程施工质量验收规范》(GB 50205—2001)附录E中表E.0.3。

(6)钢平台、钢梯、栏杆安装应符合现行国家标准《固定式钢直梯》(GB 4053.1)、《固定式钢斜梯》(GB 4053.2)、《固定式防护栏杆》(GB 4053.3)和《固定式钢平台》(GB 4053.4)的规定。钢平台、钢梯和防护栏杆安装的允许偏差应符合《钢结构工程施工质量验收规范》(GB 50205—2001)附录E中表E.0.4的规定。

检查数量:钢平台按总数抽查10%,栏杆、钢梯按总长度各抽查10%,但钢平台不应少于1个,栏杆不应少于5 m,钢梯不应少于1跑。

检验方法:见《钢结构工程施工质量验收规范》(GB 50205—2001)附录E中表E.0.4。

(7)钢结构表面应干净,结构主要表面不应有疤痕、泥沙等污垢。

检查数量:按同类构件数抽查10%,且不应少于3件。

检验方法:观察检查。

7.4.8.2　多层及高层钢结构安装工程

多层及高层钢结构安装工程可按楼层或施工段等划分为一个或若干个检验批,地下

钢结构可按不同地下层划分检验批。柱、梁、支撑等构件的长度尺寸应包括焊接收缩余量等变形值。安装柱时，每节柱的定位轴线应从地面控制轴线直接引上，不得从下层柱的轴线引上。结构的楼层标高可按相对标高或设计标高进行控制。钢结构安装检验批应在进场验收和焊接连接、紧固件连接、制作等分项工程验收合格的基础上进行验收。

1. 主控项目

(1)建筑物的定位轴线、基础上柱的定位轴线和标高、地脚螺栓(锚栓)的规格和位移、地脚螺栓(锚栓)的紧固应符合设计要求。当设计无要求时，允许偏差应符合表7-17的规定。

检查数量：按柱基数抽查10%，且不应少于3个。

检验方法：采用经纬仪、水准仪、全站仪和钢尺实测。

表7-17　建筑物定位轴线、基础上柱的定位轴线和标高、地脚螺栓(锚栓)位移的允许偏差

项目	允许偏差(mm)	图例
建筑物定位轴线	l/20 000，且不应大于3.0	l l
基础上柱的定位轴线	1.0	Δ Δ
基础上柱底标高	±2.0	基准点
地脚螺栓(锚栓)位移	2.0	Δ Δ

(2)多层建筑以基础顶面直接作为柱的支承面，或以基础顶面预埋钢板或支座作为柱的支承面时，其支承面、地脚螺栓(锚栓)位置的允许偏差应符合前述表7-11的规定。

检查数量：按柱基数抽查10%，且不应少于3个。

检验方法：用经纬仪、水准仪、全站仪、水平尺和钢尺实测。

(3)多层建筑采用坐浆垫板时,坐浆垫板的允许偏差应符合前述表7-12的规定。

检查数量:资料全数检查。按柱基数抽查10%,且不应少于3个。

检验方法:用水准仪、全站仪、水平尺和钢尺实测。

(4)当采用杯口基础时,杯口尺寸的允许偏差应符合前述表7-13的规定。

检查数量:按基础数抽查10%,且不应少于4处。

检验方法:观察及尺量检查。

(5)钢构件应符合设计要求和规范。运输、堆放和吊装等造成的钢构件变形及涂层脱落,应进行矫正和修补。

检查数量:按构件数抽查10%,且不应少于3个。

检验方法:用拉线、钢尺现场实测或观察。

(6)柱子安装的允许偏差应符合表7-18的规定。

检查数量:标准柱全部检查;非标准柱抽查10%,且不应少于3根。

检验方法:用全站仪或激光经纬仪和钢尺实测。

表7-18 柱子安装的允许偏差

项目	允许偏差(mm)	图例
底层柱柱底轴线对定位轴线的偏移	3.0	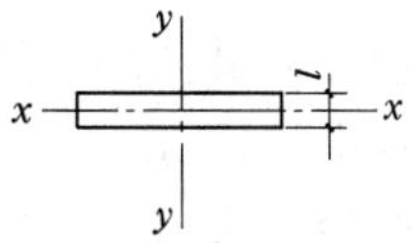
柱子定位轴线	1.0	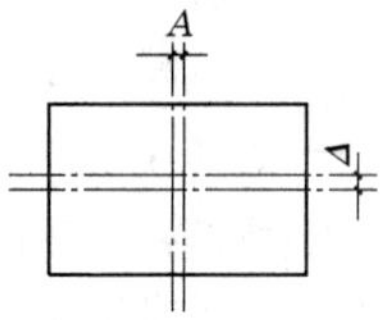
单节柱的垂直度	$h/1\,000$,且不应大于10.0	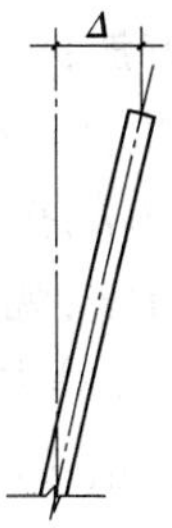

(7)设计要求顶紧的节点,接触面不应少于70%紧贴,且边缘最大间隙不应大于0.8 mm。

检查数量:按节点数抽查10%,且不应少于3个。

检验方法:用钢尺及0.3 mm和0.8 mm厚的塞尺现场实测。

(8)钢主梁、次梁及受压杆件的垂直度和侧向弯曲矢高的允许偏差应符合前述表7-14

中有关钢屋(托)架允许偏差的规定。

检查数量:按同类构件数抽查10%,且不应少于3个。

检验方法:用吊线、拉线、经纬仪和钢尺现场实测。

(9)多层及高层钢结构主体结构的整体垂直度和整体平面弯曲的允许偏差应符合表7-19的规定。

表7-19　整体垂直度和整体平面弯曲的允许偏差

项目	允许偏差(mm)	图例
主体结构的整体垂直度	$(H/2\ 500+10.0)$, 且不应大于50.0	Δ H
主体结构的整体平面弯曲	$l/1\ 500$,且不应大于25.0	Δ l

检查数量:对主要立面全部检查。对每个所检查的立面,除两列角柱外,尚应至少选取一列中间柱。

检验方法:对于整体垂直度,可采用激光经纬仪、全站仪测量,也可根据各节柱的垂直度允许偏差累计(代数和)计算。对于整体平面弯曲,可按产生的允许偏差累计(代数和)计算。

2. 一般项目

(1)地脚螺栓(锚栓)尺寸的允许偏差应符合前述表7-16的规定。地脚螺栓(锚栓)的螺纹应受到保护。

检查数量:按柱基数抽查10%,且不应少于3个。

检验方法:用钢尺现场实测。

(2)钢结构表面应干净,结构主要表面不应有疤痕、泥沙等污垢。

检查数量:按同类构件数抽查10%,且不应少于3件。

检验方法:观察检查。

(3)钢柱等主要构件的中心线及标高基准点等标记应齐全。

检查数量:按同类构件数抽查10%,且不应少于3件。

检验方法:观察检查。

(4)钢构件安装的允许偏差应符合《钢结构工程施工质量验收规范》(GB 50205—2001)附录E中表E. 0. 5的规定。

检查数量:按同类构件或节点数抽查10%。其中柱和梁各不应少于3件,主梁与次梁连接节点不应少于3个,承压型金属板的钢梁长度不应少于5 mm。

检验方法:见《钢结构工程施工质量验收规范》(GB 50205—2001)附录E中表E. 0. 5。

(5)主体结构总高度的允许偏差应符合《钢结构工程施工质量验收规范》(GB 50205—2001)附录 E 中表 E. 0. 6 的规定。

检查数量:按标准柱列数抽查 10%,且不应少于 4 列。

检验方法:采用全站仪、水准仪和钢尺实测。

(6)当钢构件安装在混凝土柱上时,其支座中心对定位轴线的偏差不应大于 10 mm;当采用大型混凝土屋面板时,钢梁(或桁架)间距的偏差不应大于 10 mm。

检查数量:按同类构件数抽查 10%,且不应少于 3 榀。

检验方法:用拉线和钢尺现场实测。

(7)多层及高层钢结构中钢吊车梁或直接承受动力荷载的类似构件,其安装的允许偏差应符合《钢结构工程施工质量验收规范》(GB 50205—2001)附录 E 中表 E. 0. 2 的规定。

检查数量:按钢吊车梁数抽查 10%,且不应少于 3 榀。

检验方法:见《钢结构工程施工质量验收规范》(GB 50205—2001)附录 E 表 E. 0. 2。

(8)多层及高层钢结构中檩条、墙架等次要构件安装的允许偏差应符合《钢结构工程施工质量验收规范》(GB 50205—2001)附录 E 中表 E. 0. 3 的规定。

检查数量:按同类构件数抽查 10%,且不少于 3 件。

检验方法:见《钢结构工程施工质量验收规范》(GB 50205—2001)附录 E 中表 E. 0. 3。

(9)多层及高层钢结构中钢平台、钢梯、栏杆安装应符合现行国家标准《固定式钢直梯》(GB 4053. 1)、《固定式钢斜梯》(GB 4053. 2)、《固定式防护栏杆》(GB 4053. 3)和《固定式钢平台》(GB 4053. 4)的规定。钢平台、钢梯和防护栏杆安装的允许偏差应符合《钢结构工程施工质量验收规范》(GB 50205—2001)附录 E 中表 E. 0. 4 的规定。

检查数量:钢平台按总数抽查 10%,栏杆、钢梯按总长度各抽查 10%,但钢平台不应少于 1 个,栏杆不应少于 5 mm,钢梯不应少于 1 跑。

检验方法:见《钢结构工程施工质量验收规范》(GB 50205—2001)附录 E 中表 E. 0. 4。

7. 4. 9 钢结构工程施工实训项目 4

1. 实训内容

钢结构安装工程实训。

2. 实训目标

(1)了解钢柱、钢梁、钢屋架等构件的安装方法;

(2)了解单层、多层及高层钢结构安装的特点、施工技术;

(3)了解钢结构矫正的技术措施;

(4)了解钢结构安装工程质量验收的主要内容,初步掌握质量验收的方法。

3. 实训课时

8 课时。

4. 实训要求

提交 1 份实训报告。

参考文献

[1] GB 50300—2013 建筑工程施工质量验收统一标准[S]. 北京:中国建筑工业出版社,2013.
[2] 赵志缙. 建筑施工[M]. 4 版. 上海:同济大学出版社,2005.
[3] 陈爱莲. 主体结构施工[M]. 北京:中国建材工业出版社,2008.
[4] 孙大群. 主体结构施工[M]. 北京:中国建筑工业出版社,2007.
[5] GB 50010—2010 混凝土结构设计规范[S]. 北京:中国建筑工业出版社,2010.
[6] GB/T 50105—2010 建筑结构制图标准[S]. 北京:中国建筑工业出版社,2010.
[7] 钟汉华,李念国. 建筑工程施工技术[M]. 北京:北京大学出版社,2013.
[8] 蒋孔春. 建筑施工技术[M]. 北京:中国建筑工业出版社,2015.
[9] 徐猛勇. 钢结构施工技术[M]. 郑州:黄河水利出版社,2013.